U0256943

农村水和环境卫生
成效与挑战

WATER AND SANITATION
IN RURAL CHINA
Achievements and challenges

苗艳青　陈文晶　著

社会科学文献出版社
SOCIAL SCIENCES ACADEMIC PRESS (CHINA)

2012 年 6 月，课题组成员在山西芮城县对农户进行问卷调查。

2010 年 7 月，课题组成员在农户家中与刚刚下地回来的家庭妇女进行交谈。

2010 年 7 月，课题组成员与当地村干部在村委会前合影留念。

2010 年 7 月，课题组成员在江苏对农户进行问卷调查。

2010 年 7 月，课题组成员在江苏农户家丰收的庄稼前合影留念。

2010 年 7 月，课题组成员在江苏农户家中对其进行问卷调查。

2012 年 6 月，课题组成员在当地活动中心与农户们进行亲切交谈。

2012 年 6 月，课题组成员正在认真记录当地农户对于改厕的一些看法和建议。

2012 年 6 月，课题组成员在当地农户家中与其进行一对一交谈。

正在修建中的双翁漏斗厕所

已经建好的双翁漏斗厕所

农村里新建的卫生公共厕所

国家自然科学面上基金项目资助（批准号：70903006）

联合国儿童基金会"水和环境卫生、个人卫生项目"资助

序

　　人类来源于自然，依赖自然而生存，自然环境与人的健康密切相关。我国古代就有"天人合一"的思想。早在两千多年前《黄帝内经》就提出，"人与天地相参也，与日月相应也"，意思是说，人的生理变化与自然界的变化息息相关。马克思指出，"人创造环境，同样环境也创造人"，阐释了环境与人之间相互依存、相互制约的关系。现代医学研究也表明，环境是影响人身心健康的重要因素，整洁的环境、明媚的阳光、清新的空气使人身体健康、精神向上，而污秽脏乱的环境则导致疾病流行、心情不振。

　　我国城乡特别是农村环境卫生问题不容乐观。农村环境污染问题比较严重，环境卫生基础设施不足，一些村庄生活垃圾、禽畜粪便随意堆放，沟渠坑塘污水横流，露天厕所臭气难闻，蚊子、苍蝇、蟑螂、老鼠等密度较高，农村居民卫生意识相对薄弱，导致疾病传播，严重影响农村居民的身体健康。我国党和政府始终高度重视环境与健康问题，新中国成立以来在全国普遍开展了群众性的爱国卫生运动，除"四害"、清垃圾、疏通渠道、改水改厕。1986年，中央政府将改善农村饮水条件的任务列入"七五"计划，规定到1990年争取使80％的农村人口能饮用安全卫生水。接下来的每个五年计划，都将农村改水作为改善我国农村居民生活水平的重要目标之一。从第九个五年计划开始，我国又将农村改厕列入国家经济社会发展规划中。农村饮水条件和环境卫生的改善逐步成为我国政府在改善民生方面的重要工作之一。主要体现在各级政府和社会对于农村供水和环境卫生设施改善的投入大幅度增加。1996～2002年期间，用于农村供水和环境卫生改善方面的总投资达621.69亿元。"十五"期间，用于农村改水总投资高达415.15亿元，改厕投资达195.18亿元。"十一五"期间，用于农村改水总投资 1953 亿元，其中中央政府投资 590 亿元，解决了 2.12 亿农村居民的饮水安全问题。农村卫生厕所覆盖率达到 67.4%。"十二五"期间，计划投资 1700 亿元解决全国 2.98 亿农村居民的饮水安全问题，农村卫生厕所覆盖率要达到 80%。

特别是近年来，党中央、国务院高度重视生态文明建设和人民群众健康，提出建设美丽中国、健康中国的发展战略，各地各部门按照全国爱国卫生运动办公室的统筹部署，深入开展城乡环境卫生整洁行动，把农村环境整治作为加快新农村建设、提高农民生活质量的重要民生工程来抓，以改善农村人居环境"脏、乱、差"状况为突破口，加大环境卫生基础设施建设力度，集中开展生活垃圾清运、沟渠整治、污水处理、农贸市场改造等工作，取得明显成效。大力实施农村改厕，全国农村卫生厕所普及率从 1993 年的 7.5% 提高到 2014 年的 76.1%，改厕有力地促进了农村生态环境改善，明显提升了农民生活质量，改厕地区肠道传染病发病率下降 40% 左右。各地还深入开展卫生城镇创建活动，推动形成各部门齐抓共管、全社会广泛参与的工作格局，重点突出基础设施建设、环境保护、病媒生物防制、村镇卫生治理等工作，以城促乡、以乡带村，有力改善了农村环境卫生条件。

国家卫生计生委卫生发展研究中心苗艳青研究员等专家很关注农村供水和环境卫生问题，多年来脚踏实地，深入农村地区进行田野调查，撰写了很多高水平的研究报告，为我国政府相关部门制定农村供水和环境卫生相关政策提供了有价值的实证数据和意见，呼吁应更加重视改善农民群众的人居环境，提高健康水平。今能将过往一些研究集结成册，令更多人得以分享，实为幸事。诚如书名所言，我国的城乡环境卫生工作取得了积极的成效，但面临着更大的挑战，要做的工作还很多，切盼全社会、每个人都行动起来，整洁生产生活环境，提高文明健康素养，从而使我们的环境更美好，身心更健康。

是为序。

国家卫生计生委疾病控制预防局　张勇

目　录

第一章　我国农村水和环境卫生改善回顾

内容提要： 自新中国成立以来，中国政府就对农村环境卫生进行改善，无论是政策支持还是资金投入都是大规模的。本章总结了半个多世纪农村环境卫生治理和改善情况、中国农村大规模持续性的环境卫生改善行动对促进农村环境卫生状况改善的可及性和公平性，包括中国农村环境卫生设施改善的发展历程、地方环境卫生设施改善的经验与存在的问题，以及对中国农村环境卫生设施改善的评价。

本章所采用的数据资料来自江苏、山西和陕西三省的调研结果。除现场调查外，还与当地爱国卫生运动委员会办公室、水利局相关领导进行座谈，并邀请专家进行访谈，以了解各地农村环境卫生改善的政策和资金投入情况以及中国农村环境卫生改善的历程和具体行动。得出的主要结论是，政府主导是中国农村环境卫生设施改善的主要推动力，尤其在健康意识缺乏的农村地区，政府推动农村改厕显得非常重要；环境卫生硬件设施的改善对带动农村居民卫生习惯的养成和健康知识知晓率的提高效果非常显著；在已经完成农村改厕的地区，农村环境卫生设施改善的投资主体仍然是各级政府，农村居民对于改水改厕的支付意愿仍然较低，主动改厕的积极性仍然较差，而他们恰恰是最迫切需要改善环境卫生设施的主体；对于没有进行农村改厕的地区，资金缺乏是阻碍农村环境卫生设施改善的最重要因素，尤其在西部贫困地区显得更加突出。因此，增加改厕资金投入、坚持政府主导、建立健全改厕后的管理工作机制、加强健康教育是保证今后中国农村环境卫生设施改善工作成功的主要经验。

本章结尾部分从两个层面提出中国农村环境卫生设施改善今后的方向：一个层面是策略层面，包括未来的发展方向、激励机制、推动方式、城镇化问题、健康教育问题等；另一个层面是投入层面，包括资金投入总量、投入结构（政府、个人的投入比例）。

第一节 我国农村环境卫生改善的发展历程

保障充足而安全的供水是控制许多疾病的有效措施。在采取了控制饮水卫生措施的工业化国家，介水传播疾病发生率大大降低。改善农村环境卫生面貌的重点是改厕，世界卫生组织把农村改厕列为初级卫生保健的八大要素之一。本部分重点回顾中国农村环境卫生设施改善的发展历程，包括中国农村改水改厕的变化趋势、政策演变以及改水改厕对相关疾病发病率和部分健康指标的改善作用。

一 中国农村改水改厕变化趋势研究

（一）农村改水

改水以前，我国农村居民世世代代主要靠浅层大口井、河水、坑塘水、山泉水等水源维持生活。而大部分山区根本没有水源，村民必须翻山越岭到离村很远的地方背水、拉水吃。据 1959 年统计，北京市饮用浅层大口井的农村人口占到了全部农村人口的 80%，饮用河水、坑塘水、水窖水和山泉水的人口为 20%。这些浅层水和地表水极易受到污染。在天旱季节，由于经常缺水，农民到处找水喝，严重的污染导致肠道传染疾病和地方病的发病率很高。这些疾病严重地威胁人们的身体健康和阻碍农村经济社会的发展。新中国成立以后，党和政府高度重视农村改水工作。中国农村改水基本分为三个阶段：

1. 发展和改善分散式供水阶段：新中国成立初期至 20 世纪 80 年代

新中国成立初期至 20 世纪 80 年代初，我国农村改水的主要措施是人畜分塘饮水、增设大口井井台和井口加盖、建造手压机井、建设简易引泉工程，结合农田水利建设中蓄、引、提等灌溉工程。1952 年，我国在以反细菌战为中心的爱国卫生运动中，仅用半年时间，改建水井 130 余万眼。中国第一个五年计划建设后，随着生产的发展和生活的改善，以除"四害"、讲卫生、消灭疾病、保护人民健康为宗旨的群众卫生运动进入新的阶段。据不完全统计，仅 1958 年，全国改良水井 400 万眼。

随着中国社会经济的好转，农村给水卫生和粪便管理两大问题被提到重要位置，以改水、管粪为中心的"两管五改"大规模发展，全国 200 个县饮用自来水。山西晋城，河北固安和赵县，浙江德清和金华，广东潮安、揭阳和中山，江苏无锡和东海，四川崇庆，陕西大荔饮用自来水（包括集中式供水）60% ~ 70%。全国 9 亿农村居民中已有 50% 的人口饮用比较清洁卫生的水。

2. 集中式供水工程建设发展阶段：20 世纪 80 年代至 21 世纪初

这期间，我国在农村改水方面所做的努力有：1980 年，我国政府决定参加由联合国第 35 届大会发起的"国际饮水供应和环境卫生十年"活动。将农村改水任务目标列入国家社会发展和经济建设的五年计划。制定农村供水指导方针和相关标准。加大政府财政资金投入。开展农村人畜饮水项目和人畜饮水解困项目。积极引进国际社会的援助与合作项目。制定《农村实施〈生活饮用水卫生标准〉准则》、编制《农村给水设计规范》，编著农村给水相关技术手册等。截至 2002 年底，这一阶段全国农村改水累计总投资达 705.75 亿元，全国 9.47 亿农村人口，受益人口达 91.67%。其中包括兴建水厂、水站 64.60 万个，受益人口 53652 万人，占农村人口的 56.65%；手压机井 6615 万台，受益人口 20917 万人，占农村人口的 22.08%；收集雨水水窖 1559750 眼，受益人口 1188 万人，占农村人口的 1.26%；其他形式的改水使得 11073 万人的饮用水得到初步改善，为全面推进农村饮水安全和可持续发展奠定了良好的基础。

3. 饮水安全和可持续发展阶段：2000 年至今

这个阶段以我国政府承诺落实联合国千年发展目标中将未能获得安全饮用水的人口减半为标志。《农村饮用水安全卫生评价指标体系》《2005～2006 年农村饮水安全应急工程规划》《农村给水设计规范》《村镇供水技术规范》《村镇供水站定岗标准》《村镇供水单位资质标准》为保障农村饮水安全和推进农村可持续发展提供了可靠的技术支撑。

（二）农村改厕

农村改厕是伴随全国爱国卫生运动而成长起来的。新中国成立初期，中国农村开始了反对美国细菌战的防疫运动，当时的主要任务就是灭虫消毒，集中全力消除传播鼠疫、霍乱、伤寒等传染病的媒介物。由于这个运动的直接目的是反对美国的细菌战、保卫祖国、保卫人民的健康，所以中央把它定义为"爱国卫生运动"，将各级防疫委员会一律改称为"爱国卫生运动委员会"，归各级人民政府直接领导，从此爱国卫生运动转为经常性工作。虽然当时的爱国卫生运动没有直接提出"农村改厕"，但是强调环境卫生特别重要，要求农村环境整洁，这就包括消灭一切病媒虫兽，实行灭蝇、灭蚊、灭虱、灭蚤及清秽等工作。

抗美援朝战争结束后，中国开始了有计划的社会主义改造和社会主义建设工作，爱国卫生运动随之进入第二个时期，即 1955 年至 1965 年期间，爱国卫生运动是以配合全国农业发展纲要的实施，改善农村卫生状况，保护劳动生产力为主要任务的，以除四害、讲卫生、消灭疾病为主要内容。仅 1958 年，新建和改建厕所 8607 万个，铲除了大量的蚊蝇孳生地。但是这一时期还仍然是厕所建造和简单地改造厕所。从"文化大革命"到 1978 年是爱国卫生运动的第三个高潮期，其重点是在农村进行"两管五改"。狠抓两件事，一是管理粪便垃圾，二是管理饮用水源。具体形式就是把厕所、畜圈、禽窝和水井、水池等加以改良，以便于积存肥料，防止或减轻对环境和饮用水的污染。"两管五改"后，基本上达到了"人有厕所，畜有圈，家禽有窝"的标准。1978 年，农村改水工作向自来水化方向发展，农村改厕工作向沼气池化方向发展。据 1981 年末统计，全国已建成"三联通式"

沼气池 700 万个，占全国农户的 4.5％。

　　1982 年 9 月 18 日中央爱国卫生运动委员会在山西晋城县（现在的山西晋城市）召开了全国农村爱国卫生运动经验交流会。广大农村仍然以"两管五改"为工作重点，取得了较好的效果，尤其是改水工作。但是改厕工作还未有明显的改善效果。

　　根据《全国卫生工作十年规划》及"八五"计划，所有城镇、农村的各学校都要求普及卫生厕所；不同经济发展水平地区农村卫生厕所普及率到 1995 年达到 20％ ~ 50％，到 2000 年达到 35％ ~ 80％。但是，1993 年全国第一次农村环境卫生调查显示，全国卫生厕所普及率仅为 7.5％。为此，1996 年，我国将农村改厕列入国家"九五"计划，具体目标是"九五"期间卫生厕所普及率达到 40％。1991 年国务院颁布的《九十年代中国儿童发展规划纲要》，把在农村普及卫生厕所列为儿童生存、保护、发展的任务指标之一。具体目标是农村卫生厕所普及率在 2000 年达到 44.84％。在"十五"计划中，我国将农村卫生厕所普及率目标定为，到 2005 年达到 55％。实际到 2005 年末，农村卫生厕所普及率为 55.30％（见图 1 - 1）。在"十一五"规划中，我国农村卫生厕所普及率的目标是 65％。从 1996 年开始，我国农村卫生厕所普及率持续增加，到 2009 年，农村卫生厕所普及率达到了 63.20％，离 2015 年农村卫生厕所普及率 80％的目标差 16.8 个百分点。

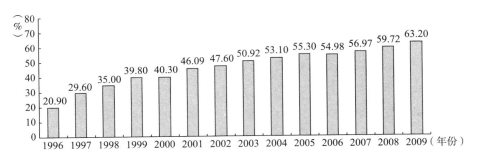

图 1 - 1　农村卫生厕所普及率

资料来源：历年《中国卫生统计年鉴》。

二 中国农村环境卫生设施改善的政策演变

新中国成立后，国家政策对农村环境卫生设施改善的支持力度很大。为了更好地回顾农村环境卫生改善的相关政策，我们以爱国卫生运动（包括历年的五年规划或计划）—初级卫生保健—千年发展目标为思路进行总结，从中分析国家政策在农村环境卫生设施投入和推动方式方面的变化。

（一）爱国卫生运动带动农村环境卫生设施的改善

1952 年，周恩来总理在第二届全国卫生工作会议上提出，把原来的卫生工作原则再加上一条，即"卫生工作与群众运动相结合"。从此，爱国卫生运动在卫生工作四大原则指导下逐步成为具有中国特色的卫生防疫事业。1952年 12 月 8 日至 13 日，卫生部召开第二届全国卫生行政会议。会议总结了特别是 1952 年开展爱国卫生运动的经验，深刻认识到，卫生工作必须依靠广大人民群众并使卫生工作与群众运动相结合，才能取得更为显著的成绩。1951 年，由卫生部颁布的《农村卫生基层组织工作具体实施办法（草案）》比较系统地反映了中国在新中国成立初期以预防为主，注重改善环境卫生，致力于解决安全饮水、粪便处理问题；规定防疫工作内容包括改良水源、饮水消毒、改良厕所、粪便处理。这一时期虽然没有具体提出农村改水改厕的具体任务和目标，但是已经将农村环境卫生的改善工作作为一项重要任务来抓。

1959 年 4 月，卫生部在《关于加强人民公社卫生工作的几点意见》中，规定了人民公社卫生工作的 16 项要求，其中一项就是"积极改善环境卫生和居住条件"，规定厕所要保证无蝇、无蛆，远离食堂、水源；在农村要积极改善饮用水水质，提倡喝开水；普遍进行水井改良，要有井台、井盖，公用水桶或改为密闭式、自流式；在饮用地面水的地区要采取分塘、分段、定时和河心取水等措施；有条件的地区要争取做到饮用水沙滤化或简易自来水化；在肠道传染病流行季节或地区，饮用水要进行消毒。

1965 年，毛泽东主席指示组织城市卫生人员下乡巡回医疗，并为农村培养卫生人员。同年，卫生部在《关于组织农村巡回医疗队有关问题的通知》中，提出为农村基层培训不脱产卫生员的意见，对卫生员（保健员）

的要求是"要懂得开展爱国卫生运动的一般知识，如修建水井、水源保护、水的消毒、积肥和粪便无害化管理等相关知识"。

1978年12月，卫生部等五部委颁发了《全国农村人民公社卫生院暂行条例（草案）》，要求卫生院必须"坚持面向工农兵、预防为主、团结中西医、卫生工作与群众运动相结合的方针，担负全公社的卫生行政管理和卫生业务工作"。草案规定了卫生院一些具体的工作，其中包括了农村改水改厕工作，深入发动群众开展以除四害为中心的爱国卫生运动，加强"两管五改"（管水、管粪，改水井、改厕所、改畜圈、改炉灶、改环境）的技术指导，做好疫情报告、传染病管理和预防接种工作。

新中国成立后的前30年（1949～1979年），中国农村虽然没有规定具体的改水改厕任务，但是以"两管五改"为龙头的爱国卫生运动，对农村改水改厕起到了很好的推动作用。在党中央的号召下，全国开展了一场大规模的与除"四害"相结合的爱国卫生运动。在这一时期，改良农村的厕所当然是一项重要的工作。由于广大群众积极参加爱国卫生运动，许多地区的苍蝇、蚊子、老鼠明显地减少了。这对于改善农民的环境卫生和个人卫生条件，起到了积极有效的作用。然而，这一时期的农村改厕工作重点仍然是以治为主。

1982年9月14～19日，全国农村爱国卫生运动现场经验交流会认为，为了实现党的十二大提出的全面开创新局面的伟大任务，加速建设社会主义精神文明，今后农村爱国卫生运动的重点是围绕改水和管粪，结合农村建设中的村镇规划改造环境卫生，进行卫生基本建设和综合治理。会议指出，农村爱国卫生运动必须适应新形势的发展和需要，要把卫生工作纳入村镇规划，及时提出卫生要求，对"两管五改"等卫生工作实行责任制，分片包干，落实到人，因势利导地把爱国卫生运动抓上去。改水改厕所需的经费和物资，地方财政和有关部门应给予大力支持。

爱国卫生运动轰轰烈烈地开展曾一度推动了农村改水改厕工作的进行，但农村改水改厕还处于初级阶段，只是基本符合卫生要求，还未达到卫生厕所的要求。同时各地农村改水改厕进度极不平衡，东西部差距继续加大，西部地区尤其贫困农村的改水改厕工作任务非常艰巨。

（二）初级卫生保健促进农村环境卫生设施的改善工作

1977 年第 30 届世界卫生大会上提出"2000 年人人享有卫生保健"战略目标，全体人民都有安全的饮水和卫生设备是目标之一。1978 年阿拉木图会议提出实施初级卫生保健是实现 2000 年人人享有卫生保健的关键。自此，初级卫生保健进入了我国卫生领域，成为我国的一项重要工作。1983 年，我国政府郑重承诺，将努力响应世界卫生组织提出的 2000 年人人享有卫生保健的战略目标，要努力在中国尽早实现这个目标。1990 年 3 月，原国家计划委员会、农业部、国家环境保护局、全国爱国卫生运动委员会与卫生部联合下发实施《我国农村实现"2000 年人人享有卫生保健"的规划目标》（以下简称《规划目标》），使中国农村初级卫生保健工作进入科学化目标管理的阶段。《规划目标》中规定了我国农村改水改厕的最低标准值，提出到 2000 年农村安全卫生水普及率贫困地区最低达到 60%，小康地区要达到 100%，"卫生厕所"普及率贫困地区达到 35%，小康地区要达到 80%。从此，我国农村改水改厕任务开始进入了具体化的阶段。中央文件开始对农村改水改厕工作提出具体的要求。1989 年 3 月，国务院 22 号文件《关于加强爱国卫生工作的决定》中明确要求，爱卫会协调有关部门，落实"七五"计划规定的农村改水任务，到 1990 年使 80% 的农村人口饮用安全卫生水。而且这一目标在其他文件中也反复提到，以期从根本上控制水传染病的发生和流行。可见，为了实现人人享有卫生保健的目标，中国把农村改水作为一项非常重要的任务来抓，而且把它作为爱国卫生运动的一个奋斗目标。当时的全国爱卫会主任李铁映同志在全国卫生厅、局长会议代表座谈会上指出，爱国卫生运动主要是两个方面的工作，一是把 400 多个大中城市的环境卫生搞好，主要是解决厕所、垃圾、"窗口"和灭鼠问题；二是抓农村改水工作，到 2000 年使全国 90% 以上的人口都喝到安全水。要想解决农村的传染病问题，必须解决水的问题，水是农村传染病的主要来源；水的问题不解决，"2000 年人人享有卫生健康"就是一句空话。然而，农村改厕工作还未引起国家的重视，或者说对农村改厕工作的重视程度不及农村改水。

2000 年，是实施《规划目标》的结束之年。卫生部、原国家计委等部委在 2002 年《关于表彰全国农村初级卫生保健工作先进县和先进个人的决定》中指出，自 1990 年开始实施《中国农村初级卫生保健规划纲要》以来，到 2000 年底，全国有 95% 的农业县（市、区、旗）达到或基本达到《规划目标》的要求，基本实现了"2000 年人人享有卫生保健"的农村初级卫生保健阶段性目标。在 20 世纪 80 年代和 90 年代初，农村改水改厕工作曾经一度是农村卫生工作的中心任务，一度被纳入各地的国民经济和社会发展规划中，但是并没有获得预期的健康改善效果，也没有形成稳定的可持续发展机制，农村改水改厕工作一度陷入困境。

（三）国际供水和环境卫生活动促动农村环境卫生的改善

国际上对于供水和环境卫生设施改善非常重视，普遍认识到享有安全饮水和良好的卫生设施是人的一种权利。1980 年召开的第三十五届联合国大会决定，1981 年至 1990 年为"国际饮水供应和卫生十年"，目的是争取到 1990 年在全球实现"人人享有安全饮用水"的目标。对此，中国政府表示赞同和支持，并积极参加了联合国组织的与此相关的大多数活动。我国政府于 1981 年 6 月发布文件，批准全国爱国卫生运动委员会为"十年活动"的国家行动委员会，要求爱卫会在有关部门的密切协作中，负责组织我国的"十年活动"。具体工作由全国爱卫办牵头。从此，在中国广阔的农村大地上拉开了大规模的农村供水与环境卫生改善的序幕。1986 年首次在第七个五年计划中明确规定"农村改水是爱国卫生运动的首要任务之一"，具体目标是改水受益户数达到 80%。自此，农村改水在每个五年计划中都有所体现，并规定了明确的工作任务。

1991 年中国政府分别签署了世界儿童问题首脑会议通过的《儿童生存、保护和发展行动计划》和《儿童生存、保护和发展世界宣言》，向国际社会做出承诺。从第九个五年计划开始，又将改善农村环境卫生的受益户数任务目标纳入其中，具体目标是：卫生厕所受益户数为 40%，到 2000 年，中国农村卫生厕所覆盖率达到了 40.3%。2000 年联合国首脑会议通过了《千年宣言》制定的千年发展目标，我国政府也对此做出承诺，到 2015 年将没有享有安全饮水人口比例减少一半，将没有享有基础卫生设施人口比例减少一半。这是国际供水和环境卫生改善活动对中国农村环境卫生改善的又一次推进。

三 中国农村环境卫生设施改善与健康指标的关系

新中国成立之前，急慢性传染病、寄生虫病和地方病严重危害人们的生命与健康。婴儿死亡率高达 200‰，孕产妇死亡率达 15‰，人口死亡率高达 25‰，人口平均寿命仅有 35 岁。新中国成立之初百废待兴，防疫工作也几乎从零开始。党和人民政府首先把威胁人民群众健康程度最大的 20 种传染病作为防治目标，并将严重危害经济建设和国防建设的天花、鼠疫、霍乱等烈性传染病作为重点加以防治。在以"两管五改"为重点的带动农村治理环境卫生的政策支持下，1958 年的灭病工作取得了巨大的成就。仅此一年，治疗的血吸虫病患者人数就等于新中国成立以来治疗人数的 3 倍，治疗的丝虫病患者人数等于新中国成立以来治疗人数的 16 倍，治疗的钩虫病患者人数等于新中国成立以来治疗人数的 6 倍①。在部分城市，婴儿死亡率和孕产妇死亡率也都得到了显著的控制，北京市区婴儿死亡率由 1952 年的 65.7‰下降到 1985 年的 10.0‰（见表 1-1）。

表 1-1 部分城市市区婴儿、新生儿、孕产妇死亡率

年 份	北京市区			上海市区			天津市区		
	婴儿死亡率（‰）	新生儿死亡率（‰）	孕产妇死亡率（1/10 万）	婴儿死亡率（‰）	新生儿死亡率（‰）	孕产妇死亡率（1/10 万）	婴儿死亡率（‰）	新生儿死亡率（‰）	孕产妇死亡率（1/10 万）
1952	65.7	35.9	—	37.7	—	186	46.8	—	—
1957	35.4	18.1	—	24.9	10.3	—	32.0	13.2	—
1962	21.7	11.3	—	20.7	9.0	11	21.1	11.4	—
1975	12.4	7.9	28	11.6	7.1	8	14.7	7.6	26
1980	10.4	7.1	13	10.8	6.8	11	10.8	7.5	13
1985	10.0	6.4	18	12.6	8.5	12	11.7	7.9	23

① 李德全：《十年来的卫生工作》，《中医杂志》1959 年第 11 期。

1988 年，我国居民的平均寿命达到了 69 岁，比新中国成立前几乎增长了 1 倍。人口死亡率由 20 世纪 50 年代的 14‰降低到 6.6‰，婴儿死亡率降低到 35‰，孕产妇死亡率降低到 5‰。1988 年，我国传染病发病率已降低到 466/10 万，霍乱、鼠疫、天花等烈性传染病基本消灭，血吸虫病、疟疾、地方性甲状腺肿等流行病得到控制。这些都与农村爱国卫生运动的重点是围绕改水和管粪，结合农村建设中的村镇规划改造环境卫生有很大的关系。为确保"两管五改"在数量和质量上有新的发展，国家采取了多种形式进行改水，尤其是解决了自来水的问题，在经济条件好的地区积极推广"三联通式沼气池"。在中央和地方政府的大力支持下，到 1998 年，全国已有 86.65% 的农民彻底告别了饮用河塘水的历史，生活饮用水得到了不同程度的改善。其中 45% 的农民喝上了各种形式的自来水，全国约有 85.9% 的农户有家庭厕所，22% 的农户拥有不脏、不臭、无蝇、无蛆的卫生厕所。这些对我国农村有效控制粪口传播性疾病发挥了重要作用。为此，我们比较了农村卫生厕所普及率、农村改水受益人口比例与痢疾、伤寒副伤寒和疟疾发病率的相关关系（见图 1-2 和图 1-3）。

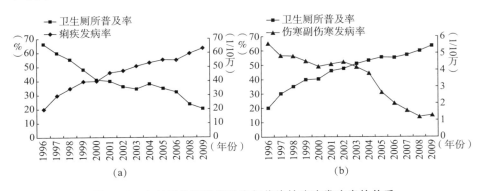

图 1-2　农村卫生厕所普及率与传染性疾病发病率的关系

从图 1-2 和图 1-3 可看出，农村卫生厕所普及率与痢疾和伤寒副伤寒发病率之间呈高度负相关关系，相关系数分别为 -0.974 和 -0.844（P<0.0001）；农村改水受益人口比例与痢疾、伤寒副伤寒和疟疾的发病率之间亦呈高度负相关关系，相关系数分别为 -0.981、-0.803 和 -0.927（P<0.0001）。临床研究已证明，一旦痢疾杆菌、伤寒杆菌和副伤寒杆菌污

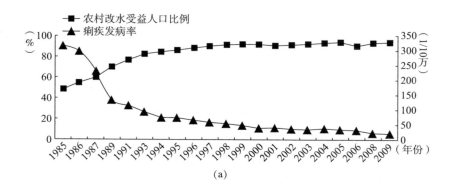

(a)

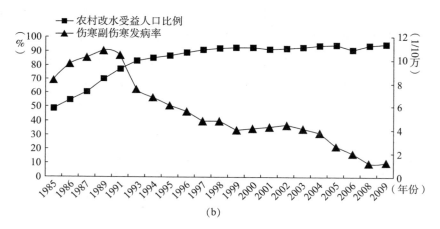

(b)

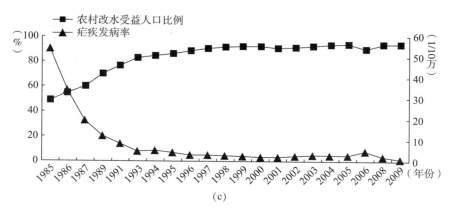

(c)

图1-3　农村改水受益人口比例与传染性疾病发病率的关系

染了水体,而居民饮用了这种受污染的水,可能会导致相应疾病的发生。另外,没有经过无害化处理的粪便,也会通过粪口传播途径导致上述几种疾病的发生。因此,通过提高农村改水受益人口比例和卫生厕所普及率,可有效减少病菌污染水源的概率,阻断传播途径,减少肠道传染病的暴发或流行。另外,流行病学研究证明,疟疾作为一种虫媒传染病,其发病率与地区环境中传播媒介按蚊的数量和密度有直接关系,农村改水和改厕有利于治理和清除适合按蚊生长和繁殖的环境,切断按蚊的生活史,从而阻断疟疾的传播途径,达到降低疟疾发病率的目的。

农村卫生厕所普及率与农村婴儿死亡率、5 岁以下儿童死亡率的相关系数分别为 -0.917 和 -0.933 ($P < 0.0001$)。而农村改水受益人口比例和农村婴儿死亡率以及 5 岁以下儿童死亡率之间并没有显著的相关性,它们之间的相关系数分别是 -0.666 ($P = 0.0129$) 和 -0.672 ($P = 0.0120$)。2003 年《世界卫生报告》指出,腹泻症是导致发展中国家儿童死亡的主要死因之一,因腹泻症死亡的儿童人数占儿童死亡人数的 15.2%。另外,全球 5 岁以下儿童每年患腹泻的约有 18 亿例次,约 300 万人死亡。而导致腹泻症发生的主要疾病是痢疾、霍乱和伤寒副伤寒等肠道传染疾病。

因此,随着农村改水改厕工作的不断推广,农村居民的健康水平逐渐得到了提高。

第二节　中国农村环境卫生现状及评价:
农村改水改厕

一　农村改水改厕现状

(一) 改水现状

通过多年持续的农村改水工作,中国农村饮水条件得到显著改善。截至 2009 年底,农村改水累计受益总人口为 9.03 亿人,占全国农村总人口的 94.3%。中国农村严重缺乏生活饮用水的问题已基本得到解决。根据调查数据可知,被调查地区农村居民饮用水类型主要是深井水(受保护和未受保护），占到了用水类型的58.36%，自来水的普及率也达到了21.92%（见表1-2）。分地区看，江苏的农村饮用水条件最好，被调查地区饮用水主要是以受保护的深井水和自来水为主，两者占比为91.96%，其次是陕西，受保护深井水和自来水的比例为56.54%，不过，陕西还有35.02%的农村居民饮用水窖水；需要注意的是，山西的农村饮水条件最差，用水类型仍然以未受保护的深井水为主，比例为86.89%。

表1-2　调查样本的居民用水类型

单位：%

省份	受保护的泉水	未受保护的深井水	受保护的深井水	未受保护的浅井水	受保护的浅井水	地面水（江河湖水、池塘水）	雨水收集（水窖）	自来水	总计
陕西	3.38	0.42	37.55	0	0	4.64	35.02	18.99	100
山西	12.7	86.89	0.41	0	0	0	0	0	100
江苏	0	3.61	45.78	0.4	4.02	0	0	46.18	100
三省平均	5.34	30.41	27.95	0.14	1.37	1.51	11.37	21.92	100

评价饮水条件除了关注用水类型外，还要看供水可及性，我们用供水频率衡量。总体看，87.4%的居民能获得不间断的供水或每天至少一次的供水（见表1-3），不过仍然有3.97%的农村家庭承受着不定期的供水。分地区看，江苏的供水频率最高，99.6%的农村居民可以享受不间断供水或每天至少一次的供水，陕西是92.82%，山西只有69.67%，而且山西还有11.48%的农村居民是不定期供水，无法定期获得安全的饮用水。

表1-3　调查样本的供水频率

单位：%

省份	不间断供水	每天至少一次	2~3天至少一次	4~7天至少一次	一周以上一次	不定期供水
陕西	91.98	0.84	1.69	0.84	4.64	0
山西	49.18	20.49	18.03	0	0.82	11.48
江苏	68.27	31.33	0	0	0	0.4
三省平均	69.59	17.81	6.58	0.27	1.78	3.97

家庭环境中饮用水的储存对疾病预防具有重要影响。在许多国家,传播登革热病毒的伊蚊很容易在房屋内及周围小的储水器中繁殖。儿童是主要受害者。然而,要使这些家庭储水器没有蚊子繁殖,只需采取简单的措施:将储存的饮用水覆盖,使蚊子不能在那里产卵。家庭主妇作为家庭的照料者,在采取此类简单行动方面发挥着关键作用,这些行动可对她们自身以及她们子女的健康产生巨大好处。为此,在调查中,我们了解了农村居民对饮用水的储存方式。从表1-4中可以看出,42.19%的农村居民都用加盖的水缸或水桶储存饮用水,没有加盖储存水的农户只占到了3.29%,不过江苏这一比例还占6.83%。

表1-4　调查样本的饮用水的储存方式

单位:%

省份	直接从水源取水,不储存	用水缸或水桶储存,没有加盖	用水缸或水桶储存,加盖	其他方式
陕西	43.46	1.27	52.74	2.53
山西	26.64	1.64	57.79	13.93
江苏	75.5	6.83	16.87	0.8
三省平均	48.77	3.29	42.19	5.75

(二)　改厕现状

农村环境卫生设施改善的重点是厕所,世界卫生组织把农村改厕列为初级卫生保健的八大要素之一。自新中国成立后,我国就将农村改厕纳入轰轰烈烈的爱国卫生运动大潮中,但是那时对于改厕的认识还仅仅停留在能达到干净整洁的水平。改革开放以后,对农村改厕的认识提升到了防病高度。因此在1996年,我国将农村改厕受益户数任务目标列入国家社会发展和经济建设五年计划中,作为中央和地方政府的责任目标组织实施。截至2009年,农村改厕总户数为2.54亿户,无害化卫生厕所普及率从2006年的32.3%增加到2009年的40.5%。在被调查地区,卫生厕所类型主要是双瓮漏斗式和三格化粪池。北方地区以双瓮漏斗式为主,南方地区以三格化粪池为主(见图1-4)。表1-5的调查结果显示,调查样本农村卫生厕所普及率为 61.65%，低于全国平均 63.2%，不过本次调查数据与《2010年中国卫生统计年鉴》里三省的卫生厕所普及率的数据有所差距，这主要是抽样所引起的。分厕所类型看，陕西和山西以双瓮漏斗式为主，而江苏主要是三格化粪池式。分地区看，江苏的卫生厕所普及率最高，为73.89%，陕西次之，山西最低，只有52.46%，可见，农村改厕还有一段很长的路要走。

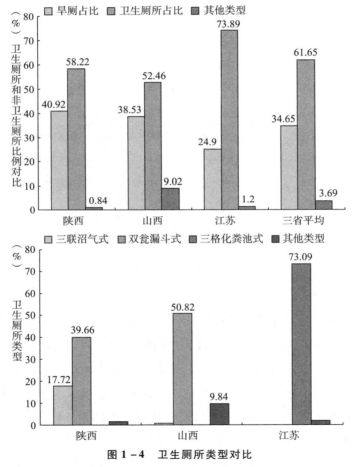

图 1-4 卫生厕所类型对比

注：卫生厕所的主要类型还包括完整下水道水冲式、粪尿分集式和双坑交替式厕所；其他类型包括共用厕所、公共厕所等。

表 1 - 5 调查样本居民的厕所类型

单位:%

省份	旱厕	卫生厕所普及率	卫生厕所类型						
			三联沼气式	双瓮漏斗式	三格化粪池式	水冲式	粪尿分集式	双坑交替式	其他
陕西	40.92	58.22	17.72	39.66	0	0.42	0	0.42	0.84
山西	38.53	52.46	0.82	50.82	0	0.82	0	0	9.02
江苏	24.9	73.89	0	0	73.09	0.4	0.4	0	1.2
三省平均	34.65	61.65	6.03	29.86	24.93	0.55	0.14	0.14	3.69

注:在《2010 年中国卫生统计年鉴》里,2009 年陕西、山西、江苏的卫生厕所普及率分别是 40.9%、49.3%、76.7%。

农村改厕是为了降低介水性传播疾病,提高农村居民健康水平,而不仅仅是把旱厕改成卫生厕所。从被调查地区农村居民使用卫生厕所的频率看,88.48% 的农村居民一直使用改厕后的卫生厕所,但仍然有 2.83% 的居民从不使用或偶尔使用卫生厕所。分地区看,江苏卫生厕所的使用频率最高,陕西次之,山西最低,只有 75.68% 居民一直使用卫生厕所,20.95% 的居民经常使用(见表 1 - 6)。造成居民卫生厕所使用频率低的主要原因:第一,卫生厕所需要用桶提水冲洗,很多居民嫌麻烦,所以就放弃对卫生厕所的使用;第二,改厕并没有改到居民的院子里,仍然在院子外面,降低了居民对卫生厕所的使用频率;第三,一些农村居民觉得拥有干净整洁的卫生厕所很体面,因此自己舍不得使用,只是让客人或外出打工子女在家时使用。

表 1 - 6 调查样本居民卫生厕所使用频率

单位:%

省 份	从不使用	偶尔使用	经常使用	一直使用
陕西	2.92	1.46	3.65	91.97
山西	2.03	1.35	20.95	75.68
江苏	0.57	0.57	2.29	96.57
三省平均	1.74	1.09	8.7	88.48

为了保证厕所粪便不污染水源，厕所选址应该远离取水源30米以上，因此本章用此指标考察被调查地区居民修建的卫生厕所是否符合规定。表1－7显示，虽然卫生厕所的普及率不断提高，但是85.75%农村居民的厕所和取水源的距离小于30米，可见，目前中国农村在改厕过程中，忽视了厕所和取水源的距离。在实地调查中也发现，大多数居民都采用直接推倒旧厕所，在原地建造新厕所的方式改厕，而没有考虑厕所和取水源之间应该保持一定的距离。

表1－7　调查样本卫生厕所和取水源的距离

单位:%

省份	厕所和取水源的距离			
	≥30 米	<30 米	不知道	总计
陕西	22.78	77.22	0	100
山西	10.25	88.52	1.23	100
江苏	8.43	91.16	0.4	100
三省平均	13.7	85.75	0.55	100

二　被调查地区农村居民对卫生厕所的需求

（一）农村环境卫生设施改善资金投入情况

关于农村改厕的资金投入政策，2010年中央对农村改厕的资金投入是中西部地区每户补贴400元，东部地区每户补贴300元。

中国农村改厕资金，主要来源于各级政府拨款、农村集体经济投资和农村居民投资以及贷款、捐赠款等（比如世界银行贷款）。多方筹资进行农村环境卫生改厕是符合我国国情，也是多年实践的成功经验。据全国爱卫办统计资料，1996年至2000年末，农村环境卫生改厕总投资135.91亿元，2001年至2002年为66.20亿元，2008年为91.06亿元（见表1－8）。从投资结构看，个人投资占到了一半以上，不过最近几年，个人投资比例略微下降，而各级政府投资比例上升（见表1－8）。

表 1 – 8　1996 ~ 2008 年全国农村环境卫生改厕投入情况

单位：万元，%

年份	总投资	国家（各级政府）		集体		个人		其他	
		投资	占比	投资	占比	投资	占比	投资	占比
1996 ~ 2000	1359124	184949	13.61	219100	16.12	934163	68.73	20912	1.54
2001 ~ 2002	662013	99068	14.96	126944	19.18	427976	64.65	8025	1.21
2003	448197.45	93191.07	20.79	94327.72	21.05	254882.41	56.87	5796.22	1.29
2004	432746.75	91660.29	21.18	71807.47	16.59	264045.45	61.02	5233.95	1.21
2005	473211.52	127724.88	26.99	71116.22	15.03	265320.20	56.07	8184.01	1.73
2006	695013.16	208486.31	30.00	105174.13	15.13	370795.97	53.35	10556.75	1.52
2007	729380.62	255309.03	35.00	104031.31	14.26	355352.58	48.72	14687.69	2.01
2008	910626.85	347823.99	38.20	107047.17	11.76	439658.45	48.28	16097.25	1.77

如表 1 – 9 所示，对于陕西而言，省里的补贴是每户增加 50 元，耀州区的补贴是每户增加 150 元，有的乡镇和村再根据自己的经济情况，给予农户补贴。有些条件好的镇和村，把中央、省和区里补贴之外的改厕费用全部承担。而对于山西而言，省里的补贴还没有到位，目前只是中央政府投入的一部分资金用来改厕。江苏的两个县市，一个是徐州市的铜山县，另一个是扬州市的高邮市，铜山县对合格卫生厕所的补贴是每个农户 600 元（中央和省级政府财政补贴 400 元，铜山县补贴 100 元，乡镇补贴 100 元）。

表 1 – 9　调查样本农村改厕资金投入情况

单位：元/户

省份	县（市、区）	中央政府	省级政府	区县以下政府	农民改厕的支付意愿	当地改厕成本	农村改厕资金缺口
陕西	耀州区	400	50	150	439.85	1338	298.15
	王益区	400	50		280.79		607.21
山西	芮城县	400	0		353.16	1338	584.84
	榆次区	400	0		304.61		633.39
江苏	铜山县	300	100	200	647.65	1644.5	396.85
	高邮市	300	100		617.06		627.44
三省平均		365.89	75.67	178.35	454.63	1442.55	368.01

注：由于某些区县以下政府对于改厕资金并没有稳定的筹资机制，因此不在统计范围之内。统计数据时间截止到 2010 年 12 月。

基于目前农村改厕的成本、中央政府和地方政府的补贴，以及农村居民改厕的支付意愿，可以计算出当前农村改厕资金缺口有多大。同样分省分地区分别计算当地农村改厕的资金缺口，计算结果见表1-9。表1-9结果显示，被调查地区农村改厕资金缺口平均为533.93元，根据当地卫生厕所类型的不同，改厕的成本也有所不同。为此我们调查了双瓮漏斗式和三格化粪池式卫生厕所的成本。双瓮漏斗式卫生厕所成本清单：挖坑50元，砌砖300元，安装瓮150元，水泥60元，沙子90元，砖288元，蹲便器、弯头、4个瓮和排臭管共400元。总成本1338元。三格化粪池式卫生厕所（1.8平方米的厕屋）成本清单：挖坑120元，砌墙570元，水泥90元，沙子90元，砖432元，厕所顶102.5元，坐便器200元，弯头40元。总成本1644.5元。

（二）人员投入

关于农村改厕的人员投入情况，我们对山西的调查数据进行了分析，山西有119个县级爱卫办机构，1397个乡镇，平均每个县级爱卫办机构工作人员（包括负责人）为2.93人，具体如表1-10所示。平均每个县级爱卫办机构负责11.74个乡镇的农村改厕工作。

表1-10　山西农村改厕的人员投入情况

单位：人

	太原	大同	阳泉	长治	晋城	忻州	晋中	临汾	运城	吕梁
工作人员数/区县	1.14	2.67	1.67	5.92	8.08	7.4	2.64	3.88	8.08	2.46

资料来源：山西省卫生厅爱卫办。

（三）政策投入

政策是执行项目活动的保障，为此，我们从政策角度考察被调查地区农村环境卫生设施改善的投入情况。政策投入，主要体现于各地对于农村改厕的支持，包括制定的各项奖惩措施等。

陕西省在"十五"期间制定了《陕西省农村改水改厕工作"十五"规

划》，明确规定"十五"期间，力争全省农村卫生厕所普及率达到40%；有1~2个市农村卫生厕所普及率达到55%；5~10个县卫生厕所普及率达到80%；2002年全省107个县、区（已建成改厕示范县除外）各建成1~2个卫生厕所示范乡、镇。《陕西省"十一五"卫生事业发展专项规划》中明确规定，到2010年陕西省农村卫生厕所普及率达到50%以上；农村居民饮用安全水的比例达到70%以上。并且陕西省政府领导很重视农村环境卫生设施改善工作，以卫生县城的评比带动农村改水改厕工作的开展。在我们调查的铜川市耀州区，农村改厕作为一项"民生工程"，按照"政府组织、部门负责、财政补贴、群众动手、因地制宜、分类指导"的原则，制订实施方案，明确目标任务和标准要求；建立组织领导机构，确定人员专门负责改厕工作，形成上下贯通的改厕领导体系；实行目标管理，逐级签订责任书，将任务分解落实到基层。同时，陕西耀州区还出台了卫生厕所改造工作的考核奖罚措施，通过奖励的形式促进农村改厕工作的进行，起到了很好的推动作用。

江苏省在2006年将农村改厕工作列为"农村新五件实事"中"农村环境整治工程"的内容之一。《江苏省政府办公厅关于印发农村新五件实事工程实施方案的通知》规定，2006年至2010年，全省农村完成改厕试点50万座（均为无害化卫生厕所）。其中2006年完成改厕试点任务10万座。具体情况如下：苏北地区试点改厕5万座，其中徐州0.3万座、连云港0.2万座、淮安0.3万座、盐城4万座、宿迁0.2万座（均为血防改厕），苏中地区试点改厕5万座，其中南通1.5万座、扬州2万座（均为血防改厕）、泰州1.5万座。2006年江苏省财政安排专项补助0.2亿元。对苏北地区按每户250元、苏中地区按每户150元给予补助。另外，江苏省《第十一个五年规划纲要主要目标和任务工作分工的通知》规定改厕率达到80%以上，自来水普及率达到98%。

（四）调查样本农村居民的改厕支付意愿

本研究的调查问卷是采用国际上普遍推荐的双边界二分法进行设计的。即就改厕成本询问被调查者是否愿意改厕，如果被调查者回答"是"，则提高成本继续询问被调查者；如果调查者回答"否"，则降低成本，当确定被调查者的支付意愿的区间时，询问其愿意支付多少钱。考虑到厕所改造的实际成本和国家的补贴情况，询问被调查者的成本最高为800元，最低为200元，被调查者面对800元成本时表示愿意改厕，则直接询问其愿意支付多少钱；被调查者面对200元表示不愿意改厕，则支付意愿的调查结束。

支付意愿调查部分生成两种类型的变量：一种是被调查者面对某一成本时是否选择改厕的二元离散变量；另一种是被调查者对改厕的支付意愿，为连续变量。表1-11显示，农村居民改厕支付意愿的平均值为425.69元，但这一平均值并不包括那些观测不到其支付意愿的农村居民。根据调查问卷设计，观测不到改厕支付意愿低于200元以下居民的支付意愿。因此，需要进一步测算，获得全样本的改厕支付意愿。根据回归方程，可以得到支付意愿的拟合值（见表1-11）。

表1-11 分地区支付意愿以及重要影响因素描述统计

影响因素	全样本	东部省份	中部省份	西部省份
支付意愿平均值（元）	425.69	614.49	324.29	333.76
支付意愿拟合值（元）	365.30	587.09	252.67	284.75
2009年当地农民人均纯收入（元）	6654	9740	4897	4588
知识知晓得分（满分150分）	110.1	109.6	109.3	112.3
环境卫生态度	2.62	2.66	2.42	2.78
个人卫生行为	3.35	3.11	3.34	3.61
是否改厕	0.63	0.70	0.61	0.58

从表1-11的测算结果可知，全样本的改厕支付意愿拟合值是365.30元，针对不同地区，东部和中部、西部支付意愿差距显著，东部省份的支付意愿最高，达到了587.09元，中部和西部的支付意愿差距不大，分别是252.67元和284.75元。

三 农村供水和环境卫生设施改善效果评估：KAP分析

（一）样本基本情况描述

用供水和环境卫生设施改善来带动农村居民健康知识知晓率（knowledge）的提高、健康知识态度（attitude）的改变和卫生行为（practice）形成率的提高是农村环境卫生设施改善的目标之一。在19世纪排污设备很差的伦敦，有一半的婴幼儿夭折。当人们拥有了厕所、排污系统以及习惯了用肥皂洗手后，儿童的死亡率降低了1/5。这是英国历史上儿童死亡率下降幅度最大的一次。已有文献显示，环境卫生设施改善能显著提高居民健康知识知晓率，改变居民的卫生行为习惯等。在被调查地区，我们调查了农村居民的与饮水和卫生厕所相关的健康知识知晓情况、对于饮水和卫生厕所相关知识的态度，以及居民个人的卫生行为等。基本情况指标见表1-12。从表1-12中可以看出，对于已改厕和未改厕家庭而言，无论是家庭平均人口，还是家庭的教育水平、年龄和日常生活支出等，都没有显著的差异。因此，调查样本KAP的改善主要是家庭参加改厕活动的结果。

表 1 – 12　调查样本家庭基本情况

基本情况指标	已改厕（460户）	未改厕（270户）
家庭人口数（人）	3.84	3.74
家庭成员平均年龄（岁）	36.70	38.47
家庭有7岁以下孩子比例（%）	30	27
家庭平均教育水平（年）	2.82	2.78
家庭日常生活支出（元）	9195.75	9128.32
受访者年龄（岁）	44.32	46.54
受访者教育水平（年）	2.65	2.56

（二）健康知识知晓情况

关于健康知识知晓情况，我们设计了8道关于供水和饮水方面的健康知识题、7道关于卫生厕所使用以及粪便处理方面的健康知识题，每题10分，满分150分。本报告关注已改厕和未改厕居民的健康知识知晓情况，因此，将730户受访家庭分为已改厕家庭和未改厕家庭，分别计算健康知识知晓率（实际得分/150分），计算结果见表1-13。

表 1 - 13 农村居民健康知识知晓率情况

	陕西	山西	江苏	三省总体
未改厕（%）	71.00	70.83	69.82	70.62
已改厕（%）	77.71	74.19	74.44	75.33
提高的百分点	6.71	3.36	4.62	4.71
P 值	0.000	0.034	0.009	0.000

从表 1 - 13 可见，已改厕家庭的健康知识知晓得分显著高于未改厕家庭。已改厕家庭的健康知识知晓率为 75.33%，未改厕家庭的健康知识知晓率为 70.62%，已改厕家庭比未改厕家庭的健康知识知晓率提高了 4.71 个百分点。分地区看，陕西省已改厕家庭比未改厕家庭的健康知识知晓率提高了 6.71 个百分点，山西省提高了 3.36 个百分点，江苏省提高了 4.62 个百分点。可见，农村改厕带动健康知识知晓率的提高效果显著。

（三）健康知识态度情况分析

认知理论表明，人们获得和利用信息的全部过程和活动步骤是，首先感知信息，其次认同信息内容并产生行为意愿，最后改变其行为。根据认知理论，改变人们行为之前应该是让人们认同信息内容，因此我们考察了农村居民对于供水和环境卫生设施相关的健康知识的态度，共设置 10 道题，每道题目的说法都是错误的，考察居民对相关健康知识说法认同情况，用 Likert - 5 级量表作为答案，非常认同的得分为 1 分，非常不认同的得分为 5 分，具体分析结果见表 1 - 14。从总体情况看，已改厕居民对健康知识的态度与未改厕居民的态度差异显著（P = 0.006）；分地区看，对于健康知识的态度，已改厕与未改厕家庭差异最显著的是陕西省（P = 0.001），说明陕西省的农村供水和环境卫生设施改善的效果最显著，通过供水和环境卫生设施改善，真正改变了农村居民对一些健康知识的态度，江苏省的效果次之，山西省最差。而且从实地调查中我们也发现，陕西省的耀州区的改厕工作受到政府领导的重视，连续 4 年被作为"民生工程"执行。

表 1 – 14　调查样本健康知识态度得分情况

	陕西	山西	江苏	三省总体
未改厕	34.83	36.46	37.51	36.14
已改厕	36.5	36.22	38.31	37.10
P 值	0.001	0.730	0.176	0.006

（四）个人卫生行为情况分析：简单的描述统计

通过改变个人卫生行为来降低人群的疾病发病率，延长人类寿命，是现代公共卫生服务的主要目标。凡是有良好环境卫生设施的地方，人们都更加健康和干净。因此，通过改善饮水条件和环境卫生设施来改变个人的卫生行为，是农村改水改厕的首要目标之一。为此，我们调查了已改厕和未改厕家庭的个人卫生行为情况，从四个方面衡量个人卫生行为的改变。

1. 吃饭前是否洗手

关于吃饭前是否洗手，我们给出的选项是"每次都洗""经常洗""偶尔洗"和"洗手后做饭，吃饭就不用洗了"。我们关注的是选择"每次都洗"的居民。对比已改厕家庭和未改厕家庭居民选择"每次都洗"的比例，观测它们之间是否有差异。表 1 – 15 的分析结果显示，总体来

表 1 – 15　个人卫生行为：吃饭前洗手

单位:%

省份	家庭是否改厕	每次都洗	经常洗	偶尔洗	洗手后做饭，吃饭就不洗了
陕西	未改厕	61	36	2	1
	已改厕	70.8	24.09	4.38	0.73
山西	未改厕	53.13	37.5	1.04	8.33
	已改厕	65.54	19.59	2.7	12.16
江苏	未改厕	27.03	63.51	8.11	1.35
	已改厕	27.43	66.29	5.71	0.57
三省平均	未改厕	48.89	44.07	3.33	3.70
	已改厕	52.61	38.70	4.35	4.13

看，对于具有"每次都洗"行为的居民占全部受访居民的比例而言，已改厕家庭要显著高于未改厕家庭；分地区看，除了江苏外，陕西和山西的差异非常显著。可见，环境卫生设施的改善对带动居民吃饭前洗手的效果非常显著。当然，我们除了关注吃饭前"每次都洗"的居民外，还需要关注"经常洗""偶尔洗"和"不洗手"的居民，这部分居民是我们以后重点改造的对象。加强对这部分居民家庭卫生厕所的建设是我们下一步的工作重点。

2. 上厕所后是否洗手

关于上厕所后是否洗手，我们给出的选项同样是"每次都洗""经常洗""偶尔洗"和"不洗"。令人兴奋的是，通过改厕活动，居民上厕所后每次都洗手的比例大大增加，比"吃饭前洗手"行为的改变效果更大（比较表 1-15 和表 1-16）。总体看，已改厕居民上厕所后每次都洗手的百分比提高了 4.17 个百分点，比"吃饭前每次都洗手"多提高了 0.45 个百分点。分地区看，陕西省的改厕效果最好，已改厕居民比未改厕居民上厕所后每次都洗手的比例提高了 12.29 个百分点。山西省和江苏省的效果差不多，分别提高了 8.5 个和 7.57 个百分点。

表 1-16　个人卫生行为：上厕所后洗手

单位：%

省份	居民家庭是否改厕	每次都洗	经常洗	偶尔洗	不洗
陕西	未改厕	68	30	2	0
	已改厕	80.29	18.25	1.46	0
山西	未改厕	60.42	27.08	11.46	1.04
	已改厕	68.92	20.95	8.11	2.03
江苏	未改厕	17.57	70.27	10.81	1.35
	已改厕	25.14	67.43	7.43	0
三省平均	未改厕	51.48	40.00	7.78	0.74
	已改厕	55.65	37.83	5.87	0.65

3. 家庭打扫厕所的频率

卫生行为不仅要关注个人卫生习惯，还要关注家庭环境卫生。我们用家庭打扫厕所频率衡量家庭环境卫生的整洁程度。将打扫厕所的频率分为"每天都打扫""每星期打扫一次""每月打扫一次""不打扫"。从分析结果看，就"每天打扫厕所"比例而言，已改厕家庭比未改厕家庭提高了15.19个百分点。分地区看，江苏、陕西和山西分别提高了18.32个、18.1个和17.35个百分点。

表 1-17　个人卫生行为：家庭打扫厕所频率

单位：%

省份	居民家庭是否改厕	每天都打扫	每星期打扫一次	每月打扫一次	不打扫
陕西	未改厕	60	25	12	3
	已改厕	78.1	18.98	2.19	0.73
山西	未改厕	33.33	56.25	7.29	3.13
	已改厕	50.68	42.57	6.76	0
江苏	未改厕	25.68	25.68	14.86	33.78
	已改厕	44	52.57	3.43	0
三省平均	未改厕	41.11	36.30	11.11	11.48
	已改厕	56.30	39.35	4.13	0.22

4. 家里吃隔夜菜的习惯

由于隔夜菜中含有亚硝酸盐，对人体健康不利，具有良好卫生行为的居民，不会吃或偶尔吃隔夜菜。因此从居民吃隔夜菜的习惯也可以看出，农村环境卫生设施的改善促进了居民各种卫生行为的形成。表 1-18 分析结果显示，总体来看，对于"不吃或偶尔吃隔夜菜居民占全部受访居民的比例"而言，已改厕居民比未改厕居民的比例提高了4.93个百分点。同样分省看，各省的提高比例不一。陕西省提高的比例最大，为10.35个百分点，而江苏省和山西省的比例分别为4.32个和2.19个百分点。

表 1 – 18　个人卫生行为：家庭吃隔夜菜习惯

单位:%

省份	居民家庭是否改厕	不吃或偶尔吃的比例	不吃	偶尔吃	经常吃和每次吃的比例	经常吃	每次都吃
陕西	未改厕	86	61	25	14	13	1
	已改厕	96.35	63.5	32.85	3.65	3.65	0
山西	未改厕	68.76	28.13	40.63	31.25	30.21	1.04
	已改厕	70.95	43.92	27.03	29.06	27.03	2.03
江苏	未改厕	75.68	8.11	67.57	24.32	22.97	1.35
	已改厕	80	9.71	70.29	20	18.86	1.14
三省平均	未改厕	77.03	34.81	42.22	22.96	21.85	1.11
	已改厕	81.96	36.74	45.22	18.05	16.96	1.09

第三节　我国农村环境卫生改善的经验、问题及建议

一　经验总结

（一）政府主导是中国农村改厕的关键推动力

调查发现，在政府重视的地区，农村的改水改厕进程大大加快；而在政府不重视的地区，改水改厕的进程相对缓慢。具体而言，通过对江苏、山西和陕西 3 个省 6 个县（市）的调查发现，陕西省耀州区是由区委书记亲自抓农村改水改厕工作的，因此当地改厕工作进程很快。截至 2009 年底，改厕户数达到了 27500 户，其中，双瓮漏斗式厕所是 17000 套。沼气式厕所是 8500 套。在调查的 237 户农户中，137 户都已经进行了改厕，占到了总调查户数的 57.81%，而在同样的铜川市王益区，农村改厕率只有 30.71%。江苏省政府在 2009 年和 2010 年将农村改厕工作列入新农村建设、农村新六件实事和重大公共卫生项目的重要内容。两年间，江苏省级财政分别投入 3.13 亿元、3.2 亿元用于农村改厕，各县级财政另按 100 ～ 200 元/户的标准

进行补助，大大推动了农村改厕工作的顺利进行。可见，政府为农村环境卫生设施的改善提供了坚实的基础。

（二）新农村建设为改厕工作带来了契机

目前在中国开展的新农村建设强调"村容整洁"，提出要加强农村饮水、道路、通信、供电、沼气等基础设施建设，更重要的是改变农村居民多年来的不良的卫生习惯，用农村改厕来带动农村居民良好生活习惯的养成。这为中国农村改厕注入了一股新生力量。在调查过程中发现，很多地方利用新农村建设的契机，将农村基础设施建设和农村改厕经费整合，大大推动了农村改厕工作的进展，提前完成了国家下达的农村改厕任务。江苏徐州市铜山县将新农村建设与农村改厕工作相结合，把改厕工作纳入村干部政绩考核中，并增大了农村改厕工作的权重，加快了农村改厕工作进程。

（三）各种形式的宣传工作对促进农村改水改厕工作非常重要

2009 年，中国农村改水受益人数占农村人口的 94.3%，饮用自来水人口占农村人口的 68.4%；2009 年，中国卫生厕所普及率达到了 63.2%，这些成绩的取得离不开近年来在农村改水改厕中采取的切实有效的多种形式的宣传工作。归纳起来有以下几点：第一，每年召开以乡镇书记和镇长为主的农村改水改厕的专题讨论会，扩大农村改水改厕在乡镇政府层面中的影响。为乡镇领导讲解改水改厕工作的效果，向他们展示改水改厕的好处，比如缩小干群距离，是一项民生工程等。主要是让乡镇领导体会到农村改水改厕的好处。第二，面向农村居民印发图文并茂的宣传材料，并发放到各个户，让农村居民很容易地了解改水改厕的效果。第三，先组织农村的先进力量带头改厕，为广大农村居民做示范。在调查中发现，有些地区让村干部、党员、机关干部等先进力量首先参与改厕，然后再加以宣传。第四，结合移民搬迁工作和农村居民建设新房工作，要求搬迁点统一实行改厕，要求农村居民在新建房屋时首先进行改厕。通过以上宣传力量，建立样板户和示范户，来推动农村改厕工作。

（四）以农村供水和环境卫生设施改善带动农村居民良好卫生习惯的养成，从而提高农村居民的健康水平

农村改水改厕的最终目的不仅仅是硬件设施的建设，这只是农村改水改厕的一个方面，更重要的是通过农村硬件设施的改善来促进农村居民良好卫生习惯的养成和卫生行为的形成。本次调查结果显示，在已经改厕的居民中，有良好卫生行为的农村居民占 20.67%，而在没有改厕居民中，有良好卫生行为的农村居民占 14.29%。可见，改善农村环境卫生设施是带动农村居民形成良好卫生行为非常重要的途径。

（五）在建好卫生厕所的同时推翻旧厕所是提高农村改厕使用率的有效措施

为了改变农村居民长期不良的卫生习惯，提高农村改厕后的使用率，真正起到厕所防病的作用，要在建好卫生厕所后强制推倒原来的旧厕所，强烈要求农村居民使用卫生厕所，从而逐渐改变农村居民的不良的卫生习惯和卫生行为。

（六）"创卫"活动带动农村环境卫生设施改善作用显著

由于单单实行农村改厕工作难度较大，陕西省爱卫会通过卫生城市和卫生县城的评选工作，促进农村环境卫生设施的改善。评选卫生城市和卫生县城的标准把农村卫生厕所普及率作为第一道门槛。如果农村卫生厕所普及率达不到规定标准，则无法参加卫生城市或卫生县城的评选。农村改厕和卫生城市、卫生县城联动，陕西省的农村改厕进程大大加速。以耀州区为例，单单 2010 年，耀州区就承担了 2 万户改厕任务，每个乡镇承担了 1429 户改厕任务。耀州区董家河镇成为无旱厕乡镇，石柱乡有 32 个村成为无旱厕村。

（七）建立以奖代补的激励机制是提高农村卫生厕所改造质量的重要保证

众所周知，良好的激励机制是项目活动得以顺利完成的必要条件。在中国农村改厕过程中，大多数省份都建立了以奖代补的激励机制以促进农村改厕工作的顺利进行。在陕西省铜川市耀州区，对完成卫生厕所改造任务的乡镇（街道）进行分级奖励。根据任务完成的时间制定了不同级别的奖励，最高奖励 6 万元。同时，也建立了处罚措施，对于没有按时完成改厕任务的乡镇，分别处以不同程度的处罚，处罚区间是 1 万 ~ 2.5 万元。

山西省晋中市榆次区，按照建设质量把改造后的厕所分为四类（一类奖励 500 元，二类奖励 400 元，三类奖励 300 元，四类奖励 200 元），采取分户验收的方式进行补助。榆次区不但在卫生厕所建成后设置奖励，而且在后续使用时设立"后续使用管理奖"，每年对已改厕的村进行不定期抽查，使用维护好的前三名乡镇和村，分别设置不同程度的奖励。当然在奖励的同时还要进行处罚，对抽查的后 3 名乡镇和村进行通报批评，并从当年的环境卫生考核总分中扣除 1 分。完善的奖罚机制使榆次区的农村改厕工作不仅完成速度快，而且完成的质量好，更重要的是保证了后续使用效果明显。

二　存在的问题

（一）改厕成本偏高仍然是制约农村改厕进程的关键因素

如前所述，我们分别以江苏省扬州市高邮市和山西运城市芮城县的改厕为例，在这两个地区，农村改厕基本成本分别为 1644.5 元（三格化粪池）和 1338 元（双瓮漏斗式）。

从上述两个地区改厕的基本成本看，无论是东部地区，还是中部地区，无论是双瓮漏斗式厕所，还是三格化粪池式厕所，农村改厕成本基本上都在 1300 ~ 1600 元。目前中央财政在改厕方面补助中西部 400 元/户，东部 300 元/户，各省、市、县共配套资金不低于 200 元/户，因此，除去中央财政和省市县的补贴外，农民自己支付的改厕费用也需要 700 元左右。我们的调查数据显示，已改厕农户自己支付的改厕费用是 608.76 元，2009 年江苏、陕西、山西三省农村居民家庭人均纯收入分别是 8003.54 元、3437.55 元和 5149.67 元，实际改厕费用占农民人均纯收入的比重较大，从而造成一些农村居民拒绝改厕，或者是自己不出钱可以改厕，自己出钱就拒绝改厕的现象。可见，改厕成本偏高是影响农村改厕进程的因素之一。

（二）农村改厕的管理人员和技术人才极度短缺，是造成改厕进度缓慢的重要因素

目前，农村改厕的管理人员严重不足，如前所述，山西平均每个县级爱卫办机构负责 11.74 个乡镇的农村改厕工作，而 119 个爱卫办平均每个机构工作人员（包括负责人）仅为 2.93 人。可见，农村改厕管理人员严重短缺是造成改厕进度缓慢的重要因素之一。对于技术人才，目前中国农村改厕现状是县爱卫办管理人员兼职做技术人员，既做技术指导，又做项目管理，因此在改厕过程中，只能对村里的泥瓦匠进行临时培训，然后由他们负责本村的改厕。这种做法虽然能很快完成改厕任务，但是改厕质量却无法顾及。

（三）目前各地农村的改厕执行能力差异较大

在跟被调查地区领导座谈中得知，农村改厕工作很难做。虽然爱卫办作为爱国卫生运动的协调单位，具有协调当地政府各个部门的职责，但是目前各地爱卫办大多隶属于卫生部门，区县卫生局属于科级单位，爱卫办只是副科级单位，没有能力去协调比它更高级别的相关单位。以某省调查数据为例，134 个爱卫办机构，55.22% 隶属于卫生部门，而且 17.57% 的爱卫办是副科级别，32.43% 是正科级别，无论是正科级别，还是副科级别都无法去协调更高级别的部门。因此，在当前的管理体制下，爱卫办实施农村改厕的执行能力较弱。当然，各地爱卫办机构执行能力也不一，而且差别较大。同样以某省调查数据为例，134 个爱卫办机构，37.31% 独立于卫生部门，直接受当地政府管理。在这种体制下，爱卫办的执行能力加强了很多。在调查的 6 个区县中，只有一个区县的爱卫办独立于卫生局，其他 5 个爱卫办都隶属于卫生部门。

（四）卫生厕所使用的后续管理问题突出

农村改厕，一方面能改善农村居民的生活环境，提高农村居民的生活质量；另一方面也是农村粪便实现无害化处理，防止造成环境污染的重要途径。厕所是防止人类粪便造成各种危险的一道天然屏障。但是在调查中发现，虽然各地在农村厕所改造工作上成绩出众，但是往往忽略了卫生厕所使用后续产生的一些问题，比如粪便处理问题、公共厕所缺失问题等。虽然普遍认为农村厕所地下部分是公共品，地上部分是私人品，但是对于农村粪便的处理，却没有实现集中处理，仍然是农村居民在储粪池满后，自己想办法挑着粪便倒到田地里。对于还在耕种田地的居民可能问题不大，但对于那些不耕种田地的居民，粪便处理就成了问题。由于大规模的农村厕所改造只是近几年的事情，粪便处理问题并不十分突出，但是再过几年后，农户的粪便处理问题就将变得十分突出。

另外是农村公共厕所建造的必要性问题。如果说农村改厕之前的农村旱厕不是真正私人品的话，那么中国农村改厕将农村居民的厕所彻底变成了私人品，具有竞争性和排他性。因此，农村公共卫生厕所的问题就显得突出了许多。在调查中，很多干部和群众反映，随着农村经济的快速发展，农村外来人口逐渐增多，外来人在农村上厕所就成了一个突出问题。但是，在农村公共厕所建成后，管理又成了一个突出问题。因此，农村公共卫生厕所建造的必要性还需要继续探讨。

三　农村供水和环境卫生设施改善的政策建议

从两个层面提出未来中国农村环境卫生设施改善的发展方向：一个层面是策略层面，包括未来的发展方向、激励机制、推动方式、城镇化问题、健康教育问题等；另一个层面是投入层面，包括资金投入总量、投入结构（政府、个人的投入比例）、投入机制、技术和管理人才的培养等内容。

（一）农村环境卫生设施改善：策略层面

1. 农村改厕的未来发展方向：厕所入室

虽然当前中国农村改厕工作开展得轰轰烈烈，但是农村改厕结束后大多数厕所看上去仍然是简陋的，农村改厕只是对粪便进行了无害化处理，厕所的外貌等方面并没有像城市厕所那样体面。另外，农村改厕已经实现了让厕所入院，但没有入室。目前的问题是中国农村改厕的未来发展方向什么，随着社会经济发展水平的提高和城镇化进程的加快农村改厕目标是否应有更多的含义。

第一，农村改厕是提高人类发展指数的重要指标。拥有良好的卫生习惯，体现了人类文明的进步。从这个角度看，农村改厕应该把卫生厕所变成真正的私人品，并且能体现个人品位。那么，当前的农村改厕只是让厕所入院，最终应该是让厕所入室，真正体现厕所作为衡量人类发展的一个重要指标。

第二，农村改厕应该考虑城镇化进程。目前，农村改厕只是将现有的旱厕改造成粪便无害化的卫生厕所，并没有考虑随着社会经济的发展和城镇化进程的加快，一些农村正在逐渐变成城镇，一些农民正在变成城市居民，如果农村改厕还是遵循目前的改厕模式，将会造成浪费。在调查中发现，一些区县为了完成农村改厕任务，强行使已经建造了水冲式厕所的农户再次进行卫生厕所的改造。这样就造成一个农户有两个卫生厕所，一个是在家里，另一个是在院子外面，而院子外面的厕所一般是丢弃不用的。

2. 农村改厕激励机制的建立：建立长效稳定的以奖代补机制

行之有效的激励机制是农村改厕任务得以顺利完成的重要保证。目前，各地农村改厕工作的激励机制普遍有两种方式，一种方式是以奖代补，山西省榆次区采用了这种方式，真正起到了提高农村卫生厕所的改造质量的作用；另一种方式是直接补贴（实物补贴），一些地区政府的改厕资金直接补贴给农村改厕居民或者采用统一购料的形式直接补贴给改厕农户。正如前所述，采用后一种方式虽然能快速完成农村改厕任务，但是由于采用的是强制性的改厕方式，农村居民并没有真正从心里希望改厕，并且会出现只注意地下部分建设，地上部分只采取非常粗糙的方式建设的现象。因此，改厕的质量较之以奖代补的形式差一些。

不过，虽然一些地区设立了以奖代补的激励机制，但是奖励资金的来源并不稳定。很多地区仅仅因为爱卫办主任跟当政领导关系好而获得奖励资金，一旦领导调离，农村改厕的奖励资金就将面临"断奶"的危机。只有建立长效稳定的激励机制，才能保证农村改厕的可持续发展。因此，应建立农村改厕以奖代补的长效化激励机制，政府应拿出稳定的资金支持农村改厕，提高管理人员和农户的改厕积极性。

3. 农村改厕的推动方式：逐渐由政府主导转向企业主导

让企业参与农村改厕是目前农村环境卫生设施改善的热点问题。中国农村改厕是以当地政府主导为主的，政府不但招标改厕原料的供应企业，出资购买改厕原料，而且培训修建厕所的建筑工人。但是政府主导农村改厕存在一些不可避免的问题和缺点，比如由政府指定独家企业供应改厕设备容易形成垄断，不利于实现资金的有效配置，改厕农户没有更多的选择权等。因此，我们提出让企业从单纯地供应改厕原料转变为主导改厕，实现供应改厕原料、修建厕所、后续粪便管理等方面的一条龙服务。中国农村改厕将由目前的政府主导逐渐变成企业主导，当然政府补贴部分仍然应该由政府支付，只不过剩余部分应由企业想办法以降低厕所修建成本，而且建设出适合农村居民使用的方便的农村厕所。政府由原来考核各级爱卫办转移为考核改厕企业，政府的改厕职能逐渐转变为宣传教育和监管。

4. 农村改厕后的健康教育：以媒体宣传教育为主

目前，健康教育是各种项目执行中的软肋，至今无法有一个行之有效的实施方式。最常用的健康教育方式主要是举办健康讲座，那么这种健康教育方式对于农村改厕活动是否有效，是不是农村居民最受欢迎的主要方式，需要我们在调查中找到答案。我们询问了居民获取信息的主要渠道。在调查的730户家庭中，71.92%选择了电视和同伴教育，而没有一个家庭选择健康讲座。更需要注意的是，进一步询问农村居民获取信息的主要渠道中哪种对健康信息的获取最有效，82.19%选择了电视，7.95%选择了同伴教育。可见，在加强农村改厕的健康教育工作中，借助媒体进行健康教育更能满足广大农村居民的需求。因此，在今后的健康教育工作中，应该借助媒体开展各种形式的健康教育，从而迎合农村居民的健康教育需求。

（二）农村环境卫生设施改善：投入层面

改厕资金投入不仅包括投入总量，还包括投入结构和投入机制的建立。对于资金投入总量，应该根据当前各种卫生厕所的建设成本和卫生厕所覆盖率进行测算。本部分首先测算农村改厕的资金投入总量，然后再分析投入结构。

1. 农村改厕的资金投入总量

关于农村改厕的资金投入情况，前面已经分析了自1996年以来的资金投入总量和投入结构，本部分测算"十二五"期间农村卫生厕所普及率能否达到80%的目标，以及实现上述目标所需要的中央财政投入总量。首先预测今后几年农村卫生厕所普及率和农村总户数，使用的是灰色预测模型。灰色预测模型是以"部分信息已知、部分信息未知"的"小样本""贫信息"不确定性系统为研究对象，通过对"部分"已知信息的生成和开发，提取有价值的信息，从而实现对系统运行和发展规律的正确认识、确切描述和有效控制，并据此进行科学预测。灰色预测模型所需要的数据量要求是2个以上，6个以下，因此非常符合我们的要求。

中央财政对农村改厕的投入标准是中西部每户500元，东部每户300元，因此，我们也要分别测算中央财政对中西部和东部的农村改厕资金投入，同时要分别预测中西部和东部的农村卫生厕所普及率和农村总户数。思路如下：首先，根据灰色GM（1，1）预测模型，分别用2005~2010年中西部21个省份和东部9个省份的农村卫生厕所普及率数据拟合模型，预测出2011~2015年中西部和东部的农村卫生厕所普及率，预测结果见表1-19；其次，用农村总户数数据分别拟合模型，预测2011~2015年中西部和东部的农村总户数，预测结果见表1-19；再次，根据上述预测数据分别计算出中西部和东部2011~2015年累计卫生厕所总户数，再计算出每年新增的卫生厕所户数（见表1-20）；最后，根据中央财政对中西部和东部的农村改厕补助，分别计算出 2011～2015 年中央对中西部和东部农村改厕的总投入。

表 1-19 和图 1-5 显示，到 2014 年，全国农村卫生厕所普及率就可以达到 80.75%（置信区间是 95%），提前实现 80% 的预期目标。可见，按照目前农村改革的进度，到 2015 年可以实现在千年发展目标中的承诺。另外，测算中央的农村改厕资金投入总量的基本思路是：首先计算出每年新增的卫生厕所总户数，其次分别将中西部和东部每年新增的卫生厕所总户数乘以中央财政对中西部和东部的补助标准，从而得到中央财政对农村改厕的资金投入量（见表 1-20）。表 1-20 显示，随着卫生厕所普及率的不断提高，我国农村改厕工作的压力也在不断减小，表现为"十二五"期间中央对农村改厕每年的投入总量在不断降低，从 2011 年的 37.85 亿元降低到 2015 年的 28.58 亿元。"十二五"期间，农村改厕资金累计投入总量为 167.51 亿元。

表 1-19 全国农村卫生厕所普及率、农村总户数和累计卫生厕所户数

单位:%，万户

数据	年份	卫生厕所普及率		农村总户数		累计卫生厕所户数[1]		全国卫生厕所普及率[2]
		中西部	东部	中西部	东部	中西部	东部	
原始值	2005	51.91	63.48	17307.70	7475.40	—	—	
	2006	51.47	63.37	17793.00	7457.00	—	—	
	2007	50.63	70.86	17405.50	7945.00	—	—	
	2008	52.92	74.61	17432.90	7961.50	—	—	
	2009	56.03	78.90	17430.20	7972.40	—	—	
	2010	60.18	83.31	17453.79	7963.38	—	—	
预测值	2011	62.19	92.11	17239.85	8179.18	10721.46	7533.84	71.82
	2012	65.07	98.32	17185.47	8300.19	11182.59	8160.75	75.90
	2013	68.04	100.00	17128.26	8418.90	11654.07	8418.90	78.57
	2014	71.13	100.00	17069.14	8536.42	12141.28	8536.42	80.75
	2015	74.33	100.00	17008.74	8653.53	12642.60	8653.53	82.99

注:[1] 累计卫生厕所户数预测值 = 农村总户数×每年的农村卫生厕所普及率;[2] 全国卫生厕所普及率预测值 = 全国累计卫生厕所户数预测值/全国农村总户数预测值。

表 1 - 20　2011～2015 年全国新增卫生厕所户数和中央财政投入

单位：万户，亿元

年份	新增卫生厕所户数			中央财政投入		
	中西部	东部	全国	中西部	东部	全国
2011	217.26	899.64	1116.91	10.86	26.99	37.85
2012	461.12	626.90	1088.03	23.06	18.81	41.87
2013	471.48	258.15	729.64	23.57	7.74	31.32
2014	487.21	117.52	604.73	24.36	3.53	27.89
2015	501.32	117.11	618.43	25.07	3.51	28.58

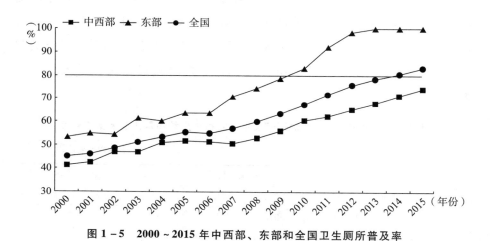

图 1 - 5　2000～2015 年中西部、东部和全国卫生厕所普及率

2. 农村改厕资金投入结构

从历年农村改厕资金来源看，农村改厕资金主要由政府、个人和集体组成，政府和个人占主要投入比例。从 2011 年开始，中央政府给中西部的补贴由原来的每户 400 元上升到 500 元，东部补贴不变，维持在 300 元。结合农村居民的改厕支付意愿（平均值为 426 元）（见表 1 - 21），再加上省级政府的财政补助，可以得出政府和个人的投入比例分别是东部 1:1.5，中部 1:0.4，西部 1:0.5，然而，由前面的分析可知，被调查地区两种卫生厕所（双瓮漏斗式和三格化粪池式）的建造成本分别是 1338 元和 1645 元，由此可以计算出调查地区政府和个人投入的适宜比例。因此建议政府和个人投入的适宜比例是东部为 1:0.7，中西部的适宜比例为 1:0.5。（见表 1 - 21）

表 1-21　农村改厕中政府和个人投入比例

单位：元/户

省份	中央政府	省级政府	农民改厕的支付意愿	当地改厕成本（概算）	政府：个人	市、县政府应该投入的经费
陕西	500	100	434	1338	1:0.5	304
山西	500	100	458	1338	1:0.5	280
江苏	300	200	692	1645	1:0.7	453
三省平均	—	—	455	1440.17	—	—

注：当地改厕成本是通过与农户访谈得到的，不完全是精确数据。中央和省级政府的资金投入是 2011 年数据。

参考文献

卫生部医政司：《中国农村初级卫生保健指导手册》，沈阳出版社，1992。

卫生部医政司：《中国农村"2000 年人人享有卫生保健"规划试点阶段文件汇编》，1994。

卫生部基层卫生与妇幼保健司：《农村卫生文件汇编（1951～2000）》，卫生与妇幼保健司，2000。

陶意传、顾学箕：《初级卫生保健管理》，上海科学技术出版社，1992。

卫生部：《中国卫生统计资料摘编》，中国卫生统计杂志社，1991。

卫生部：《建国四十年全国卫生统计资料》，1989。

卫生部：《八五时期全国卫生统计资料摘编》，1996。

《新中国预防医学历史经验》编委会：《新中国预防医学历史经验》，人民卫生出版社，1990。

世界银行：《1993 年世界发展报告》，中国财政经济出版社，1993。

世界卫生组织：《初级卫生保健——过去重要现在更重要》，人民卫生出版社，2008。

卫生部基层卫生与妇幼保健司等：《生殖健康译文选集》（内部资料），2000。

罗斯·乔治：《厕所决定健康》，吴文忠等译，中信出版社，2009。

黄永昌：《中国卫生国情》，上海医科大学出版社，1994。

肖爱树：《农村医疗卫生事业的发展》，江苏大学出版社，2010。

世界卫生组织：《社区卫生工作者》，宋允孚等译，1990。

汪智、梁峻：《20 世纪的中国：体育卫生卷》，甘肃人民出版社，2000。

刘运国：《初级卫生保健的内涵及其在我国的发展回顾》，《中国卫生经济》2007 年第 7 期。

国务院办公厅：《国务院办公厅转发全国农村爱国卫生运动现场经验交流会纪要的通知》，1982 年 12 月 31 日。

李德全：《十年来的卫生工作》，《中医杂志》1959 年第 11 期。

牛丽娟：《第八讲　农村爱国卫生运动》，《中国农村卫生事业管理》1998 年第 11 期。

魏承毓：《我国肠道传染病的基本状况与防治对策》，《中国公共卫生》2004 年第 1 期。

娄元霞、陈恩富：《感染性腹泻的流行病学研究进展》，《浙江预防医学》2010 年第 3 期。

世界卫生组织：《2000 年世界卫生报告：卫生系统发展过程》，人民出版社，2000。

陶勇：《中国农村供水与环境卫生回顾与展望》，《生态健康与科学发展观—首届中国生态健康论坛文集》，2004。

Black, R. E., Morris, S. S., & Bryce, K., Where and why are 10 million children dying every year? *The Lancet*（2003）：361, 2226 - 2234.

（苗艳青）

第二章 农村环境卫生改善综合效益评估

内容提要: 2009～2011 年医改期间,农村改厕作为重大公共卫生服务的重要内容之一,受到了社会各界的广泛关注,也取得了长足的进步。通过对 1522 份入户的调研,我们发现:第一,三年医改期间,全国超额完成了农村改厕任务,所覆盖的县级数和行政村数逐年增加,有些省份甚至实现了全覆盖。第二,用改厕来带动农村居民健康知识知晓率的提高、健康知识态度的改变和个人卫生行为形成率的提高的目标在三年医改期间得到了实现。第三,农村改厕工作的经济效益显著,主要体现在节约肥料费用支出方面。第四,农村改厕工作显示了良好的社会效益,无论是改厕的工作人员还是受访群众,对农村改厕项目的整体满意度均在 94% 以上。第五,与其他农村公共服务项目相比,老百姓对农村改厕的满意度仅次于新型农村合作医疗,位居第二。在探究整个效益的过程中,我们也发现了一些相关的问题,例如卫生厕所使用的后续管理问题日益严重以及农村公共厕所的建造与管理急需提上议程等,并提出了相关的政策建议。

第一节 健康效益评估

长期以来,农村改厕的效益评估一直是一个热点话题。早在 20 世纪 80

年代，联合国发起的"国际饮水供应和环境卫生十年"项目中改厕得到了广泛关注，改厕效益的相关研究更是在之前几十年就大量出现。关于农村改厕评估，大部分研究都是从改厕的健康效益出发，主要体现为粪口传播疾病发病率的降低和被调查者知信行（knowledge，attitude and practice，KAP）得分的改善。

很多研究表明使用卫生厕所可以有效减少粪口传播疾病的发生。一项对埃塞俄比亚阿姆哈拉地区的研究表明，该地区拥有卫生厕所的时间长短和儿童腹泻的发病率显著相关。孟加拉国乡村进步委员会对孟加拉农村地区 29885 户家庭进行分组实验，发现进行改厕及健康知识宣传后粪口传播疾病的患病率从 10% 减少到 7%，5 岁以下儿童的患病率由 22% 降至 13%。使用非卫生厕所的家庭患病率明显高于使用卫生厕所的家庭。这证明了卫生厕所的使用和健康知识的宣传对水生传染疾病控制的重要性。Root 在津巴布韦对 272 名五岁以下的儿童进行了为期 45 周的实验，这些儿童分布在两个社会经济与环境条件相似的农村地区，唯一不同是一个农村地区 62% 的家庭有卫生厕所，另一个农村地区完全都是非卫生厕所。结果显示有卫生厕所的社区腹泻发病率比没有卫生厕所的社区低 68%，而且有卫生厕所社区中，其他没有卫生厕所的家庭腹泻发病率也低于另一个没有卫生厕所的社区，这证明了改厕不但对改厕户有益，也惠及了整个社区。另一项对发展中国家环境卫生的整合研究表明，在菲律宾和莱索托农村地区，改厕对 5 岁以下儿童腹泻、霍乱等疾病具有显著的改善效果。在孟加拉国、泰国、印度、印度尼西亚、缅甸等国家的农村地区，改厕中的健康知识宣传（如教育人们用肥皂洗手等）也被证明可以有效减少腹泻、霍乱等粪口传播疾病。阿富汗农村建设发展部对国内改厕项目的调查显示，83% 的男性和 96% 的女性表示改厕后村庄中的粪口传播疾病有了很大的改善。76% 的男性和 78% 的女性表示使用卫生厕所后个人卫生行为有所改善。此外美国疾病控制中心也把使用卫生厕所列为控制腹泻、霍乱等粪口传播疾病的五项主要措施之一。

在中国的一些省份，改厕对减少粪口传播疾病的效果也被证实。潘玉钦等对福建省福州市晋安区农村地区的卫生厕所普及率与肠道疾病和蛲虫卵感染率进行统计分析，发现在卫生厕所及粪便无害化处理普及率上升的1991～2000年肠道传染病发病率下降了67.01%，蛔虫卵感染率下降了71.17%。除了农户外，一些研究也针对农村学校的改厕项目。例如广西改厕项目调查中发现改厕村小学的肠道疾病传染率为零，显著低于未改厕村小学的肠道疾病传染率32%。

此外国内更多的研究则是从对村民卫生知识知晓、态度、行为的改善角度评估改厕的健康效益。其中，一些研究横向对比了改厕项目村和未改厕村农民的卫生知识水平，发现二者之间存在差异。如对济南市农村改厕效果的评估研究对比了改厕村和非改厕村村民的卫生知识和行为状况，结果表明改厕村村民的卫生知识知晓率为81.64%，显著高于非改厕村村民的52.13%，改厕村的卫生行为形成率也以90.16%高于非改厕村的77.05%。一项在河南省内黄县的研究表明改厕村农民的卫生知识知晓率和卫生行为形成率分别为97.1%和95.36%，显著高于未改厕村的67.83%和58.77%。湖南省的一项研究也证实了这一显著差异。陆华湘、张志勇对广西农村地区改厕改水项目中家庭主妇健康知识、态度和个人行为状况的研究表明，项目村健康知识问题正确率都在85%以上，但卫生行为的形成与知识水平的提高相比要滞后。另一些研究则对比了同一组群体改厕前后的健康知识水平差异。如曲宝泉等对山东省农村改厕前后农民的健康知识状况进行了分析，发现通过改厕中的健康知识宣传，村民的健康知识知晓率、平均得分和及格率都有显著提升。汤大俊等在四川省苍溪县改厕对个人卫生行为的影响研究中发现，改厕后村民的洗手知晓率从38.7%上升到100%。杨述楣等对黑龙江省农村地区570人调查发现，改厕后农户对腹泻、寄生虫等疾病的知晓率有不同程度的提高。

结合文献综述相关研究结果，我们从粪口传播性疾病发病率、受访农户知信行两个方面对农村改厕工作的健康效益进行测度及评估。

一　粪口传播性疾病发病率

2009～2011年，在函调的459个项目县中，粪口传播性疾病的发病人数分别为54169人、39294人和30865人，呈现显著下降趋势，痢疾、伤寒、霍乱及甲肝等疾病的患病人数也都呈现逐年递减的趋势。

结合各项目县农村总人口数，我们可以估算出全国粪口传播性疾病的发病率，相关数据如表2-1所示，在三年医改期间，我国粪口传播性疾病的发病率分别为3.750‰、2.788‰和2.218‰，其变化趋势与患病总人数变化趋势一致，逐年下降。痢疾、伤寒、霍乱及甲肝等疾病的发病率也呈逐年下降趋势。这说明在三年医改期间，我国农村居民的健康状况得到了很大程度的改善。

表2-1　粪口传播性疾病发病人数

单位：人

	2009 年	2010 年	2011 年
粪口传播性疾病发病人数*	54169 （3.750）	39294 （2.788）	30865 （2.218）
其中：痢疾发病人数	31915 （2.210）	26216 （1.860）	20678 （1.486）
伤寒发病人数	2949 （0.204）	2309 （0.164）	2208 （0.159）
甲肝发病人数	6711 （0.465）	6187 （0.439）	4205 （0.302）
霍乱发病人数	18 （0.001）	5 （0.000）	0 （0.000）

注：1. 本调查所统计的粪口传播性疾病包括痢疾、伤寒、霍乱、甲肝。
　　2. 括号内数字为每万人发病人数。

从粪口传播性疾病发病类型的平均水平来看，痢疾是最主要的发病类型，其发病人数占总发病人数的76.22%；其次是甲肝，占16.54%；然后是伤寒，占7.22%；霍乱的发病人数最少，仅占总发病人数的0.02%。

二　受访农户知信行（KAP）

在受访农村居民KAP改善程度评估方面，本研究将从健康知识知晓情况、健康知识态度情况、个人卫生行为情况三个方面来分析部分被调查地区医改前后相关指标的差异及方差，并对不同地区进行横向对比。

（一）样本基本情况描述

对部分地区，我们在医改前后进行了两次入户调查，调查内容都包括了农户对改水改厕相关健康知识知晓情况、对相关知识的态度以及个人卫生行为等。两次调查选取的样本基本情况见表 2-2。从表中可以看出，医改前后，无论是家庭人口数，还是家庭成员平均年龄、家庭平均教育水平，都没有显著的差异。因此，调查样本 KAP 的改善主要是家庭参加改厕活动的结果。

表 2-2　调查样本家庭基本情况

基本情况指标	医改前（730 户）	医改后（792 户）
家庭人口数（人）	3.81	3.83
家庭成员平均年龄（岁）	36.15	39.80
家庭有 7 岁以下孩子比例（%）	28.36	23.23
家庭平均教育水平（年）	2.81	2.79
受访者年龄（岁）	44.85	48.37
受访者教育水平（年）	2.62	2.75

（二）健康知识知晓情况

关于健康知识知晓情况，我们设计了 8 道关于供水和饮水方面的健康知识题、7 道关于卫生厕所使用以及粪便处理方面的健康知识题，每题 10 分，满分 150 分。

纵向对比分析：分别计算部分被调查地区医改前后受访者的健康知识知晓得分，计算结果见表 2-3。

表 2-3　受访农户健康知识知晓得分情况纵向对比

	陕西	山西	江苏	三省总体
医改前（%）	71.00	70.83	69.82	70.62
医改后（%）	83.10	72.54	76.70	77.54
提高的百分点	12.10	1.71	6.88	6.92
P 值	0.000	0.000	0.000	0.000

表 2 - 3 显示，医改后农户的健康知识知晓得分显著高于医改前。医改后农户的健康知识知晓率为 77.54%，医改前为 70.62%，医改后农户的健康知识知晓率比医改前提高了 6.92 个百分点（P = 0.000）。分地区看，三个省医改后比医改前农户的健康知识知晓率都显著提高（P = 0.000），因此，医改期间通过农村改厕工作来带动农户健康知识知晓情况的提高效果显著。

（三）健康知识态度情况

认知理论表明，人们获得和利用信息的全部过程和活动步骤为首先感知信息，其次认同信息内容，产生行为意愿，最后改变其行为。根据认知理论，改变人们行为之前应该让人们认同信息内容，因此我们考察了农村居民对环境卫生设施相关健康知识的态度。

关于健康知识态度情况，我们共设置 10 道题，每道题目的说法都是错误的，考察居民对相关健康知识说法认同情况，用 Likert - 5 级量表作为答案，非常认同的得分为 1 分，非常不认同的得分为 5 分，满分为 50 分。

纵向对比分析：分别计算部分调查地区医改前后受访者对健康知识态度的得分，计算结果见表 2 - 4。

表 2 - 4　受访农户健康知识态度得分情况纵向对比

	陕西	山西	江苏	三省总体
医改前（%）	71.62	72.57	76.08	73.45
医改后（%）	77.75	67.32	74.93	73.38
提高的百分点	6.13	- 5.25	- 1.15	- 0.07
P 值	0.000	0.000	0.173	0.889

从总体情况来看，医改后农户的健康知识态度得分与医改前没有显著差异（P = 0.889）。分地区看，医改前和医改后农户对健康知识态度的差异最显著的是陕西，其得分提高了 6.13 个百分点（P = 0.000），说明陕西的农村改厕效果最显著，通过推进农村改厕工作，真正改变了农村居民对一些健康知识的态度；江苏该指标效果没有显著差异（P = 0.173）；而山西该指标则出现了显著下降，医改后比医改前反而下降了 5.25 个百分点（P = 0.000）。

（四）个人卫生行为情况

通过改变个人卫生行为来降低人群疾病发病率，延长人类寿命，是现代公共卫生服务的主要目标。凡是有良好环境卫生设施的地方，人们都更加健康和干净。因此，通过改善饮用条件和环境卫生设施来改变个人的卫生行为，是农村改水改厕的首要目标之一。

1. 纵向对比分析

分别调查部分调查地区医改前后农户的个人卫生行为情况，从四个方面来衡量个人卫生行为的改变。具体分析结果见表 2 - 5。

表 2 - 5　受访农户个人卫生行为变化情况纵向对比

相关指标		陕西	山西	江苏	三省总体
① 每次吃饭前都洗手	医改前（%）	66.67	60.57	26.80	51.09
	医改后（%）	74.53	60.31	82.53	72.56
	增幅	7.86	- 0.26	55.73	21.47
② 每次上厕所后都洗手	医改前（%）	74.58	65.04	22.80	53.80
	医改后（%）	83.15	62.60	89.96	78.70
	增幅	8.57	- 2.44	67.16	24.90
③ 每天都打扫厕所	医改前（%）	70.00	43.90	37.60	50.27
	医改后（%）	78.28	74.43	79.18	77.32
	增幅	8.28	30.53	41.58	27.05
④ 在意或非常在意苍蝇对食物的叮咬	医改前（%）	93.75	93.90	86.00	91.17
	医改后（%）	90.26	69.47	91.08	83.71
	增幅	- 3.49	- 24.43	5.08	- 7.46

（1）吃饭前是否洗手

分析结果显示，总体上，医改后每次吃饭前都洗手的受访者比重显著高于医改前，增幅达到 21.47 个百分点。分地区看，除山西基本保持不变外，江苏的增幅达到了 55.73 个百分点，陕西的增幅也有 7.86 个百分点。可见，通过环境卫生设施的改善来带动居民吃饭前洗手的效果非常显著。

（2）上厕所后是否洗手

该数据结果与吃饭前是否洗手较类似，总体上医改后每次上厕所后都洗手的受访者比重要显著高于医改前，增幅为 24.90 个百分点。分地区看，江苏依然最高，增幅为 67.16 个百分点；陕西次之，增幅为 8.57 个百分点；山西则下降了 2.44 个百分点。

（3）家庭打扫厕所的频率

总体上，医改后每天打扫厕所的农户比重比医改前增加了 27.05 个百分点。分地区看，江苏、山西和陕西三省的增幅分别为 41.58 个百分点、30.53 个百分点和 8.28 个百分点。可见，该指标充分反映了农村改厕工作对农户打扫厕所行为的改善效果。

（4）是否在意苍蝇对食物的叮咬

总体上，在意或非常在意苍蝇对食物的叮咬的农户比重下降了 7.46 个百分点。分地区看，江苏和陕西该指标值的变化幅度都不大，山西该指标值则下降了 24.43 个百分点。

三 健康效益评估总结

第一，三年改厕期间，我国粪口传播性疾病的发病率呈逐年下降趋势。

通过对函调数据的分析发现，在函调的 459 个项目县中，粪口传播性疾病发病率从 2009 年的 3.75‰ 降至 2.22‰。通过农村改厕，我国农村居民的健康水平得到了一定程度的提高。

第二，用改厕来带动农村居民健康知识知晓率的提高、健康知识态度的改变和个人卫生行为形成率提高的目标在三年医改期间得到了实现。

从改厕居民知信行（KAP）改善程度看，改厕后农村居民的知信行得分率显著高于改厕前。改厕前后，农村居民的健康知识知晓率分别为 70.62% 和 77.54%，有显著差异；改厕前后，农村居民的健康知识态度得分分别是 73.45% 和 73.38%，改厕后与改厕前相比并没有显著差异；从个人卫生行为改善情况看，改厕后，每次吃饭前都洗手的农村居民所占比例要显著高于改厕前，增幅达到了 21.47 个百分点，每次上厕所后都洗手的农村居民所占比例要显著高于改厕前，增幅达到了 24.90 个百分点，每天都打扫厕所的农村居民所占比例要显著高于改厕前，增幅达到了 27.05 个百分点。

第二节　经济效益评估

世界银行"水和环境计划"从 2007 年开始在世界范围内开展对环境卫生项目的经济评估。最初这项评估在东亚国家进行，之后进一步推广到非洲和南亚等国家，目前拉美国家地区也开始进行。评估第一阶段的主题是恶劣环境卫生的经济损失。研究发现，恶劣的环境卫生每年为柬埔寨、印尼、老挝、菲律宾、越南等东亚国家造成的经济损失超过 92 亿美元（2005年价格），影响总计超过 4 亿的人口。评估第二阶段围绕环境卫生改善措施的成本和收益，研究主要在柬埔寨、印尼、菲律宾、越南、老挝和中国云南省六个国家和地区进行。研究表明改善环境卫生对家庭、社会具有丰厚的经济回报，主要体现在改善健康、环境和生活质量上。

"水和环境计划"在中国的云南省也进行了研究，研究目标主要为包括改厕项目在内的一系列水与环境设施的成本与收益分析。其中成本包括投资成本和运行成本，改厕的收益体现在健康、到达厕所时间、外部环境、粪便利用、生活质量以及例如隐私、洁净程度和舒适度等方面的其他无形收益。研究还将改厕对生活质量提升的效益与其他措施的效益相比较。世界银行 2010 年的研究在云南省选取了具有不同社会经济水平、文化背景的八个地区，结果证明所有地区相比改厕前都体现了显著的经济效益。

一　经济效益评估的主要方面

1. 收益成本率

研究使用美元每伤残调整寿命年（disability-adjusted life-year，DALY）作为成本收益分析的主要指标。研究表明在农村地区所有的改厕设施都具有非常高的收益成本比率。其中粪尿分集式厕所的成本收益比率是 1710.88元（272 美元）[1] 每伤残调整寿命年，化粪池式厕所为 3012.91 元（479 美元）每伤残调整寿命年。城市地区公共厕所的收益成本率为 3509.82 元每伤

---

[1]　原文使用美元单位计算，为了更方便地和本次研究结果进行对比，使用汇率 1 美元＝6.29元人民币折算，原文数据在括号中标明，下文同。

残调整寿命年，化粪池式厕所为 5572.94 元每伤残调整寿命年，完整下水道式厕所为 8711.65 元每伤残调整寿命年。

2. 经济收益

在农村地区，改厕降低了腹泻、寄生虫等疾病的发病率，减少了医疗支出，避免了劳动力损失和早死损失，三项合计收益平均每人每年 1759.94 元（279.8 美元）。时间收益方面，没有卫生厕所的农村家庭平均每年每户花费 37.6 天在路上及等候使用共用或公共厕所。研究使用自家的卫生厕所后的等候时间收益，成人按平均工资的 30% 计算，儿童按平均工资的 15% 计算，则农村地区每户每年可以产生 276.76 元（44 美元）收益。农户使用卫生厕所产生的粪肥平均每年每户可以产生收益 295.63 元（47 美元），如果是沼气式厕所，每年每户平均收益为 484.33 元（77 美元）。

3. 改厕成本

改厕成本方面，农村地区共用厕所、坑式厕所和粪尿分集式厕所的建设成本从 849.15 元（135 美元）到 1163.65 元（185 美元）不等，沼气厕所的平均成本为 2270.69 元（361 美元），化粪池厕所的平均成本为 3189.03 元（507 美元）。每户对卫生厕所维护的年平均成本根据设施不同从 100.64 元（16 美元）到 270.47 元（43 美元）不等。如果将建设成本和维护成本加总平均到使用的每一年中，则每年的成本约为 182.41 元（29 美元）到 427.72 元（68 美元）每户。

除了世界银行的报告外，经济效益的研究在国内并不是很多。一项在广东湛江地区对改厕工作经济效益的研究显示，改厕在该地区可以通过节省相关疾病的医疗费用产生直接效益 13 万元，改善环境产生扩展效益 300 万元。安徽省三个县的改厕项目研究表明，卫生厕所对粪便无害化处理比旧式厕所明显提高肥效，增加了农户的经济效益，折合成人民币每年约为 50 元，此外卫生厕所每年可以减少医疗费用 50 元，共产生 100 元左右的经济效益。

二 经济效益评估

在改厕的经济效益评估方面，本章结合文献综述的成果，将从直接经济效益、间接经济效益、改厕投入－产出效果三个方面进行测度及评估，并在此基础上，结合全国改厕工作的总投资，对我国三年医改期间农村改厕工作的投入产出比进行估计。

鉴于该部分数据在实际调查时存在统计口径差异，本章仅选取陕西、山西和江苏三省的数据对农村改厕工作的经济效益进行评估，全国改厕经济效益评估的相关指标值用上述三省平均数据进行估计。

（一）农村改厕的直接经济效益

对于农村改厕带来的直接经济效益，本章从节约医疗成本及误工费、节约燃料费用支出、节约肥料费用支出三个方面来衡量，并对我国农村改厕工作的直接经济效益进行汇总计算。

1. 医疗成本及误工费

医疗成本及误工费包含三个相关指标，分别为医疗成本、误工费以及因陪护患者而产生的家人误工费，其中医疗成本包括了医药费、营养费以及因病就诊途中花去的交通费（见表2-6）。

表2-6　受访农户因患粪口传播性疾病的医疗成本及误工费对比

单位：元/次

相关指标	陕西	山西	江苏	三省总体
医疗成本	680	161	321	331
其中：医药费	551	114	259	260
营养费	96	36	55	56
交通费	33	11	7	15
误工费	307	278	539	370
家人误工费	184	109	231	166
合计	1171	548	1091	867

从具体指标来看，在医疗成本方面，陕西受访农户因患粪口传播性疾病而支出的医疗成本最高，平均每次为680元；其次为江苏，平均每次321元，这与三省总体的平均水平331元/次相近；山西该指标为161元/次，在受调查的三省中排名最低。在误工费及家人误工费方面，江苏分别以539元/次和231元/次居三省之首，陕西次之，山西最低；三省受访农户平

均每次因患粪口传播性疾病而产生的误工费及家人误工费分别为 370 元和 166 元。

总体而言，在本次调研的所有受访农户中，平均每次患粪口传播性疾病，将花费包括医疗成本及误工费在内的总费用为 867 元。其中，从不同地区来看，陕西农户的医疗成本及误工费最高，为 1171 元/次；江苏次之，为 1091 元/次；山西最低，仅为 548 元/次。

2. 节约燃料费用支出

节约燃料费用支出主要以改厕前后农户年均燃料费用支出的差额来反映（见表 2 - 7）。总体而言，在调查的三个地区中，能带来新能源（如沼气）的卫生厕所覆盖率并不高，平均仅为 2.1%；在具体各省中，最高的陕西也只有 3.4%，山西居中为 2.3%，最低的江苏仅为 0.7%。造成这一现状的主要原因是当前普遍采用的新建卫生厕所类型为三格化粪池式及双瓮漏斗式卫生厕所，它们都不具备生产新能源的能力，而能够生产新能源的三联沼气池式卫生厕所因成本较高，且较难达到所需粪源量，因而没有被大范围推广。

表 2 - 7   受访农户因改厕节约燃料费用支出对比

相关指标	陕西	山西	江苏	三省总体
受访总户数（户）	264	260	268	792
所建卫生厕所能带来新能源的户数（户）	9	6	2	17
能带来新能源的卫生厕所覆盖率（%）	3.4	2.3	0.7	2.1
改厕之前年均燃料费用支出（元/户）	2967	692	700	1897
改厕之后年均燃料费用支出（元/户）	1622	600	650	1147
年均节约燃料费用支出（元/户）	1345	92	50	750

不过，通过对比发现，在三联沼气池式厕所相对较多的陕西，平均每户农户的年均节约燃料费用达到了 1345 元，远远高于山西的 92 元和江苏的 50 元。三省的该指标值总体为 750 元/户。虽然对该指标值的测度中包含的样本量较少，但也在一定程度上表明三联沼气池式卫生厕所虽然建造成本较高，但鉴于其较高的投资回报率，仍具有在粪源充足地区（如牧区）推广使用的必要。

3. 节约肥料费用支出

节约肥料费用支出也主要以改厕前后农户年均肥料费用支出的差额来反映（见表2-8）。在调查的三个地区中，山西能带来新肥料的卫生厕所覆盖率最高，达到了79.6%；陕西次之，为70.8%；江苏最低，为47.8%；该指标三省总体平均水平为65.9%。江苏该指标值最低的原因在于该省农户普遍使用的是三格化粪池式卫生厕所，粪便在粪池中处理后被抽粪车统一抽走，而不施肥到自家田地的比重较大，因而使用新肥料的农户相对少于其他两省。

表2-8　受访农户因改厕节约肥料费用支出对比

相关指标	陕西	山西	江苏	三省总体
受访总户数（户）	264	260	268	792
所建卫生厕所能带来新肥料的户数（户）	187	207	128	522
能带来新肥料的卫生厕所覆盖率（%）	70.8	79.6	47.8	65.9
改厕之前年均肥料费用支出（元/户）	1473	2866	1086	1930
改厕之后年均肥料费用支出（元/户）	1318	2654	929	1752
年均节约肥料费用支出（元/户）	155	212	157	178

通过对比可以发现，平均每户农户在年均节约肥料费用支出方面，不同地区的差别并不像在燃料上那么大，山西最高，为212元；江苏次之，为157元；陕西最低，为155元；三省总体平均为178元。

4. 全国改厕直接经济效益总体估计

根据文献综述成果及实地调研所获资料特征，我们建立以下全国改厕直接经济效益计算公式：

$$C = \Delta CH + CF + CM \tag{2.1}$$

其中，C 是直接经济效益汇总，CH 是医疗成本及误工费，ΔCH 表示节约医疗成本及误工费，CF 是节约燃料费用支出，CM 是节约肥料费用支出。以下分别是各分项指标的计算公式：

$$CH = \alpha \cdot pop \cdot phealth \tag{2.2}$$

其中，pop 是农村人口数，$phealth$ 是平均每次患粪口传播性疾病的医疗成本及误工费，α 是粪口传播性疾病发病率。

$$CF = \beta \cdot num \cdot pfuel \qquad (2.3)$$

$$CM = \gamma \cdot num \cdot pmanure \qquad (2.4)$$

其中，num 是农村人口户数，$pfuel$ 是每户年均节约燃料费用支出，β 是能带来新燃料的卫生厕所覆盖率[1]，$pmanure$ 是每户年均节约肥料费用支出[2]，γ 是能带来新肥料的卫生厕所覆盖率。

将函调及入户调查获得的数据代入上述公式进行计算，其中粪口传播性疾病发病率 α 用县函调数据均值代入计算，另外部分指标的全国平均值用三省总体均值代替。计算结果如表 2 - 9 所示。

表 2 - 9 　2011 年全国及被调查地区改厕直接经济效益

相关指标	陕西	山西	江苏	全国
CH（万元）	807	326	310	12986
ΔCH（万元）	350	- 78	29	3295
CF（万元）	35123	1394	584	313132
CM（亿元）	8.4	11.1	11.7	228.6
C（亿元）	12.0	11.2	11.8	260.2

从计算结果可以看出，2011 年全国改厕工作的直接经济效益汇总达到了 260.2 亿元，其中节约肥料费用支出为 228.6 亿元，占总数的 87.86%；节约燃料费用支出为 31.3 亿元，占 12.03%；节约医疗成本及误工费为 3295 万元，占 0.13%。

从入户调查情况看，陕西、山西、江苏三省 2011 年改厕工作的直接经济效益汇总都在 11 亿至 12 亿元之间，其中山西和江苏的改厕直接经济效益都主要体现在节约肥料费用支出方面，而陕西在节约燃料费用支出方面占比为三成左右。值得注意的是，在节约医疗成本及误工费这一指标上，山西由于函调项目县中患粪口传播性疾病人数与上年同期相比有所增加，所

---

① β 是用入户调查数据中该地区"所建卫生厕所能带来新能源的户数"除以"受访总户数"来表示。

② $pmanure$ 是用"改厕之后年均燃料费用支出"减去"改厕之前年均燃料费用支出"来表示。

以其节约医疗成本及误工费出现了负增长的现象。

从表 2 - 10 可以看出，我国在 2009 ~ 2011 年改厕累计直接经济效益达到了 771.6 亿元，其中节约肥料和燃料费用支出分别为 677.8 亿元和 92.9 亿元，节约医疗成本及误工费为 8948 万元。

表 2 - 10 2009 ~ 2011 年全国改厕直接经济效益

相关指标	2009 年	2010 年	2011 年	合计
CH（万元）	21934	16281	12986	—
ΔCH（万元）	—	5653	3295	8948
CF（亿元）	30.7	30.9	31.3	92.9
CM（亿元）	223.9	225.3	228.6	677.8
C（亿元）	255.1	256.7	260.2	771.6

需要指出的是，在计算 2009 年和 2010 年直接经济效益时，所有经由入户调查获得的数据都用 2011 年数据代入计算，如"次均医疗成本及误工费""户均节约肥料或燃料费用支出"及"能带来新肥料或新燃料的卫生厕所覆盖率"等。后文计算间接经济效益时，同样按此方法进行计算。

值得一提的是，在医疗成本及误工费方面，三年间该指标值呈逐年递减趋势，这说明农村改厕工作切实提高了农民的健康水平，从而导致粪口传播性疾病的发病率下降，进而节约了大量的医疗成本及误工费，减轻了农民的经济损失，提高了农民的生活质量。

（二）农村改厕的间接经济效益

对于改厕带来的间接经济效益，本章将根据人力资本法，研究粪口传播性疾病死亡率降低后能获得多少人力资本，进而计算这些人力资本在一生中能获得多少经济收入。

根据文献综述成果及实地调研所获资料特征，我们建立以下患粪口传播性疾病早亡而导致间接经济损失的计算公式：

$$H = \sum_j \pi_j \cdot pop \cdot \sum_{i=1}^{T-t} \frac{B(1+\varepsilon)^i}{(1+r)^i} \cdot \theta_j \tag{2.5}$$

其中，H 表示间接经济损失，pop 是农村人口数，π_j 是 j 年龄组患粪口传播性疾病死亡人数占总人口数比重，T 和 t 分别代表从劳动力市场上退休的年龄和患粪口传播性疾病死亡者的平均死亡年龄，B 代表农民人均纯收入，i 是假设死者继续存活的年数，ε 和 r 分别代表农民收入增长率和社会贴现率，θ 代表生产力权重。

在实际计算中，本章将从劳动力市场上退休的年龄 T 设定为 60 岁，并把患粪口传播性疾病的死亡者按年龄分为两个年龄组：0 ~ 14 岁年龄组（年龄点设为 7 岁）和 15 岁及以上年龄组（年龄点设为 40 岁）。因各年龄组生产力不同，其生产力权重 θ 亦不同，0 ~ 14 岁年龄组未参加社会财富创造，其权重设为 0.15；15 岁及以上年龄组创造财富多，其权重设为 0.80。由于未来实际收入增长是未知的，一般选择假定一定的收入增长率和相应的贴现利率。农民收入增长率 ε 选择实际计算的我国 2001 ~ 2009 年农民人均纯收入年均增长率 6.6%，社会贴现率 r 设定为长期利率 3%。改厕间接经济效益的其余相关指标用函调及入户调查数据代入计算。计算结果如表 2 - 11 所示。

表 2 - 11　2011 年全国患粪口传播性疾病早亡导致的间接经济损失

相关指标	0 ~ 14 岁年龄组	15 岁及以上年龄组	全国合计
人力资本（万元/人）	89.1	17.8	—
患粪口传播性疾病的死亡率（‰）	0.144	0.359	0.503
H（万元）	865	431	1296

从计算结果可以看出，2011 年全国患粪口传播性疾病早亡导致的间接经济损失为 1296 万元，其中 14 岁以下年龄组早亡导致的间接经济损失为 865 万元，占总数的 66.74%；15 岁以上年龄组早亡导致的间接经济损失为 431 万元，占 33.26%。

我们将患粪口传播性疾病早亡导致的间接经济损失的差值 ΔH 作为全国改厕的间接经济效益，从表 2 - 12 可以看出，中国在 2009 ~ 2011 年改厕的累计间接经济效益为 117.1 万元。卫生设施的普遍改善与医疗水平的提高，使得患粪口传播性疾病而死亡的人数比重处于较低水平，因而本章所测度的改厕间接经济效益并不大。

表 2 - 12　2009 ~ 2011 年全国改厕间接经济效益

单位：万元

相关指标	2009 年	2010 年	2011 年	合计
H	1413	1361	1296	4070
其中：0 ~ 14 岁年龄组	832	851	865	2548
15 岁及以上年龄组	581	509	431	1521
ΔH	—	52.0	65.1	117.1

（三）农村改厕的投入 - 产出效果分析

2009 ~ 2011 年，中央及各级政府对农村改厕的总投资为 87.2 亿元，其中，中央政府的总投资为 41.8 亿元；此外，群众自筹资金为 57.9 亿元，全国农村改厕资金总投入 T 合计 145.0 亿元。同时期，改厕的直接经济效益 C 和间接经济效益 ΔH 之和为 771.6 亿元。由此可得，三年医改期间全国农村改厕工作的投入产出比为：

$$E = T : (C + \Delta H) = 145.0 : 771.6 = 1 : 5.3 \qquad (2.6)$$

即 1 个单位改厕资金的投入能够带来 5.3 个单位的经济效益，所以农村改厕项目从社会经济性的角度来看是可行的。

此外，从中央政府对农村改厕工作的投入产出来看，其投入产出比为：

$$E_{cen} = T_{cen} : (C + \Delta H) = 41.8 : 771.6 = 1 : 18.5 \qquad (2.7)$$

即中央政府 1 个单位的改厕资金投入能够带来 18.5 个单位的经济效益，这充分说明中央对农村改厕工作资金的投入在全国农村改厕推进过程的关键作用。

三　经济效益总结

农村改厕工作的经济效益显著，主要体现在节约肥料费用支出方面。

三年医改期间，全国改厕工作直接经济效益达到了 771.6 亿元，其中节约肥料费用支出 677.8 亿元，节约燃料费用支出 92.9 亿元，节约医疗成本及误工费 0.89 亿元；我国在 2009 ~ 2011 年改厕累计的间接经济效益为

117.1 万元。

从改厕的投入 – 产出效果看，全国农村改厕工作的投入产出比为1∶5.3，即一个单位改厕资金的投入能够带来 5.3 个单位的经济效益，此外，从中央政府对农村改厕工作的投入产出看，中央政府的投入产出比为 1∶18.5，这充分说明中央政府对农村改厕的资金投入对全国农村改厕推进过程的关键作用。

第三节　社会效益评估

虽然健康效益和经济效益是目前改厕效益评估研究的重点，但改厕产生的效益不止于此。很多研究都发现，改厕除了可以减少粪口传播性疾病的发病率、改善人们的健康知信行、产生巨大的经济效益外，还有很多其他的社会效益。社会效益在不同文献中具有不同的含义，例如对政治方面的影响，农民满意度方面的影响，以及对性别平等的影响等。

2011 年世界银行"水和环境计划"针对世界范围内各级政府对改厕项目投资不足的问题，对巴西、印度、印度尼西亚和塞内加尔四个国家改厕进行了一项政治经济学研究。其中一个内容是验证改厕是否对选举产生影响，其结果对本次研究中的群众满意度有借鉴意义。研究表明印度和巴西的改厕投资可以产生很高的政治回报。在印度的马哈拉斯特拉邦，早年参与改厕项目的官员都被提拔到更高的职位。这体现了政府对改厕项目中表现突出的官员的认可和重视，也体现了群众对改厕满意度非常高。改厕项目还使该邦的村级政府官员有更多机会和高层的政策制定者沟通，提升了他们的公众威望。这也意味着基层政府通过执行改厕项目可以得到更多的公众信任。印尼在市级层面上也创造了改厕的政治动力。不同的市之间会定期交流各自改厕的进度和成就，城市间由此形成了良性的竞争氛围。一些市改厕还成为选举的焦点，比如帕亚孔布市的市长就有"卫生市长"之称，改厕的投入成为选举的筹码。这也从侧面印证了当地人民群众对改厕的重视。

目前中国各个地区对农村改厕工作的评估研究更喜欢直接使用满意度

作为社会效益的指标。四川省苍溪县改厕后农民对厕所满意度由 22.1% 上升到 96.2%。广东省湛江地区的改厕工作还带动了粤西地区的改厕进程，提高了省内其他地区的改厕率。黄侃婧、周向红对陕西省志丹县改厕村民进行问卷调查和结构式访谈，发现村民对于改厕带来的生活便利度提高、卫生环境改善、疾病减少、卫生习惯改善、经济促进的作用普遍给予了肯定。

此外，从两性平等研究改厕的社会效益则是另一个得到越来越多关注的重要视角。女性特别是农村地区的妇女是家庭卫生的主要管理者，因此她们可能会更积极地参加改厕工作。改厕可以改变传统男性是家庭财产的而拥有者和家庭事务的主宰者的认识，改善性别不平等的现实。改厕不但能够提高妇女的健康水平，还可以使妇女更多地参与到社会、经济、政治活动中，提高妇女的社会、政治和经济地位。卫生厕所还为妇女提供了更多的私密性和安全性。

一　社会效益评估

在改厕的社会效益评估方面，我们主要从各项目县爱卫办对改厕项目的满意度、受访农户对改厕项目的满意度两个方面进行测度及评估，同时，还将从受访农户对改厕项目的综合评估方面，对全国农村改厕工作的社会效益评估进行进一步的丰富与说明。

1. 各项目县爱卫办对改厕项目的满意度

在函调的各项目县中，大部分县爱卫办对这次改厕项目总体执行过程表示肯定，其中选择"非常满意"的爱卫办占比为 86.8%，选择"满意"的爱卫办占比为 13.0%（见图 2-1）。

在具体改厕各相关工作中，"工作人员的表现"得到了最普遍的认可，选择"非常满意"的占比达到 90.4%；"各级政府部门配合情况""改厕使用情况"等相关工作的满意度也普遍较高；相对而言，"资金配给及安排"是改厕具体工作中满意度较低的，选择"非常满意"的占比为 71.1%。

这些一方面说明不管是改厕项目总体执行过程，还是各级政府部门配合情况、群众协调工作、宣传教育工作等具体工作，都得到了县爱卫办层面的广泛认可与支持；另一方面，也指出了在改厕具体推进过程中有待进一步优化的地方，如在资金配给及安排上需要得到上级单位更加强有力的支持。

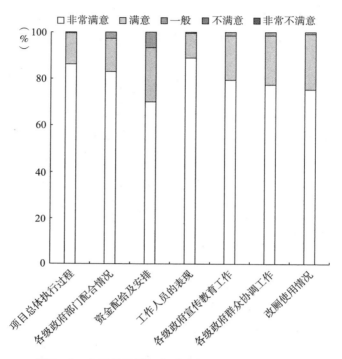

图 2-1　各项目县爱卫办对改厕项目的满意度对比

2. 受访农户对改厕项目的满意度

通过入户调查发现，超过 94％ 的受访农户对整个改厕项目表示认可，其中表示"非常满意"的农户占比达到了 42.1％（见图 2-2）；对新建卫生厕所的建造质量和使用方便性表示肯定的农户约九成；稍显不足的是改厕过程中的健康知识宣传方面，只有 25.6％ 的受访农户表示"非常满意"，说明各级政府对改厕相关健康知识的宣传工作还有待进一步加强，宣传力度也需要进一步强化。

值得肯定的是，通过改厕工作，受访农户对各级政府工作的满意程度都有较大提高。其中，对乡政府和村委会工作满意度"显著提高"的农户占比分别达到了 44.2％ 和 45.7％（见图 2-3）。这充分体现了群众对改厕工作的认可，也提升了政府在群众心中的良好形象。

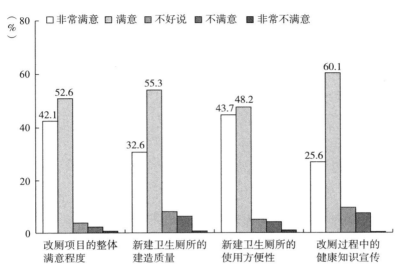

图 2－2　受访农户对改厕项目的满意度对比

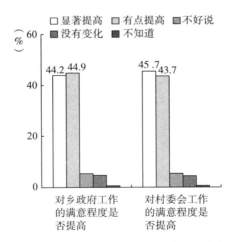

图 2－3　受访农户对政府工作的满意程度变化对比

通过相关分析发现，受访农户对改厕项目整体满意程度与对乡政府及村委会工作的满意程度之间都存在显著正相关关系（见表 2－13），其相关系数分别为 0.410 和 0.389（P＜0.0001）。这充分说明了基层政府通过执行改厕项目可以得到更多的公众信任，政府也应该将改厕工作切实有效地落实下去，努力提高老百姓对改厕项目的满意程度。

表 2 - 13　满意度相关分析

项　　目		对乡政府工作的满意程度是否提高	对村委会工作的满意程度是否提高
对改厕项目整体满意程度	Pearson Correlation	0.410	0.389
	Sig.（2 - tailed）	0.000	0.000
	N	787	787

3. 受访农户对改厕效果的综合评估

（1）对改厕带来的好处的评估

在询问受访农户改厕后的变化及好处时，96.6%的受访者表示环境卫生得到了改善，其次分别为蚊蝇减少、厕所使用更加方便、生病次数变少以及水污染减轻，其占比分别为 88.7%、81.4%、58.4% 和 41.0%。此外，还有部分农户表示改厕还带来了其他好处，例如空气变好了，减少了肥料及燃料的支出等。

（2）与其他农村公共服务满意度的比较

在让受访农户对当前农村普遍开展的五项公共服务满意程度进行排序时，有 50.1% 的农户认为新型农村合作医疗（新农合）是最让群众满意的公共服务（见图 2 - 4）；其次分别是改厕和新型农村社会养老保险（新农保）服务，其占比分别为 23.2% 和 22.0%；此外，选择农村信息化和农村文化服务的受访者分别为 3.0% 和 1.6%。

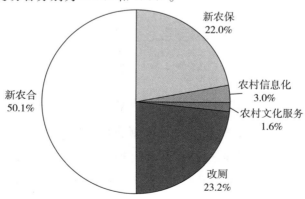

图 2 - 4　受访农户中最满意公共服务类型分布

二　社会效益总结

第一，农村改厕工作显示了良好的社会效益，无论是改厕工作人员还是受访群众，对农村改厕项目的整体满意度都达到了94%以上。

各项目县爱卫办对农村改厕项目总体执行过程表示了高度肯定，选择满意的比例占到了99.8%；通过对1500个农户的入户调查发现，老百姓对整个改厕项目表示满意的比例超过了94%。这充分体现了群众对农村改厕工作的认可，也提升了政府在农村老百姓中的良好形象。

第二，与其他农村公共服务项目相比，老百姓对农村改厕的满意度仅次于新农合，位居第二。

在当前农村普遍开展的五项公共服务项目中，对1500个农户的入户调查发现，50.1%的调查者认为新型农村合作医疗（新农合）是最让老百姓满意的公共服务，其次是农村改厕和新型农村社会养老保险（新农合），占比分别是23.2%和22.0%，选择农村信息化和农村文化服务的比例分别是3.0%和1.6%。

虽然农村改厕工作在健康、经济以及社会等各个方面效益显著，在我们的调研中也发现了一些值得进一步关注的问题。

一是卫生厕所使用的后续管理问题日益严重。

现场调查发现，虽然各地农村改厕工作成绩出众，但卫生厕所的后续管理问题，尤其是粪便处理问题正变得日益严重。据统计，超过90%的受访干部都指出了这一问题的严重性。在个别地区，粪便处理问题已经开始影响到卫生厕所的使用率。

二是农村公共厕所的建造与管理急需提上议程。

农村改厕则将卫生厕所彻底变成了私人品，具有竞争性和排他性。因此，农村公共卫生厕所问题就凸显出来。调查中发现，很多干部和群众反映，随着农村经济的快速发展及旅游产业的兴起，农村外来人口逐渐增多，外来人在农村上厕所就成了一个突出问题。但是，爱卫办改厕工作只涉及户厕，公共厕所主要由住建部负责，这就使得农村公厕的建造难以纳入全国农村改厕工作中。

　　相对于建造而言，农村公厕的管理更是棘手的问题。当前部分农村自建公共厕所后，由于没有专门的管理单位，农村公厕的环境卫生及使用难以规范，农村的公厕容易变成全村最脏、最臭、最污染环境的地方。

参考文献

陈莉、杨积军、韦波、吕炜：《农村生态卫生厕所综合效益分析研究》，《实用预防医学》2004 年第 6 期。

国家发展和改革委员会社会司、卫生部卫生发展研究中心：《中国农村环境卫生和个人卫生回顾：经验、问题、建议——以农村改水改厕为例》2011 年。

黄侃婧、周向红：《陕西志丹改水改厕项目村民满意度调查研究》，《管理观察》2009 年第 27 期。

李明江、潘爱红、钟格梅：《广西中央改厕项目效益调查与评价》，《中国初级卫生保健》2009 年第 12 期。

龙泳、刘学东等：《失能调整寿命年与人力资本法结合估计间接经济负担的研究》，《中华流行病学杂志》2007 年第 7 期。

吕雪琼、陈汉汛：《农村改厕的经济与社会效益分析》，《中国健康教育》2001 年第 12 期。

陆华湘、张志勇：《广西改厕改水项目村妇女健康知识态度和行为调查》，《应用预防医学》2008 年第 1 期。

马小燕、孙玉东、王欲圣、武义敏、王志强：《农村改厕效果的研究》，《安徽农学通报》2007 年第 15 期。

潘玉钦、张美霞：《农村改厕与卫生防病效果分析》，《环境与健康杂志》2002 年第 3 期。

曲宝泉、张奎卫、李凤霞、胡军、孙林：《2005 年山东省开展农村改厕知识培训效果评价》，《预防医学论坛》2006 年第 6 期。

孙献忠：《农村改厕对农民卫生意识与行为影响》，《预防医学情报杂志》2007 年第 6 期。

汤大俊、付文佳、李志新、汪洋、侯仕文：《农村改厕对个人卫生行为影响》，《预防医学情报杂志》2007 年第 6 期。

王德劲：《我国人力资本测算及其应用研究》，西南财经大学出版社，2009。

文正葵、杨云、吴传业：《湖南省农村改厕的经济效益和社会效益》，《环境与健康杂志》2005 年第 6 期。

杨述楣、杨国斌、刘雁冰、姜戈：《改厕地区居民健康教育相关知识、态度、行为状况调查》，《中国健康教育》2006 年第 6 期。

张奎卫、曲宝泉、孙林等：《2005～2006 年济南市农村改厕效果评估》，《预防医学论坛》2008 年第 2 期。

张一青、毕文桃、杨云等：《农村改厕对农民卫生意识与行为影响的调查分析》，《中国卫生监督杂志》2005 年第 2 期。

AKM Masud Rana, "Effect of Water, Sanitation and Hygiene Intervention in Reducing Self-reported Waterborne Diseases in Rural Bangladesh," *BRAC Research Report* (2009).

Andualem Anteneh, Abera Kumie, "Assessment of the Impact of Latrine Utilization on Diarrhoeal Diseases in the Rural Community of Hulet Ejju Enessie Woreda, East Gojjam Zone, Amhara Region," *Ethiopian Journal of Health Development* (2010).

Graham P. M. , "Root, Sanitation, Community Environments, and Childhood Diarrhoea in Rural Zimbabwe," *Journal of Health Population and Nutrition* (2001): 73 – 82.

Islamic Republic of Afghanistan, "Ministry of Rural Rehabilitation and Development," *Final Report on MRRD-UNHCR WATSAN Program Evaluation*

Lorna Fewtrell, Rachel B Kaufmann, David Kay, Wayne Enanoria, Laurence Haller, and John M Colford Jr, "Water, sanitation, and hygiene interventions to reduce diarrhoea in less developed countries: a systematic review and meta-analysis," http://infection. thelancet. com (2005).

Peter S. K. Knappett, Veronica Escamilla, Alice Layton, "Impact of population and latrines on fecal contamination of ponds in rural Bangladesh," *Science of the Total Environment* 409 (2011): 3174 – 3182.

S. A. Esrey, J. B. Potash, L. Roberts, C. Shiff, "Effects of Improved Water Supply and Sanitation on Ascariasis, Diarrhoea, Dracunculiasis, Hookworm Infection, Schistosomiasis and Trachoma," *Bulletin of the World Health Organization* (1991): 609 – 621.

World Bank, Economic Assessment of Sanitation Interventions in Yunnan Province, People's Republic of China: A Six-country Study Conducted in Cambodia, China, Indonesia, Lao PDR, the Philippines and Vietnam under the Economics of Sanitation Initiative (ESI), Water and Sanitation Program: Technical Paper (2012).

World Bank, The Political Economy of Sanitation: How can we increase investment and improve service for the poor? Operational experiences from case studies in Brazil, India, Indonesia, and Senegal，Water and Sanitation Program：Technical Paper（2011）.

World Bank，Evaluating the Political Economy for Pro-Poor Sanitation Investments，Water and Sanitation Program：Research Brief，June 2011.

World Bank，Gender in Water and Sanitation，Water and Sanitation Program：Working Paper （2010）.

（陈文晶　龚振伟）

第三章　农村改厕公平性研究

内容提要：本章由浅入深从四个层面对改厕公平性进行研究，分别是公平性可视化、公平性评定、公平性影响因素、公平性瓶颈分析。

公平性可视化利用历年《国家卫生统计年鉴》等资料，获得中国 31 个省、自治区、直辖市农村住户卫生厕所覆盖率，并将此数据在地图上用该地区的底色来直观表示，同时在地图上将该地区的经济发展指标、平均文化水平、少数民族等指标用柱状图表示，实现两类数据同时在同一张地图上呈现。

公平性分别从健康公平性、公共卫生服务利用及分布公平性、公共卫生服务筹资公平性三个角度使用不同评判标准进行评定。

公平性影响因素主要是建立分组数据集中度分解模型对省级数据进行分解，首先对卫生厕所覆盖率进行多元回归分析，找出改厕影响因素，其次利用建立的集中度分解模型对集中度进行分解，求出近十年我国改厕公平性的可量化影响因素及其贡献率变化。

公平性瓶颈分析主要是基于联合国儿基会瓶颈分析框架制作量表问卷，问卷从政策环境、供给、需求、质量四个维度进行定性调查。调查结果发现我国改厕公平性及差异性的五大瓶颈问题除了改厕机构设置方面以外，另外四个瓶颈问题主要来源于对改厕相关培训宣传等软件方面，而非资金、人员等硬件方面。

第一节　我国农村改厕公平性现状

设计并开发三维地图进行多维数据可视化呈现，直观得到中国地区差异导致的收入及改厕的不公平，相比传统数据呈现方式更突出了公平性状况和变化情况。原本想与一些专业地图可视化企业合作或者购买它们的服务来进行改厕公平性数据可视化，然而在进行完相关调研之后发现国内并没有公司或个人可以提供三维云可视化地图使公平性数据可视化。主要是有两大难点无法攻克：一个是现在可以实现三维地图可视化的工具如 Processing 兼容性很差，无法提供云服务即无法实现人们随时随地在线观看；另一个是一些在线可视化地图工具全都只是提供平面地图的数据呈现，因而只能通过区域颜色来呈现某一个维度的数据。

所以本节开发的三维云可视化地图也成为国内第一个可以供人们随时在线观看操作，并且可以在同一地图同时呈现多维数据的三维地图。开发完成后，将地图中填入改厕相关数据，并且申请购买了 www.cnwc.org 的域名，将域名指向了我的地图服务器，所以现在无论何时何地使用任何电脑，只要登录 www.cnwc.org 的网址就可以在线查看各年改厕公平性及其影响因素的相关状况。

一　设计依据

数据可视化旨在借助图形化手段，清晰有效地传达与沟通信息。但是，这并不代表，数据可视化因为要实现其功能用途而就一定令人感到枯燥乏味，或者是为了看上去绚丽多彩而显得极端复杂。数据可视化可以让受众通过视觉化的数据语言，直观地感受到数据所呈现的态势，为客观事实的判定提供更多依据。

数据可视化领域的起源可以追溯到 20 世纪 50 年代计算机图形学的早期。当时，人们利用计算机创建出了首批图形图表。1987 年，由 McCormick 等所编写的美国国家科学基金会报告 *Visualization in Scientific Computing*，对于数据可视化发展产生了极大的促进作用。这份报告强调了新的基于计算机的可视化技术方法的必要性。随着计算机运算能力的迅速提升，人们建立了规模越来越大、复杂程度越来越高的数值模型，从而造就了形形色色体积庞大的数值型数据集，为数据可视化的实现提供了更多可能。同时，人们不但利用医学扫描仪和显微镜之类的数据采集设备生成大型的数据集，而且还利用可以保存文本、数值和多媒体信息的大型数据库来收集数据。

Spring Spress 是由麻省理工感知城市实验室团队联手西班牙对外银行在2011 年完成的数据可视化作品，其展示的是在复活节期间采购模式的变化。应用展现了 140 亿人在复活节期间一周内超过资金总数为 2.32 亿欧元的 4 万笔交易的情况。以西班牙的地图为背景，通过颜色的色相对比来体现不同类别的数据。左侧再采用线图的形式，直观地展现三种数据 24 小时的变化情况，最高值和最低值清晰可见。这种数据化呈现形式通过依靠大背景的明暗变化来体现早晚时间的变化，给用户直观清晰的体验，让用户在认知负担减小的情况下获取更多信息。

英国学者 David McCandless 在其著作 *Information is Beautiful* 中，提供了200 多个图像信息设计案例。其利用色彩、图形、线条等视觉语言表述各类型信息。将各种各样的事实与观点用视觉的方式相互联系起来。其中，为我们介绍了基于地图背景的信息呈现样式，其基于 2006 年最热门的互联网搜索词在一张地图的背景下进行了信息归纳，用户通过这样的呈现方式，不仅可以识别出最热的词汇，还可以识别出词汇热度的地理位置。在大数据背景下，如何将数据合理地呈现，将数据信息直观地传达给受众是值得我们思考和研究的课题。

国际信息图设计金奖得主，日本学者木村博之（Hiroyuki Kimura）在其著作《图解力》中介绍了关于信息数据图形化呈现的多种方式，对其中基于地图形式的信息设计形态也做了相关阐述。木村博之对颜色冷暖进行分组，不同冷暖性质的色彩承载不同的信息，基于地理位置进行呈现。同时还介绍了其对柱形图的设计与应用，提出了通过透视、立体化图形将信息更为直观地呈现的思路。趋于平面的图形图标设计，不能够直观地给用户视觉冲击力，因此其为柱形图添加了透视效果，来加大数据递增的视觉效果，例如其在日本新干线列车的开通运营年份与最高时速的统计表中就用到了这种形式，用户不需要细度具体的数据信息，只通过图形就可以感受到速度逐年递增的态势，以及其提速增长最快的年份。

所以基于上述研究，以改厕公平性数据可视化为例，若想同时对比展示各地区卫生厕所覆盖率以及潜在影响因素数据，最好的方法是建立 3D 地图，使用颜色和立柱高度分别可视化不同维度参量的数值。具体设计效果整体为俯瞰视角的 3D 地图，地图上不同区域（省份）的颜色代表覆盖率（覆盖率越高，区域颜色越接近绿色；反之越接近红色），区域上有立柱，颜色代表不同影响因子数据的类型（可切换），高度代表数据的大小；视角可以旋转，改变俯角，缩放。界面左边为年份切换按钮；右边为各种控件，如缩放、视角旋转、总体覆盖率、统计数据查看、立柱数值类型选择。下方为图例说明，包括当前年份中立柱统计数值最高和最低的省份。

而地图功能是展现各区域的统计数据（地图中显示为立柱）与卫生厕所覆盖率之间的关系，可切换不同年份、立柱数值。有全国和分省两种视图，在全国视图中有不同省份的地图区域，当点击某一省份的区块时，则切换到该省份的视图；分省视图中有不同市的地图区域，点击某一市的区域则返回全国视图。鼠标移动到某一省份的区域上时，则显示该省份的立柱数值和覆盖率。

整体为扁平化 UI 风格，简约直观。配色采用高对比度的颜色。效果如图 3 - 1 所示。

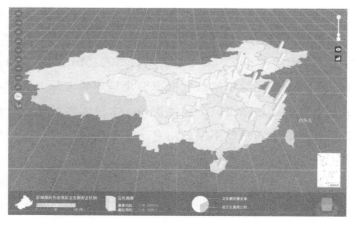

图 3 - 1　3D 地图范例

二 数据可视化结果

（本节根据 Mapping 效果进行文字描述，若想了解详情还请登录网站 www. cnwc. org 亲自体验。）

（一）2003 年到 2011 年卫生厕所覆盖率情况

我国 2003 年卫生厕所覆盖率普遍较低，东部高于中部和西部地区，中部和西部地区大部分省份卫生厕所覆盖率低于 50%，而东部沿海地区卫生厕所覆盖率相对较高，如浙江达到了 73.6%。同时各省份农民纯收入也较低，最高的上海为 6653.9 元，而最低的贵州只有 1564.7 元，各省份的农民纯收入差距也较大。

我国 2008 年各省份卫生厕所覆盖率情况整体跟 2003 年没有本质差别，中部和西部大部分地区的卫生厕所覆盖率依然低于 50%，而东部地区卫生厕所覆盖率有较明显提高，所以直观上感受东部与中西部地区的卫生厕所覆盖率的差异在变大。

经过医改三年间国家对于改厕的大力投入，2011 年全国各地区卫生厕所覆盖率都有较明显提高，尤其是西部地区，与 2008 年相比有质的飞跃。对比 2008 年与 2011 年的地图可以看出，东部与中西部的差距有了明显的缩小，直观体现了医改三年间对于我国改厕公平性的改善。

（二）卫生厕所覆盖率与该地区农民纯收入之间的关系

分析我国 2003 年各省份卫生厕所覆盖率与农民纯收入之间的关系可得，广东、浙江等东部沿海地区的农民纯收入明显高于中部和西部地区。农民纯收入高的地区的卫生厕所覆盖率也都较高，而贵州、内蒙古、云南等卫生厕所覆盖率较低的地区农民纯收入也比较低，直观上可以看出收入情况和改厕有较显著相关性。这也与许多学者的研究结论，即收入是改厕的主要影响因素是相符的。

分析我国 2011 年各省份卫生厕所覆盖率与农民纯收入之间的关系可见，各省份间农民纯收入的差距仍然存在，但是卫生厕所覆盖率的差异较 2003

年有所缩小。许多西部地区虽然农民纯收入依然比东部少许多，但是卫生厕所覆盖率的差距却并没有那么大，表明 2011 年地区收入差异对改厕的影响比 2003 年小了许多。

（三）卫生厕所覆盖率与该地区少数民族占比之间的关系

分析 2011 年我国各省份卫生厕所覆盖率与少数民族占比之间的关系可见，东部地区各省份少数民族占比基本上较低，而少数民族占比较高的省份主要集中在中部和西部，如贵州、云南、内蒙古等。在地图中可以直观地看出少数民族占比较高的省份卫生厕所覆盖率都相对较低，所以可以推测在少数民族占比较高的地区进行改厕可能阻碍会相对较大。

分析中国 2011 年各省卫生厕所覆盖率与受教育水平之间的关系可见，全国除北京、天津、上海大学生占比明显高于其他地区之外，各个省份大学生占比的差异并不大，说明我国的教育公平性相对较好。虽然有学者指出受教育水平会影响改厕行为，但是由于我国受教育水平相对比较公平，所以我国改厕的不公平很大程度上不会取决于受教育水平。

（四）江苏各区县改厕情况

以江苏为例，点击中国地图江苏即可进入省内地图，如图 3 - 2 所示。由图 3 - 2 可见，江苏整体改厕状况还是比较优秀的，还有个别区县的卫生厕所覆盖率达到了 100%，但是从图中还是可以看出江苏南部的改厕情况要整体好于北部。

（五）江苏各区县改厕情况与农民纯收入的关系

以江苏为例，点击中国地图江苏即可进入省内地图，并调整视角斜侧视地图，通过蓝色立柱高度可见，江苏南部区县的农民纯收入相对较高，普遍高于江苏北部地区，而这也可以看出江苏省内的区县改厕情况与收入水平之间的关系。

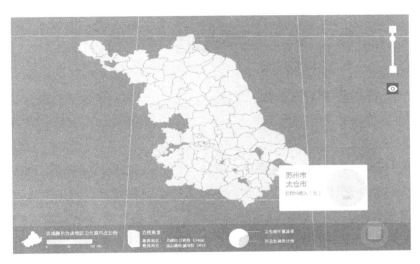

图 3 - 2　2011 年江苏各区县改厕状况

三　农村改厕公平性可视化结果总结

3D 云可视化地图对各地区改厕情况以及潜在影响因素的数据进行可视化表达，给中国改厕相关研究者提供了一个很直观的展示，并且也可以对后续的公平性评价以及影响因素量化的研究提供启发并作为验证。另外对于其他领域的研究者或者感兴趣的人来说，可以在地图后台将数据改为他所关注领域的数据，从而利用本地图技术框架对这个领域进行数据可视化，为其研究的领域提供直观的认识以及后续研究的帮助。

另外，3D 云可视化地图使得即使对这个领域不熟悉甚至对于学术研究毫无涉及的人，也能够很直观地感受到我国近十年来改厕工作的开展情况以及一些潜在影响因素与改厕工作的相关性。同时人们可以对此地图进行一些简单的交互操作（如切换年份、调整视角）来查阅想要关注的数据并进行对比。这种对于公共服务高效清晰的表达方式不仅是教育和学术领域所大力倡导的并作为进步的目标，也是建设一个公开透明可问责的服务型政府在未来工作中的发展方向和必经之路。

第二节　我国改厕公平性评价

一　集中曲线

（一）集中曲线的构建方法

集中曲线的构建方法与洛伦茨曲线类似，以按社会经济状况由低到高排列后的人口累计百分比为横轴，纵轴为卫生厕所或者改厕中央投资等指标的累积分布，由此可以得出集中曲线。将集中曲线和绝对公平线相比较，如果指标在不同社会经济阶层人群中的分布是不均匀的，则曲线就会偏离直角平分线。曲线偏离平分线越远，则该指标不公平程度越大，同时还可以从曲线形状看出该指标更多地集中在何种社会经济状况的人群中（见图 3-3）。

与洛伦茨曲线不同，由于集中曲线纵轴累计参量与横轴排序依据参量不一定相同，所以集中曲线不一定如洛伦茨曲线一样为单调递增凸曲线。基尼系数不会为负数，而当纵轴所累计参量大多集中在处于不利地位的人群中时，集中曲线位于对角线之上，而所对应的集中指数则为负数。

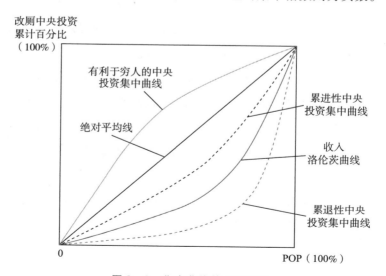

图 3-3　集中曲线的几种情况

一般研究中使用集中度判断公平程度的参照标准有两个，即"收入洛伦茨曲线"和"绝对平均线"，如 Hossain 对中国义务教育公平性的研究。而我们的研究，以中央投资集中曲线为例，有以下几种情况。

如果改厕中央投资集中曲线位于绝对平均线上方，表明低收入群体享有的改厕中央投资的份额超过其占总人口的比例，该改厕中央投资有利于低收入群体（pro-poor）。

如果改厕中央投资集中曲线位于绝对平均线下方，并处于收入洛伦茨曲线的上方，表明低收入群体享有的改厕中央投资份额低于其占总人口比例，该改厕中央投资对穷人不利。但由于低收入群体享有的改厕中央投资份额超过其占总收入份额，如果将改厕中央投资作为个人收入增加到原有的收入中去，那么低收入群体占有的收入份额将提高。因此，介于绝对平均线和收入洛伦茨曲线之间的改厕中央投资集中曲线仍具有向弱势群体再分配的效果，这样的改厕中央投资具有累进性（progressivity）。

如果改厕中央投资集中曲线位于收入洛伦茨曲线下方，则表明低收入群体享有的改厕中央投资不仅低于其占总人口的比例，而且低于其占总收入的比例，这样的改厕中央投资具有累退性（regressivity），不具有向弱势群体再分配功能。

（二）腹泻疾病集中曲线

本节取各省份 2003 年到 2012 年痢疾发病率作为改厕相关健康公平性的研究数据，通过 MATLAB 绘制集中曲线图。由于各年痢疾发病集中曲线形状类似，故只展示 2012 年的痢疾集中曲线。

图 3-4 绘制了 2012 年我国痢疾发病的集中曲线，由图 3-4 可以看出，痢疾发病的集中曲线基本上位于绝对平均线之上，这说明我国痢疾发病存在着地域间的差异，痢疾发病更多地集中在经济状况较差的省份。比如经济状况较差的四个省，甘肃、贵州、云南、陕西，拥有全国约 10% 的人口，而这四个省份 2012 年痢疾发病的人数却占据了全国所有痢疾发病人数的 15%。而经济状况最差的甘肃省，人口数目大约占全国的 2%，而痢疾发病的人数却约是全国痢疾发病人数的 5%。

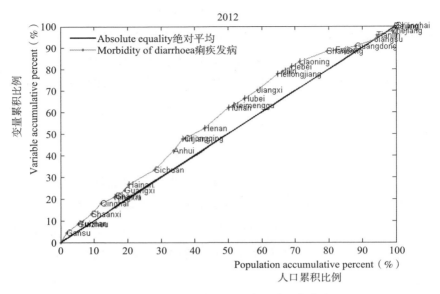

图 3 - 4   2012 年我国痢疾发病的集中曲线

（三）卫生厕所、农民纯收入、中央投资集中曲线

通过 MATLAB 绘制 2003～2012 年卫生厕所、农民纯收入、中央投资的集中曲线。而在绘制各年集中曲线的过程中由于各省份经济发展速度不同，所以各年横轴分组顺序是不同的，也就是各省份在各年所处的有利或不利位置也是相对动态的。所以对于体现某参量集中于有利地位人群或不利地位人群的集中曲线，本节将每年的分组顺序按照当年的农民纯收入重新排序，并在此基础上绘制各年的集中曲线，以确保研究的科学性与准确性。（本节仅展示 2012 年的集中曲线，如图 3 - 5 所示）

从集中曲线上可以明显地看出各年卫生厕所集中曲线与农民纯收入集中曲线都在绝对平均线之下，但是卫生厕所集中曲线在绝对平均线与农民纯收入集中曲线之间，而中央投资集中曲线在绝对平均线之上。并且从图中可以看出，从 2003 年到 2008 年，卫生厕所集中曲线与农民纯收入集中曲线逐年靠近，到了 2008 年几乎重合了，说明这六年间卫生厕所省际差异与农民纯收入省际差异逐年缩小，从趋势上来讲应该是卫生厕所省际差异增大而农民纯收入省际差异减小。而从 2009 年开始，两条曲线的间隔又开始

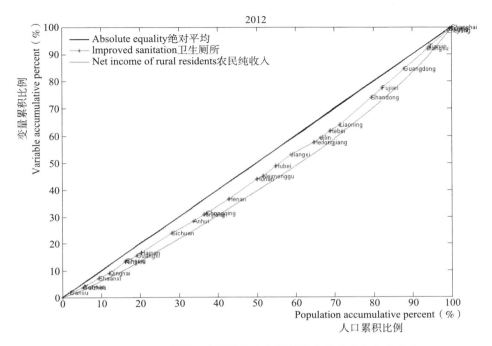

图 3 - 5　2012 年我国卫生厕所集中曲线以及农民纯收入集中曲线

增大，而这很可能是由于卫生厕所省际差异逐年减小所致。因为从 2009 年到 2011 年的中央投资集中曲线全都位于绝对平均线之上，说明政府给予了经济状况较差的省份更大比例的中央投资。

由于 2003 ~ 2012 年不同年份卫生厕所、农民纯收入、中央投资集中曲线算法类似，各年只有分组排序的差别。

二　集中指数（CI）与绝对集中指数（ACI）

（一）CI 及 ACI 的模型构建

集中指数绝对值定义为集中曲线与对角线之间的面积与对角线下的三角形面积之比，但其取值范围扩大为 - 1 到 1。可以利用如下公式方便地得到集中指数：

$$C = 1 - 2 \int_0^1 L(s) \, ds \qquad (3.1)$$

其中 L 为集中曲线，如果 L 与对角线重合，则 C 等于零，而 L 如果位于对角线之上，则 C 小于零，而 L 如果位于对角线之下，则 C 大于零。

可以看出，收入的集中曲线则为洛伦茨曲线，收入的集中指数则等于基尼系数。

对于分组数据，集中曲线为折线，而所对应的集中指数可以通过横向积分求得，比如卫生厕所集中指数，可以通过以下公式求得：

$$C = 2 \sum_{t=1}^{T} \frac{S_t}{S} \cdot h_t R_t - 1 \qquad (3.2)$$

以全国卫生厕所集中指数为例，本节中 $T = 30$，表示 30 个省份，并且按照收入水平从 1 到 30 进行排序，1 为农民纯收入最低的省份，30 为农民纯收入最高的省份，S_t 为省份 t 的卫生厕所户数，S 为各省份卫生厕所户数之和，公式为：

$$S = \sum_{t=1}^{T} S_t \qquad (3.3)$$

h_t 为省份 t 的户数占总户数的比重，R_t 为省份 t 的相对排序（relative rank），定义为：

$$R_t = \sum_{\gamma=1}^{t-1} h_\gamma + \frac{1}{2} h_t \qquad (3.4)$$

使用同样方法可以求出改厕中央投资集中指数，以及农民纯收入集中度。这里需要指出的是，一些研究中使用省际数据进行分组数据的集中指数的计算，然后拿结果直接与基尼系数做比较，这样比较的问题在于基尼系数是使用个体数据所求得的收入集中指数，而分组数据求得的集中指数实质上只是反映组间的不公平，而不体现组内的不公平，会小于同参量个体数据所求得的集中指数；使用个体数据画出的集中曲线，其横轴的累计人口的顺序也与分组数据集中曲线累计人口的顺序不同，比如以省份进行分组画集中曲线时，人均收入最低的 A 省人口占全部人口的 10%，则对这人口排在横轴前 10% 的部分进行人口累计，而如果以个人为单位画集中曲线时，A 省虽然人均收入最低，但是并不意味着 A 省内的所有人比 90% 其他省份的人口的收入都要低，也许 A 省内个别收入较高的人会排在横轴比较靠后的位置，所以其横轴的累计人口排序与分组数据的不同。可见将集中曲线与洛伦茨曲线做比较的前提是集中曲线为个人数据绘制而成的，而分组数据的集中曲线应与分组数据的收入集中曲线做比较才更加有意义。本节在衡量全国卫生厕所省际差异时就是使用按省份分组的卫生厕所集中度以及改厕中央投资集中度与农民纯收入集中度做比较，以农民纯收入集中度及绝对平均线做参考，对改厕公平性进行评价。而基于个人数据的家庭问卷结果求得的集中度则与权威发布的基尼系数做比较，从而进行公平性评价。

健康绝对集中指数模型构建方法是将健康集中指数与健康变量的均值相乘得到的，而由于相关研究较少，所以除了健康公平性的研究之外，并没有其他关于构建绝对集中指数模型的研究，所以本节参考健康绝对集中指数的构建思想，构建卫生厕所的绝对集中指数模型如下：

$$ACI = C \cdot (1 - \mu) \tag{3.5}$$

其中 C 为卫生厕所集中度，μ 为卫生厕所覆盖率。可见当各省份卫生厕所覆盖率差异减小或者各省份卫生厕所覆盖率同时提高时，ACI 的数值会减小。所以卫生厕所绝对集中指数是对于改厕进展与公平性这两大目标的综合评价。

(二) 腹泻疾病集中指数

本节以各省份 2003 年到 2012 年的痢疾发病率作为改厕相关健康公平性的研究数据，通过 MATLAB 计算各年集中指数。

如图 3 - 6 所示，痢疾发病集中指数从 2003 年到 2007 年逐年下降，意味着痢疾发病的地域间差异逐年减小，而从 2008 年起反弹，到 2012 年集中指数比 2007 年翻了一番，意味着痢疾发病的地域间差异增加。但是也可以看出，全国痢疾发病率在 2007 年到 2012 年是逐年下降的，所以这也意味着 2007 年之后差异性增大主要是因为那些经济状况较好地区痢疾发病率降低而经济状况相对较差的地区痢疾发病率降低速度小或者停滞不前。

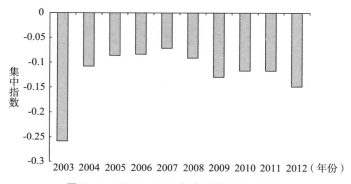

图 3-6　2003~2012 年痢疾发病集中指数

（三）卫生厕所、农民纯收入、中央投资集中指数以及卫生厕所绝对集中指数

2003~2012 年我国卫生厕所、农民纯收入、中央投资集中指数以及卫生厕所绝对集中指数如图 3-7 所示。

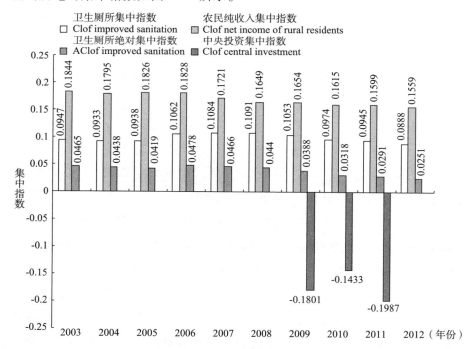

图 3-7　2003~2012 年中国卫生厕所、农民纯收入、中央投资集中指数以及
卫生厕所绝对集中指数

由图 3 - 7 可见，农民纯收入集中度从 2003 年到 2012 年基本上处于逐年下降的趋势，从 2003 年的 0.1844 下降到 2012 年的 0.1559，农民纯收入的不公平在逐年缩小，而与此同时卫生厕所集中度虽然一直小于农民纯收入的集中度，但是从 2003 年到 2008 年却逐年上升，而从 2009 年开始下降，到 2011 年下降到与 2003 年同等水平，2012 年达到十年最低。2009 年到 2011 年这三年的中央投资集中度都为负数，说明其更多地集中在经济状况比较落后的省份及地区。对于卫生厕所绝对集中指数，2003 年到 2008 年在波动中有小幅下降，而从 2009 年开始，有明显下降，说明在 2009 年到 2012 年，不仅省际卫生厕所覆盖率的差异缩小，同时各省份整体卫生厕所覆盖率在提升。

（四）东中西部卫生厕所覆盖率变化

2003 年到 2012 年东中西部卫生厕所覆盖率都处于逐年上升趋势，但是经济较为落后的西部的覆盖率在 2003 年到 2008 年与东部和中部有较大差距，但是从 2009 年开始迅速缩小了与东部和中部的差距，这也是从 2009 年开始卫生厕所集中指数以及绝对集中指数下降的一个很重要的原因。但是还可以看出，从 2010 年开始，中部地区的卫生厕所覆盖率几乎没有提升，值得引起一定的关注及重视。

（五）县级数据卫生厕所集中度

通过对全国 27 个省份 459 个县爱卫办进行函调，并根据函调结果绘制县级卫生厕所和农民纯收入集中曲线并计算集中指数。在绘制县级数据的集中曲线时，由于很难获得全部县级地区的人口数量或家庭数量数据，所以无法得知各个分组的大小，从而无法像省级数据一样使用分组数据进行集中曲线的绘制，所以在本小节假设各县级地区家庭数是相同的，也就是各县级地区在横轴上的占比都相等，如此处理会在集中度计算的绝对数值上产生一定的偏差，但是其相对值还是具有一定参考价值和意义的，比如在卫生厕所集中度与收入集中度的对比以及各年集中度的对比上，是可以反映趋势和实际情况的。

2009 年全国县级卫生厕所集中指数为 0.0856，农民纯收入集中指数 0.2047。集中曲线如图 3 - 8 所示。

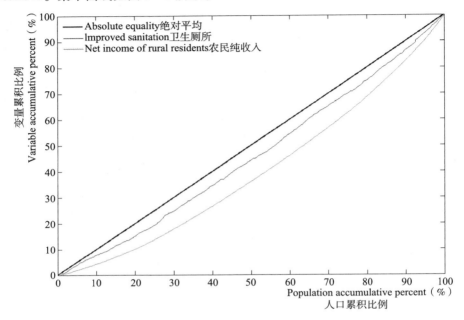

图 3 - 8　使用县级数据绘制的 2009 年卫生厕所和农民纯收入集中曲线

2010 年全国县级卫生厕所集中指数为 0.0767，农民纯收入集中指数为 0.1950。2011 年中国县级卫生厕所集中指数为 0.0751，农民纯收入集中指数为 0.2043。

（六）个体数据卫生厕所集中度

2011 年对陕西、山西和江苏的 798 个农村家庭进行现场问卷调查，并根据调查结果绘制卫生厕所以及农民纯收入的集中曲线（见图 3 - 9）并计算集中指数。

经计算，卫生厕所集中指数为 0.0292，家庭收入集中指数为 0.4128。由于数据为个体数据，所以所构建的收入集中指数与基尼系数理论相同，而洛伦兹曲线与集中曲线理论相同。而家庭收入集中指数与 2012 年 8 月 21 日华中师范大学中国农村研究院在北京发布的《中国农民经济状况报告》中指出的 2011 年农村居民基尼系数 0.3949 十分接近。这也从侧面反映出了问卷调查的科学性以及数据的可靠性。

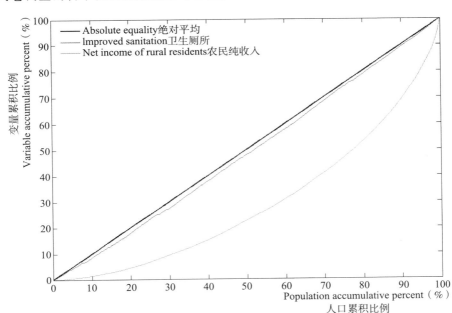

图 3 - 9　使用个体数据绘制的 2011 年卫生厕所和农民纯收入集中曲线

三　结论

本节通过计算我国痢疾发病率、卫生厕所、农民纯收入、改厕中央投资集中度以及卫生厕所绝对集中指数来评定中国改厕公平性。使用集中度来评价公共卫生服务公平性是十分科学可取的，因为集中度本身并没有一个绝对的优劣之分，只是客观地描述参量在不同社会群体中的分布情况，以改厕为例，痢疾发病率、卫生厕所、中央投资的分布各不相同，而对于这三项公平性的评价标准也是不同的。换句话说，即使是在最理想、公平性最佳的情况下，三者的分布也本应是不一样的，所以使用集中度的方法可以全面地评价某项公共卫生服务的公平性，而这也是那些有绝对优劣之分的得分式的评价模型所无法实现的。

但是集中度的方法也存在着一定的弱点，那就是只能孤立地评价某参量的分布情况，而对于参量整体的数量大小是无法体现的。在实际情况中，如果出现在大力普及或提高某项公共服务时富裕地区的推进速度要高于贫困地区的情形，即使最终实现全面普及，但因使用集中度进行评价，也会在初期出现公平性恶化的情况。那根据此点而否认整个公共服务普及和推进工作则是极其不科学的，于是绝对集中指数可以弥补此项评价中的弱点，因为绝对集中指数在构建的过程中在考虑差异性程度的同时也考虑了整体的水平以及差异的来源，这样即使差异增大也可知是缘于富裕地区的提高还是贫困地区的减弱。

基于本节对于改厕公平性的整体评价，可以得到以下相对全面客观的结论。

（一）公平性方面

从我国痢疾发病集中度的结果可以看出，我国痢疾发病还是更多地集中于经济状况较差的省份，而这也能体现出经济状况较差的地区腹泻类疾病的发病率普遍高于经济状况较好的地区。从另一个角度来看，虽然我国痢疾发病率基本上逐年下降，但是通过 2003 年到 2012 年十年间痢疾发病集中指数的变化可以看出，从 2007 年以来，我国各省份间痢疾发病的差异化是增大的，换言之就是经济状况较好地区痢疾发病率逐年降低的速度要高于经济状况较差地区。

从我国卫生厕所、农民纯收入、改厕中央投资集中度的结果可以看出中国农民纯收入的公平性在逐年变好，改厕的公平性从 2003 年到 2008 年逐年变差，但是从 2009 年到 2012 年开始好转。

我国改厕公平性从 2009 年到 2012 年的好转与医改三年中对于穷人有利的改厕中央投资密不可分。卫生筹资方面，从中央投资集中度的结果可以看出，我国 2009 年到 2011 年医改三年的中央投资每年都是更多地集中在了经济状况较差的地区，而从东中西部卫生厕所覆盖率变化也可以看出，从2009 年起，经济相对落后的西部地区的卫生厕所覆盖率显著提高，可见中国医改三年政策对于提高改厕公平性起到了积极的作用。但是如果从 2003 年到 2012 年整体来看，在农民纯收入越来越公平的大环境下，改厕的公平性却停滞不前，情况并不乐观。但对于卫生筹资的研究也存在着不足之处，在我们的函调中，改厕资金除中央投资之外也同时获得了 2009 年到 2011 年省级政府投资、省级以下政府投资以及自筹资金，但是由于有些年份中部分省份的这三项数据填写不完整，并且没有依据可以作为数据准确性的参考（中央投资的数据拥有相关中央政策文件作为准确性的参考依据），所以数据的可靠性较差。并且由于数据不全也无法绘制集中曲线计算集中指数，故本节并未涉及各省份地方政府投入，这是本节的局限性之一，也是进行改厕研究以及公共卫生服务研究的学者在未来工作中值得继续努力之处。

（二）改厕水平与公平性相结合评价

通过计算卫生厕所的绝对集中指数，不仅可以了解卫生厕所在各省份分布的差异情况，同时还可以获得卫生厕所覆盖率的情况。这之所以非常重要是因为改厕政策乃至公共卫生政策的目标都是双重的，即提高整体水平的同时实现公平性。所以计算绝对集中指数可以为改厕整体目标提供一个衡量指标。

从卫生厕所绝对集中指数的结果可以看出，从 2003 年到 2008 年由于卫生厕所覆盖率的缓慢提升以及各省份间卫生厕所覆盖率的差异加大，使得卫生厕所绝对集中指数在这六年间基本没有大的变化；而从 2009 年到 2012 年，由于卫生厕所覆盖率的加速提升并且各省份间卫生厕所覆盖率的差异缩小，卫生厕所绝对集中指数有明显的下降，说明医改三年对于改厕的推动还是很全面的，从整体水平和实现公平性上面都起到了很好的作用。

（三）不同层级数据所反映出的问题

通过对省级、县级以及个体数据分别计算卫生厕所和农民纯收入集中度，可以看出无论在哪个层级，卫生厕所集中曲线都是夹在绝对公平线和农民纯收入集中曲线之间的，卫生厕所集中指数也都是在 0 和农民纯收入集中指数之间的。但是值得注意的是，在数据从省级到个体逐渐细化的过程中，农民纯收入集中指数是在增加的，由省级数据的 0.15 左右到县级数据的 0.2 左右，到个体数据的 0.4 左右，这也与《中国农民经济状况报告》中公布的农村居民基尼系数相似。这种现象是合理的，因为在绘制集中曲线时，横轴是按照收入排序的人口累计比，而当使用分组数据绘制曲线时，在横轴排序时也就默认了第一组所有人都比第二组所有人的收入要低，而第二组所有人都比第三组所有人的收入要低，换句话说这样排列计算的集中度只考虑了组间的差异，而不考虑组内的差异。而实际的情况是有可能第一组有的个体会比第二组甚至第三组的一些个体收入还要高，所以当分组越细，横轴对于收入的排序也就越精确，收入的差异也就更多地在集中度上体现了出来，这也是分组越细农民纯收入的集中指数就越大的原因。

而非常有意思的现象是，卫生厕所集中指数却并没有像农民纯收入集中指数一样分组越细就越大，反而分组越细集中指数越小，从省级数据计算得到的0.1左右到县级数据计算得到的0.075左右，再到家庭数据计算得到的接近0.03，这说明当横轴对于收入的排序越精确，卫生厕所的差异却并没有更多地体现出来，反而得到了消除。而值得注意的是，当分组细化，横轴对于收入的排序更加精确时，不同组间非收入特征也随之消除。比如当使用省级数据进行排序时，横轴每一个组不仅有着这个地区的收入水平情况，还隐含着这个地区地域、气候、民族、文化等非收入的社会特征，而当分组进行细化时，尤其是到了个体数据时，每一个个体只有一个收入属性用来排序，而关于这个个体所带有的非收入社会特征却都没有了。随着分组的细化，由于横轴排序上关于地域、气候、民族、文化等社会特征的消失，卫生厕所的差异性也随之减小，可见收入的差异并不是导致卫生厕所差异的唯一因素，还有一些其他非经济社会状况的差异也是构成卫生厕所差异的因素。

而这些因素究竟有什么，它们又是如何对改厕公平性产生影响的，将在下面一节中进行详细研究和探讨。

第三节 我国改厕公平性影响因素宏观定量分析

一 分组数据集中度分解模型的建立

许多关于疾病或者健康水平个体差异影响因素的研究，使用的是 Wagstaff 的个体数据集中度分解的方法，魏众和 B. 古斯塔夫森，周忠良等，顾和军等和周靖都采用了上述方法。刘柏惠、俞卫等利用集中指数及其分解方法衡量了中国老年人在社会照料和医疗服务使用中的不均等性，以及各因素对不均等的贡献率，结果表明收入和城乡分布是不均等的主要根源，社区服务和保险等因素也都表现出了不同的影响和变化趋势。但这些研究中的样本数据都为抽样数据，而对于区域间差异或者省际差异这种分组数据的公平性影响因素很少有研究或者模型可供参考使用，但是区域间差异或省际差异却是改厕公平性乃至公共卫生服务公平性不容忽视的部分，而探索这种差异的影响因素也尤为重要，所以本节首先基于 Wagstaff 集中度分解的方法推导出了分组数据集中度分解模型，然后使用这种模型对于我国改厕集中度的分组面板数据进行分解，从而求得 2003 年到 2012 年中各年各影响因素对于改厕差异性的贡献率以及其变化。

公平性的每一个影响因素实质上是由两个参量加成得到的，一个是公平性测量主体的影响因素，如卫生厕所覆盖率的影响因素；另一个是这个影响因素本身的公平性。换句话说，如果一个因素对于改厕的不公平有较大的贡献率，则它一定有两个特征，其一是它对于改厕覆盖率有显著因果关系，其二是这个变量在不同地区存在着不公平，二者缺一不可。

如果使用卫生厕所集中度作为改厕公平性的衡量指标之一，那么改厕公平性的影响因素需要通过集中度分解的方法来计算和分析。而卫生厕所覆盖率属于分组数据，也就是说一个地区一个覆盖率，那么集中度分解模型的建立就需要从 Nanak Kakwani 等给出的分组数据集中指数的计算公式入手进行推导。

将影响因素 x_k 作为自变量，卫生厕所覆盖率作为因变量，建立线性回归方程并使用最小二乘法对 x_k 的系数 β_k 进行估计：

$$\mu_t = \beta_0 + \sum_k \beta_k x_{kt} + \varepsilon_t \tag{3.6}$$

将式（3.6）代入式（3.2），得：

$$C = \frac{2}{\mu} \sum_{t=1}^{T} \left(\beta_0 + \sum_k \beta_k x_{kt} + \varepsilon_t \right) f_t R_t - 1 \tag{3.7}$$

即：

$$C = \frac{2}{\mu}\left(\beta_0 \sum_{t=1}^{T} f_t R_t + \beta_1 \sum_{t=1}^{T} x_{1t} f_t R_t + \cdots + \beta_k \sum_{t=1}^{T} x_{kt} f_t R_t + \sum_{t=1}^{T} \varepsilon_t f_t R_t\right) - 1 \quad (3.8)$$

整理可得：

$$C = \frac{2}{\mu}\left(\frac{\beta_0}{2} + \frac{\beta_1 \overline{x}_1}{2}(C_1 + 1) + \cdots + \frac{\beta_k \overline{x}_k}{2}(C_k + 1) + \frac{GC_\varepsilon}{2}\right) - 1 \quad (3.9)$$

其中 $\overline{x}_k$ 为相应影响因素的均值。

由于 $\sum_{t=1}^{T} f_t R_t = \frac{1}{2}$，

并且 $\beta_k \sum_{t=1}^{T} x_{kt} f_t R_t = \frac{\beta_k \overline{x}_k}{2}\left(\frac{2}{\overline{x}_k}\sum_{t=1}^{T} x_{kt} f_t R_t - 1 + 1\right) = \frac{\beta_k \overline{x}_k}{2}(C_k + 1)$，

另外，GC_ε 是对回归方程残差项 ε_t 的标准化集中指数，$GC_\varepsilon = 2\sum_{t=1}^{T} \varepsilon_t f_t R_t$。

进一步，我们考虑到 $\mu = \beta_0 + \sum_k \beta_k \overline{x}_k$，于是可表示为：

$$C = \sum_k \frac{\beta_k \overline{x}_k}{\mu} \cdot C_k + \frac{GC_\varepsilon}{\mu} \quad (3.10)$$

总的来看，$\frac{\beta_k \overline{x}_k}{\mu}$ 就是卫生厕所覆盖率关于因素 k 的弹性（弹性中点公式），表示当因素 k 发生一单位变化时，因变量卫生厕所覆盖率会发生的变化程度，C_k 是因素 k 的集中指数，GC_ε 是对回归方程的残差项 ε_t 的标准化集中指数。分解公式表明卫生厕所覆盖率的集中指数可以被分解为各影响因素集中指数的加权和，权数是卫生厕所覆盖率关于因素 k 的弹性。残差项则反映未被自变量所解释的改厕不平等，如果模型设定得当，那么残差项的贡献应该接近于 0。

根据对 2003 年到 2012 年各省份面板数据集中度分解的结果，得到各个因素对于改厕公平性的贡献率，可以从贡献率中得知哪些因素提高了改厕的公平性，而哪些因素降低了改厕的公平性，从而有的放矢地找出宏观上影响改厕公平性的瓶颈所在。

二　2003 年到 2012 年卫生厕所集中度分解

(一) 多元回归分析

多元回归分析是集中度分解模型的基础，也是集中度分解的第一步。

回归分析是一种通过一组预测变量（自变量）来预测一个或多个响应变量（因变量）的统计方法。它也可用于评估预测变量对响应变量的效果。在大多数的实际问题中，影响因变量的因素不是一个而是多个，一般称这类问题为多元回归分析问题。它是多元统计分析的各种方法中应用最广泛的一种。多元回归分析，是经济预测中常用的一种方法，通过建立经济变量与解释变量之间的数学模型，对建立的数学模型进行 R 检验、F 检验、t 检验，在符合判定条件的情况下把给定的解释变量的数值代入回归模型，从而计算出经济变量的未来值即预测值。在实际应用中，将预报因子和预报量按一定标准分为多级，用分级尺度代换较大的数字，更能揭示预报因子与预报量的关系，预报效果比采用数值统计的方法有明显的提高，在实际应用中具有一定现实意义。

多元回归方法因其实用性及有效性，在现今社会越来越多的领域得到广泛应用，并且不仅仅应用于经济学等社会科学领域，还广泛应用于军事、物理、地理、生物等各个方面与领域。

在之前的研究中，有学者提到了收入、少数民族以及受教育水平会影响某地区的改厕水平，也就是卫生厕所覆盖率，而除此之外，我们在实地调研的过程中，发现除了以上三点之外，当地的冬季平均气温也是影响改厕水平的重要潜在因素。所以我们也将冬季平均气温作为自变量引入回归方程中。

本节取 2003 年到 2012 年每年 30 个省份的面板数据进行回归。

考虑到收入的边际效用递减效应，故将自变量收入取对数。另外由于计算集中指数要求相应参量必须为非负数，所以将冬季平均气温进行标准化处理，使其取值在 0 到 1 之间。

则回归方程可写为：

$$\sigma = \beta_1 \cdot \ln\ (income)\ + \beta_2 \cdot std\ (temperature)\ + \beta_3 \cdot minority + \beta_4 \cdot education + \varepsilon$$

其中 σ 为卫生厕所覆盖率，$income$ 为农民纯收入，$std\ (temperature)$ 为标准化后的冬季平均气温，$minority$ 为少数民族占比，$education$ 为大学生占比，ε 为残差项。模型中对收入取对数的原因是有许多学者及研究指出收入具有边际效用递减规律，从而我们假设收入水平对于卫生厕所覆盖率的影响也具有边际效用递减规律。

表 3 - 1 为中国卫生厕所覆盖率的回归结果。

表 3 - 1　中国卫生厕所覆盖率回归结果

	系数	P 值
常数	- 119. 822	0. 000
农民纯收入（取对数）	20. 558	0. 000
冬季平均气温（标准化）	10. 157	0. 000
少数民族占比	- 20. 364	0. 000
大学生占比	47. 928	0. 002

N = 270；调整后 R^2 = 0.647

通过回归结果可以看出，农民纯收入对改厕有显著的正面影响（ $P < 0.001$ ），而少数民族占比对改厕有显著的负面影响（ $P < 0.001$ ），大学生占比对改厕也有较显著的正面影响（ $P < 0.01$ ）。这些结果都与之前学者的研究结果相同。通过回归还发现，冬季平均气温对改厕有显著的正面影响（ $P < 0.001$ ），也就是其他条件相同的情况下，冬季平均气温高的地区卫生厕所覆盖率相对也会高，而这与我们之前在实地调研时的发现相同，也与我们在回归分析前的假设相符。

（二）集中度分解

由于集中度表示的是在某一时间某参量在不同收入群体的分配结构，所以这一部分将对从 2003 年到 2012 年每一年的卫生厕所集中度进行分解，而我们在将中国农村卫生厕所集中度分解时假设从 2003 年到 2012 年每年各影响因素对改厕的影响效果相同，所以我们使用 2003 年到 2012 年的面板数据进行回归，这样也就意味着回归方程中的 β_k 在每一年的集中度分解模型中都相同。之前并没有学者对于省级数据等分组数据进行集中度分解，原因除了没有学者推导出过分组数据集中度分解模型以外，更重要的是之前学者在考虑对分组数据进行集中度分解时，某一时间的样本量只有分组的数目。以研究中国省际差异为例，只有大约 30 个样本，而对于这个数量级的样本来说，进行集中度分解第一步的回归分析时就很难得到有效而显著的结果，所以回归分析的样本量则成为分组数据集中度分解的一大难题。本书创新的地方就在于将各省份十年的面板数据作为样本进行回归分析，得到比较有效而显著的回归结果之后，利用此结果对各年卫生厕所集中度进行分解，则可得到科学有效的集中度分解的结果。然而此方法的前提假设是样本所覆盖的十年中，自变量与因变量之间的关系是不变的，而这一部分基本上符合这种情况。但需要注意的是，如果自变量和因变量之间的关系或者比重具有较明显的时间特性，则无法使用此种方法。

表 3 - 2 和图 3 - 10 表示了 2003 年到 2012 年中国农村卫生厕所集中度的分解结果。

表 3 - 2　2003 年到 2012 年中国农村卫生厕所集中度分解结果

年份	变量	系数	均值	弹性	C_k	对卫生厕所集中度的贡献率（%）
2003	收入	20.556	7.8907	3.18441	0.0223	74.97933
	气温	10.157	0.543	0.108267	0.0173	1.977853
	少数民族	-20.364	0.078	-0.03118	-0.4641	15.281
	受教育水平	47.928	0.0522	0.049113	0.0824	4.273361
2004	收入	20.556	8.0052	3.096366	0.0216	71.068
	气温	10.157	0.5447	0.104093	0.0041	0.453541
	少数民族	-20.364	0.0787	-0.03015	-0.4762	15.25938
	受教育水平	47.928	0.0545	0.049146	0.0761	3.974477
2005	收入	20.556	8.1021	3.006948	0.0217	69.55696
	气温	10.157	0.543	0.099566	0.0066	0.700574
	少数民族	-20.364	0.078	-0.02868	-0.4783	14.62186
	受教育水平	47.928	0.0517	0.044733	0.1052	5.016955

续表

年份	变量	系数	均值	弹性	C_k	对卫生厕所集中度的贡献率（%）
2006	收入	20.556	8.1876	3.061116	0.0215	61.96572
	气温	10.157	0.5444	0.10056	0.0044	0.416633
	少数民族	−20.364	0.0818	−0.03029	−0.488	13.92047
	受教育水平	47.928	0.0577	0.050293	0.1251	5.924344
2007	收入	20.556	8.333	3.006891	0.02	55.4723
	气温	10.157	0.5452	0.097198	0.0000957	0.00858
	少数民族	−20.364	0.0816	−0.02917	−0.4849	13.04703
	受教育水平	47.928	0.0606	0.05098	0.1365	6.419494
2008	收入	20.556	8.4733	3.070289	0.0188	52.90177
	气温	10.157	0.545	0.097568	0.0028	0.250404
	少数民族	−20.364	0.0815	−0.02925	−0.4805	12.88354
	受教育水平	47.928	0.0619	0.052291	0.1256	6.01992
2009	收入	20.556	8.5503	2.780724	0.0187	49.37747
	气温	10.157	0.5452	0.087603	0.0028	0.232941
	少数民族	−20.364	0.0815	−0.02626	−0.481	11.99314
	受教育水平	47.928	0.0675	0.051179	0.1262	6.13366
2010	收入	20.556	8.6897	2.640896	0.018	50.03315
	气温	10.157	0.5449	0.081818	0.0024	0.206698
	少数民族	−20.364	0.0817	−0.0246	−0.4815	12.46589
	受教育水平	47.928	0.0809	0.05732	0.0984	5.937107
2011	收入	20.556	8.8608	2.654125	0.0176	50.82488
	气温	10.157	0.548	0.081099	−0.002	−0.17649
	少数民族	−20.364	0.0817	−0.02424	−0.4872	12.85123
	受教育水平	47.928	0.094	0.065642	0.0828	5.914249
2012	收入	20.556	8.9892	2.576866	0.0169	49.03694
	气温	10.157	0.5474	0.077528	−0.0014	−0.12223
	少数民族	−20.364	0.0832	−0.02363	−0.4847	12.89545
	受教育水平	47.928	0.0942	0.062955	0.0818	5.799233

注：C_k = 自变量的集中指数。

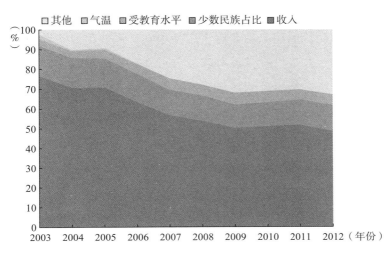

图 3 - 10　2003 年到 2012 年中国农村卫生厕所差异性的各个影响因素

从整体来看，从 2003 年到 2012 年，农民纯收入的差异每年都是导致卫生厕所覆盖率差异的最大因素（大于 50%），各地区少数民族占比的差异对卫生厕所覆盖率的差异的贡献排名第二（大约 13%），受教育水平的差异的贡献排名第三（大约 5%），而冬季平均气温的差异对于卫生厕所覆盖率的差异几乎没有贡献。

从各影响因素贡献率变化的角度来看，从 2003 年到 2012 年，收入的贡献率从 75% 降到了 50%，而少数民族占比的贡献率在这十年间也有小幅的下降，而受教育水平的贡献率大约从 3.9% 上升到 5.5%，而冬季平均气温的贡献率基本上稳定为零。

三　结论

有许多公共卫生服务的研究都是以省份或者区域为单位进行的，一方面是由于政策的具体实施对象是省份或区域，还有一方面是对于省份或区域更容易获得准确而可靠的数据。对于分组数据的公平性或差异性评价方法相对比较简单，但是对于其公平性或差异性影响因素的探寻甚至量化就显得尤为困难。本节建立了分组数据集中度分解模型，首先依靠集中度来衡量区域间差异大小，进而通过集中度分解模型量化出区域间差异的来源以及各来源所占比重。

　　本节也使用集中度分解的方法对改厕公平性的影响因素进行了研究。之前学者关于改厕影响因素的研究大多集中在试图找出影响改厕行为的因素之上，迄今为止几乎没有学者对改厕公平性或者差异性的影响因素进行研究，尤其在国内，从来没有任何关于各影响因素对于改厕公平性或者差异性贡献率的研究。本节的研究就是第一次尝试建立集中度分解模型研究各影响因素是如何对中国农村改厕省际公平性和差异性进行影响和贡献的。而研究和分析的结果可以帮助我们找到导致改厕不公平和差异性的社会经济因素以及地域文化因素根源，从而进一步为未来的相关政策提供重要的依据和建议。

　　基于本节的研究结果，可以很明显地看出导致 2003 年到 2012 年我国省际农村改厕存在不公平和差异的最主要原因是各省份间农民纯收入的差异，贡献率每年都大于 50%。虽然贡献率逐年在减小，但是到了 2012 年其贡献率仍然为 50% 左右并且远大于其他影响因素的贡献率。然而从另外的角度来看，收入对于改厕公平性的影响逐年减少，一方面是由于中国农民纯收入的集中指数呈下降趋势，也就是说从 2003 年到 2012 年中国农民纯收入的公平性在逐年改善；另一方面可能是由于随着收入水平的提高，收入对于改厕的影响会逐渐减弱，而这也与 Evans 的研究结果相似。

　　Evans 同时还指出，尼日利亚卫生厕所覆盖率在不同民族的群体中会有很大的差异。而中国是一个多民族国家，不同的民族有不同的文化和习俗，而这种文化和习俗的差异也成为导致改厕差异的第二大因素。从回归分析结果可以看出，在少数民族占比较大的地区推进改厕工作相对比较困难，也应该进一步重视在少数民族集中地区的改厕工作推进和精力投入情况。虽然许多文化习俗和社会习惯很难在短时间内发生本质的改变，但是消除改厕的不公平和差异却是一件必要的并且任重道远的工作。从 2003 年到 2012 年少数民族对改厕公平性及差异性贡献的变化角度来看，贡献率些许的减少也显示了国家及政府对少数民族的相关帮助和投入是有意义并有所收获的。

　　相比收入和少数民族，教育并没有对改厕不公平产生很大作用，其主要原因在于中国的教育公平性相对较好，大学生集中指数各年基本上在 0.1

左右，比农民纯收入和少数民族集中指数要小①。

有关气温对改厕的影响，之前并没有学者提到过，笔者认为主要的原因在于之前有关改厕的研究主要集中在一些面积较小、气温差异不大的国家或地区，比如斯里兰卡、尼泊尔或者孟加拉国，而没有任何关于改厕影响因素的研究是针对像中国这样跨纬度较广、南北气温差异较大的地区，所以并没有条件来研究气温对于改厕的影响。我们的研究第一次提出也第一次通过回归分析的方法验证了冬季平均气温对改厕有显著影响（$P < 0.001$）。在其他条件相同的情况下，冬季平均气温高的地区卫生厕所覆盖率也相对较高，对于其产生的原因，笔者认为可以从两个角度进行解释。第一，在我们之前的实地调研中，发现北方大部分地区冬天的平均气温都是在零摄氏度以下的，也就意味着在这种气候条件下，水冲式厕所的水管很容易上冻甚至冻裂，这不仅使得卫生厕所修建维护成本增高，而且有可能由于恶劣天气的影响，卫生厕所无法使用；第二，许多研究都指出了非卫生厕所以及粪便暴露是腹泻类疾病产生和传染的主要原因，而使用卫生厕所可以对这类疾病起到很好的预防作用，然而腹泻类疾病的发病率通常与气温呈正相关关系，所以这也就意味着在气温相对炎热地区的居民更需要修建卫生厕所来预防腹泻类疾病。以上这两点也揭示了气温如何对改厕行为产生影响，所以改厕政策就应该更加关注高温地区非卫生厕所的危害以及低温地区较低的改厕动力。

尽管冬季平均气温是改厕的一个重要的影响因素，但是通过集中度分解结果可以看出其对于改厕的不公平几乎没有贡献，这主要是由于我国冬季平均气温的集中指数几乎为零，换句话解释也就是我国农民纯收入较高的省份并没有集中在高温地区也没有集中在低温地区，气温与收入没有任何相关性。

同时，2003年到2012年其他影响因素对于改厕差异性的贡献率逐年增加，这其中有一些本研究模型中没有考虑到的影响因素，还会包含一些难以量化的影响因素，如社会文化风俗或卫生厕所质量等。另外中央投资对

---

① 2003年到2012年农民纯收入的集中指数（不进行 log 运算）分别是 0.1844、0.1795、0.1826、0.1828、0.1721、0.1649、0.1654、0.1615、0.1599 和 0.1559。

于改厕的推进是毋庸置疑的，尤其是 2009 年到 2011 年医改三年间，中央投资 44.48 亿元人民币用于改厕。然而由于当前无法获得 2003 年到 2008 年各省份中央投资的数目，并且当年改厕中央投资与卫生厕所覆盖率也显然不是线性关系，直观上讲，当年改厕中央投资与卫生厕所增加量有线性关系的可能性更大，而卫生厕所覆盖率与以往累积中央投资有线性关系的可能性更大，所以如果将当年的中央投资直接作为自变量进入卫生厕所覆盖率的回归模型就显得过于武断而不够科学了。所以找出其他影响因素对于改厕公平性的贡献，需要笔者与其他学者进一步的研究和努力。

第四节　中国改厕公平性瓶颈分析

一　专家问卷设计及公平性瓶颈模型建立

上一节对于改厕省际公平性影响因素的研究中，数据全部来源于国家官方统计数据。此种数据来源的好处是数据相对完整准确，并且容易进行量化分析，但是存在的问题是对于影响因素的研究只能停留在经济、教育、气温等与国家发展息息相关的重要方面，而这些方面同时也是许多公共服务以及人民生活状况的影响因素。经济、教育、气温等因素在广受关注的同时也是难以短时间改变的，所以即使研究出它们对于公共卫生服务公平性的影响，也很难对进一步工作或政策提出有效建议。然而还有一些影响因素是在公共卫生服务的推进中产生或遇到的，这些因素对于公平性有着不可忽视的作用。但它们一方面难以量化，另一方面受到社会关注比较少，可能只是专门从事这项公共卫生服务的专家或工作人员才会关注或了解，从而没有相关统计数据，那么将这些影响因素挖掘并量化是一件十分有价值的事情。而针对此种情况，最适合的方法就是使用专家问卷法进行非参数统计分析，并基于分析结果建立量化公平性瓶颈模型。

所以本节的研究首先基于联合国儿童基金会的瓶颈分析框架并结合我国改厕中实际存在的问题，建立量表式问卷，问卷从政策环境、供给、需求、质量四个维度进行定性调查，问卷如表 3-3 所示。

表 3 - 3　全国各省份农村改厕瓶颈分析调查

基本情况

1. 您所在的省份：［单选题］

安徽　北京　重庆　福建　甘肃　广东　广西　贵州　海南　河北　黑龙江　河南　湖北　湖南
江苏　江西　吉林　辽宁　内蒙古　宁夏　青海　山东　上海　山西　陕西　四川　天津　新疆
西藏　云南　浙江

2. 您从事与改厕相关工作年限：［单选题］

3 年以下　3～7 年　7～10 年　10 年以上

填写说明

根据您所在省份的改厕情况进行评价，评分标准为 1～5 颗星，1 颗星为完全不符合或者完全没达到，5 颗星为完全符合、完全达到甚至优于描述。请将每一项的得分直接填写到"评分"栏中。

政策环境（Environment）

3. 本省（市、区）每年都有关于改厕的正式文件出台。

4. 本省（市、区）政府对于改厕有专项投资，并且资金十分充足。

5. 在政策方针的探讨和制定中不回避"粪便""粪尿""蛆"等词汇。

6. 本省（市、区）改厕机构的级别很高。

提示：达到厅级或厅级以上行政级别。

7. 本省（市、区）其他部门都十分配合改厕工作的开展。

8. 本省（市、区）各县（市、辖区）农村改厕工作中都把整村推进作为农村改厕的主要推动方式。

9. 本省（市、区）各县（市、辖区）爱卫办工作人员数量充足并且工作能力及协调能力很强。

10. 与改厕工作相关的办公设施及交通工具配备充足。

11. 本省（市、区）改厕管理机构独立于卫生部门。

12. 本省（市、区）各县（市、辖区）没有因为城镇化发展影响了改厕工作的推进。

13. 本省（市、区）政府对于当地改厕状况能够充分掌握，并且信息准确。

14. 本省（市、区）各县（市、辖区）爱卫办能够定期对改厕情况进行总结及上报。

供给（Supply）

15. 本省（市、区）各地能因地制宜地选择卫生厕所类型。

提示：而非根据强加的统一的标准建造不实用而高成本的卫生厕所。

16. 有完善的卫生厕所修建供应链，包括材料及相关修建工具的充分供应。

17. 有足够的训练有素的修建卫生厕所的技术专家及工人。

18. 有良好的卫生厕所修建技术手段来应对地形复杂或缺水等条件的限制。

需求（Demand）

19. 当地未改厕的农村居民能够充分了解改厕所需花费。

20. 总体而言，当地农村居民普遍认为改厕费用不高。

21. 在当地市场中有多种价位和档次的卫生厕所供居民选择。

22. 对经济状况相对贫困的家庭有特殊的低价卫生厕所供其选择。

23. 当地农村居民的生活状况都达到了小康水平。

24. 对于贫困家庭改厕，政府及相关部门有相应的财政资助措施。

25. 本省（市、区）农村居民近年来的卫生知识、卫生态度、卫生行为逐年改善，摆脱了传统陋习及不良风俗，并且充分认识到了不使用卫生厕所的危害。

26. 当地对于改厕相关政策的出台与具体实施之间的时间间隔短、效率高。

质量（Quality）

27. 所有已改厕的家庭都能够持续使用卫生厕所，而不出现使用一段时间卫生厕所之后又退回了粪便暴露的状况。

28. 对于卫生知识以及改厕相关的培训充分并具有持续性。

提示：并没有因为改厕行动的扩大而减弱。

29. 本省（市、区）大部分地区政府给改厕农户配备有充足的吸粪车。

30. 持续地有计划地对粪便暴露进行监测及记录。

31. 修建的卫生厕所完全符合全国爱国卫生运动委员会办公室确定的卫生厕所标准。

提示：卫生厕所的标准是厕所有墙、有顶，厕坑及储粪池不渗漏，厕内清洁，无蝇蛆，基本无臭味，储粪池密闭有盖，粪便及时清除并进行无害化处理。

各省份由三名以上爱国卫生运动委员会办公室参与改厕工作的专家根据当地改厕情况填写问卷，并将各题的分数进行平均得到每道题的分数，根据得分较低的题目可得到各省份改厕的瓶颈所在。

而后针对全国改厕公平性瓶颈建立公平性分数模型，由于之前学者对于公平性研究中并没有针对量表问卷结果的公平性影响因素建立评价模型，所以本节中笔者根据对公平性影响因素探寻衡量的了解以及对于公共卫生服务特别是改厕工作的认识，总结先前学者对于影响因素的量化方法，建立全国改厕公平性得分模型，各题对于全国改厕公平性得分可由下式得出：

$$SC_i = \sum_{j=1}^{N} (1 - \mu_j) \cdot (ASP_{ij} - \overline{ASP_i}) \tag{3.11}$$

其中 SC_i 为第 i 道题对于全国改厕公平性的得分。

μ_j 为省份 j 当前的卫生厕所覆盖率，本研究取 2012 年年底的数据。

ASP_{ij} 为省份 j 第 i 道题的绝对得分，

$$ASP_{ij} = SP_{ij} \cdot \mu_j \tag{3.12}$$

其中 SP_{ij} 为省份 j 第 i 道题的得分。

$\overline{ASP_i}$ 为题 i 全国平均绝对得分，

$$\overline{ASP_i} = \frac{\sum_{j=1}^{N} ASP_{ij}}{N} \tag{3.13}$$

此模型的构建思路如下：

第一，由于各省份都是根据自身的情况进行评分，所以评分结果为省份情况的相对得分，也就是说问卷中得到的分数高低只能反映省内相对情况的好坏，而若想得到将全国各省份以统一标准衡量的各题分数，则需要将各省份填写的分数根据其整体情况进行基线的调整，本模型中将问卷中得到的初试分数 SP_{ij} 与 j 省份的卫生厕所覆盖率 μ_j 相乘，得到 j 省份的绝对分数 ASP_{ij}，而此分数遵循全国统一标准并可进行跨省比较和评价。

第二，如果想找到全国改厕公平性以及差异性的瓶颈所在，则应该主要关注在这些潜在瓶颈问题上（问卷中的 29 道题）各省份的差异，而非这些问题的全国综合水平。例如，a 问题全国分数都比较低，b 问题全国卫生厕所覆盖率低的地区分数低、覆盖率高的地区分数高，则 a 可以看作是改厕问题的瓶颈，但不是改厕公平性和差异性的瓶颈，而 b 则是改厕公平性和差异性的瓶颈。故对于各个问题的得分，模型中将 $ASP_{ij} - \overline{ASP_i}$ 滤除各题中全国整体情况的信息，只保留各题全国各省份的差异性信息，这个处理方法与信号处理中滤除直流信号，只保留交流信号类似，$\overline{ASP_i}$ 就是题 i 中的直流信息，而将其减去之后，$ASP_{ij} - \overline{ASP_i}$ 就只剩下交流信息了。

第三，对于题 i 的差异分数 $ASP_{ij} - \overline{ASP_i}$ 来说，应该对其附权重。因为比如两个省对于题 i 的差异分数都是 -1，说明这两个省在题 i 上做得都不好，但是一个省的卫生厕所覆盖率很低，一个省卫生厕所覆盖率很高，那么明显前者的这个问题带来了更多的非卫生厕所以及差异性问题，所以将 $(1 - \mu_j) \cdot (ASP_{ij} - \overline{ASP_i})$ 来对每个省份的差异分数附权重，得到附权重后的差异分数。

第四，将各省份的题 i 附权重后的差异分数 $(1 - \mu_j) \cdot (ASP_{ij} - \overline{ASP_i})$ 求和，得到 SC_i，即题 i 对于全国改厕公平性的得分，分数越低越说明题 i 为全国改厕公平性的瓶颈所在。

SC_i 得分最低的题则为全国改厕公平性的最大瓶颈所在。

二 我国改厕瓶颈分析

本次问卷调查共回收 109 份有效问卷，分别由安徽、北京、重庆、福建、甘肃、广东、广西、贵州、海南、河北、黑龙江、河南、湖北、湖南、江苏、江西、吉林、辽宁、内蒙古、宁夏、青海、山东、山西、陕西、四川、天津、新疆、云南、浙江 29 个省份（区、市）的爱卫办负责或参与改厕工作的专家人员填写，其中每个省份（区、市）填写问卷份数不少于 3 份，甘肃省填写得最多为 14 份。

本研究将同一个省份（区、市）的全部专家的打分逐题进行平均，求得各省份（区、市）对于各题的分数，其中分数最低的三道题则为该省份（区、市）的改厕瓶颈。

全国各省份（区、市）"政策环境"维度的瓶颈问题主要集中在第 11 题"本省（市、区）改厕管理机构独立于卫生部门。"而在"供给"维度全国各省份（区、市）普遍状况良好，不存在严重的瓶颈问题。在"需求"维度，最主要的瓶颈问题为 23 题"当地农村居民的生活状况都达到了小康水平。"这也意味着经济状况欠佳是影响改厕需求的首要问题。在"质量"维度，瓶颈问题为 29 题"本省（市、区）大部分地区政府给改厕农户配备有充足的吸粪车"以及 30 题"持续有计划地对粪便暴露进行监测及记录"。

在设计问卷时对于问题的设置是基于政策环境、供给、需求以及质量这四大维度的，如果能找到我国改厕工作的瓶颈主要在哪个维度，也能对于整体的政策及后续工作有一个指导性的方向把握，所以本研究也计算了各维度的分数，各维度分数的计算方法为此维度内各题的平均分数。在各维度层面，中国改厕在"需求"维度的瓶颈最为严重，在调查的 29 个省份（区、市）中，有 21 个省份（区、市）的"需求"维度分数在四个维度中最低，其次为"质量"维度，有 6 个省份（区、市）在此维度分数最低，"政策环境"及"供给"维度较好，各有 1 个省份分数最低。这样可以很清楚地发现"需求"维度是我国改厕工作主要的瓶颈所在。在上一小节可以看出，各个维度中都有一些分数很低的问题，而在维度分数上就可以发现"需求"维度的分数普遍较低，而其他维度中更可能只是个别角度存在的问题。所以在之后的改厕工作中，要想进一步提高全国各省份卫生厕所覆盖率，应该更加关注"需求"维度，提高居民生活质量以及增加改厕宣传力度，创造更多的改厕需求，克服改厕瓶颈，有的放矢地提高效率。

三 我国改厕公平性的瓶颈分析

根据模型首先将各省份各题分数乘以该省份 2012 年的卫生厕所覆盖率，

进行标准化处理，标准化后的分数在理想情况下意味着各问题可以进行省际对比。比如如果直接将贵州与江苏的专家得分对比是没有可比性的，因为各省份专家都是基于本省份的情况打出相对的分数，所以贵州的 4 分跟江苏的 4 分对于工作质量的评价也绝不是一样的。因为江苏整体的改厕工作进行得很好，江苏的 4 分要比贵州的 4 分优秀得多，所以将各省份的分数乘以该省份的卫生厕所覆盖率进行标准化，则标准化分数可以体现一个绝对水平。

将各省份各题得分减去此题全国平均分，去除各题全国整体水平信息，得到各题的差异化得分，其中负分代表该省份在这个问题上的表现属于全国平均水平之下，而正分代表该省份在这个问题上的表现属于全国平均水平之上。

将各省份差异化得分乘以各自的非卫生厕所覆盖率作为权重，这一步骤可以理解为意在求得那些差异化得分为负分的问题所带来的危害有多大。比如 A 省和 B 省某问题的差异化得分都是 -0.5，然而在全国平均水平之下，A 省的卫生厕所覆盖率为 90%，B 省的卫生厕所覆盖率为 50%，那么由于这个问题 A 省的所导致的是 10% 的非卫生厕所，而 B 省所导致的是 50% 的非卫生厕所，所以 B 省权重后的分数是 A 省的五倍。之后将各省份每道题的分数乘以权重后求和，得出每道题的公平性得分。此问题得分越低，说明此问题中差异化得分较低的省份恰好卫生厕所覆盖率也比较低，差异化分数较高的省份覆盖率也较高。换言之，就是得分越低的问题，意味着在此问题上各省份的状况与其卫生厕所覆盖率的相关性越强，也就越说明此问题是产生改厕状况省际差异的重要因素之一。全国各题公平性得分如表 3 - 4 所示。

表 3 - 4　各维度全国各题公平性得分

政策环境	3	4	5	6	7	8	9	10
得分	-246.41	-223.33	-274.52	-307.29	-296.01	-286.42	-244.53	-262.99
政策环境	11	12	13	14				
得分	-127.45	-260.41	-287.27	-271.08				
供给	15	16	17	18				
得分	-269.05	-198.14	-231.57	-238.55				

需求	19	20	21	22	23	24	25	26
得分	−335.16	−249.67	−269.56	−240.73	−239.05	−294.04	−311.19	−270.36
质量	27	28	29	30	31			
得分	−300.82	−298.41	−218.41	−224.27	−270.82			

如表 3 - 4 所示，其中公平性得分最低的 5 道题分别是第 6、19、25、27、28 题。可见对于中国改厕公平性与差异性的瓶颈问题，除了改厕机构设置方面（第 6 题）以外，另外四个瓶颈问题主要来源于对于改厕相关培训、宣传等软件方面，而非资金、人员等硬件方面：改厕前对于改厕所需花费的宣传（第 19 题）；对于卫生知识、卫生态度、卫生行为的教育（第 25 题）；改厕后使用卫生厕所持续性（第 27 题）以及对于改厕相关培训持续性（第 28 题）。

四　本节结论

本节基于联合国儿基会改厕瓶颈分析框架制作中国改厕专家问卷，通过对 29 个省份爱国卫生运动委员会办公室相关专家进行问卷调查，根据调查结果建立公平性得分模型得出中国各省份改厕瓶颈问题以及中国改厕公平性瓶颈问题。

此种方法分为两步。第一步是建立专家问卷并得到各题得分，这步实质上是将一些在公共卫生服务工作中存在的但不易被察觉、不易量化的问题反映出来，从而能够直接反映出各省份的薄弱之处以及全国整体的薄弱之处。第二步是通过建立公平性模型，找到有哪些公共卫生服务上的问题存在着省际差异，而这份省际差异也带来了这项公共卫生服务公平性的整体差异，从而找出影响公平性的瓶颈问题。

根据对于改厕的研究结果，从第一步问卷得分可以得出，下一步更高效地推进全国的改厕工作应该更加有针对性地集中于提高改厕需求方面。一方面应该逐步改善居民生活质量，提高居民收入，另一方面应该增加卫生知识方面的宣传力度，直接以及间接地提高中国农村居民的改厕需求。

另外通过第二步公平性得分模型的结果可以得出，我国改厕公平性瓶颈主要来源于关于改厕的相关宣传培训以及后续跟进方面，这也从侧面对之前几年尤其是医改三年我国对于改厕人力、物力、财力的硬件投入进行了肯定。但是不同地区宣传培训以及后续跟进等软件服务质量的差异是不容忽视的，而解决此类软件问题将会对我国改厕公平性起到巨大的改善作用。

基于改厕公平性的评定和影响因素分析结果，本章对改厕未来的政策及工作方向提出相关建议。第一，应继续把改厕的重点放在西部地区，同时加强中部地区改厕工作，转变 2010 年以来中部地区卫生厕所覆盖率停滞不前的局面。第二，中央应继续对基层改厕工作进行投资，同时遵循"实质公平"的分配原则，给予处于经济劣势的地区更多的投资，进一步缩小省际差异，增进我国改厕公平性。第三，在经济高速发展的同时缩小东西部经济水平差异，同时对于少数民族较多的地区、受教育水平较低地区、气候较特殊地区在改厕以及各方面给予特别的关注和更多政策上的支持与扶持，尽量克服外界客观因素导致的改厕不公平以及差异性。第四，推进省内机构改革，将改厕机构独立于卫生部门。第五，通过宣传教育等行之有效的方式提高居民卫生知识，增强居民对粪便管理、消除粪便暴露的紧迫感，从而全面提高居民对于改厕的需求。第六，对于已改厕的村镇家庭，增强后续跟进回访以及定时监测，杜绝改厕之后卫生厕所使用率低甚至废弃等情况的发生。第七，加强卫生厕所覆盖率较低地区的相关培训宣传，包括改厕之前的对于卫生厕所花费等宣传，改厕过程中对于卫生知识、卫生态度及卫生行为的教育和激发，改厕之后对于使用卫生厕所的持续监测以及培训。第八，从瓶颈入手，改善我国改厕公平性以及减小我国改厕地区差异性。

参考文献

姚远：《数据可视化技术实现流程探讨》，《软件导刊》2010 年第 5 期。

McCormick B. H., DeFanti T. A., Brown MD, Visualization in scientific computing. *In.*, *vol. 7*：*IEEE COMPUTER SOC 10662 LOS VAQUEROS CIRCLE*, *PO BOX 3014*, *LOS ALAMITOS*, *CA 90720 – 1264*（1987）：69.

Steele J.，Iliinsky N.：《数据可视化之美》，祝洪凯等译，机械工业出版社，2011。

Milestones in the history of thematic cartography，statistical graphics，and data visualization，http：//www.datavis.ca/milestones/.

McCandless D.，"Information is beautiful，" *Collins*（2012）.

日材博之：《图解力：跟顶级设计师学作信息图》，吴晓芬等译，人民邮电出版社，2013。

Evans B.，"Sustainability and equity aspects of total sanitation programmes-A study of recent WaterAid-supported programmes in three countries，" *Global Synthesis Report*. In. London（2009）.

Whittington D.，"Household demand for improved sanitation services in Kumasi，Ghana：A contingent valuation study，" *Water Resources Research*（1993），1539 – 1560.

陈俊等：《农村改厕影响因素及效果分析》，《中国农村卫生事业管理》2013年第2期。

张一青等：《农村改厕对农民卫生意识与行为影响的调查分析》，《中国卫生监督杂志》2005年第2期。

牛丽娟、祖光怀：《农村改厕相关行为影响因素研究报告》，《中国农村卫生事业管理》2004年第6期。

张奎伟、张绍勇等：《农村户厕及卫生厕所普及率的调查分析》，《中国初级卫生保健》2003年第1期。

Kar K.，Pasteur K.，"Subsidy or self-respect? Community led total sanitation. An update on recent developments，" *Brighton*：*Institute of Development Studies*（2005）.

Glaeser E. L.，Ponzetto G. A.，Shleifer A.，"Why does democracy need education?" *Journal of Economic Growth*（2007）：77 – 99.

吴敬琏：《建设一个公开、透明和可问责的服务型政府》，《领导决策信息》2003年第25期。

Hossain S. I.，"Making an equitable and efficient education：The Chinese experience China，" *Social Sector Expenditure Review*，World Bank（1996）.

钟晓敏、赵海利：《论我国义务教育的公平性：基于资源配置的角度》，《上海财经大学学报》2009年第6期。

Wagstaff A.，Van Doorslaer E.，"Income inequality and health：what does the literature tell us?" *Annual Review of Public Health*（2000）：543 – 567.

华中师范大学中国农村研究院：《中国农民经济状况报告》，2012。

魏众、B.古斯塔夫森：《中国居民医疗支出不公平性分析》，《经济研究》2005年第12期。

周忠良、高建民、杨晓玮：《西部农村居民卫生服务利用公平性研究》，《中国卫生经济》2010 年第 9 期。

顾和军、刘云平：《与收入相关的老人健康不平等及其分解——基于中国城镇和农村的经验研究》，《南方人口》2011 年第 4 期。

周靖：《中国居民与收入相关的健康不平等及其分解——基于 CGSS2008 数据的实证研究》，《贵州财经大学学报》2013 年第 3 期。

刘柏惠、俞卫、寇恩惠：《老年人社会照料和医疗服务使用的不均等性分析》，《中国人口科学》2012 年第 3 期。

Kakwani N. , Wagstaff A. , Van Doorslaer, "Socioeconomic inequalities in health: measurement, computation, and statistical inference," *Journal of Econometrics* (1997): 87 – 103.

Richard A. Johnson：《实用多元统计分析》，陆璇译，清华大学出版社，2001。

高惠璇：《应用多元统计分析》，北京大学出版社，2005。

吴林海、徐玲玲、王晓莉：《影响消费者对可追溯食品额外价格支付意愿与支付水平的主要因素——基于 Logistic、Interval Censored 的回归分析》，《中国农村经济》2010 年第 4 期。

何晓群：《回归分析与经济数据建模》，中国人民大学出版社，1997。

Bich W. , D'Agostino G. , Germak A. , Pennecchi F. , "Uncertainty propagation in a non-linear regression analysis: application to a ballistic absolute gravimeter (IMGC – 02). In: Advanced Methods for Uncertainty Estimation in Measurement," 2007 IEEE International Workshop on: 2007: IEEE; 2007: 30 – 34.

Kumar K. V. , Porkodi K. , Rocha F. , "Isotherms and thermodynamics by linear and non-linear regression analysis for the sorption of methylene blue onto activated carbon: comparison of various error functions," *Journal of Hazardous Materials* (2008): 794 – 804.

Soumya B. S. , Sekhar M. , Riotte J. , Braun J. -J. , "Non-linear regression model for spatial variation in precipitation chemistry for South India," *Atmospheric Environment* (2009): 147 – 1152.

Kumar K. V. , Sivanesan S. , "Pseudo second order kinetic models for safranin onto rice husk: comparison of linear and non-linear regression analysis," *Process Biochemistry* (2006): 1198 – 1202.

Layard R. , Mayraz G. , Nickell S. , "The marginal utility of income," *Journal of Public Economics* (2008): 1846 – 1857.

Finkelstein A. , Luttmer E. F. , Notowidigdo M. J. , "What good is wealth without health? The effect of health on the marginal utility of consumption," *Journal of the European Economic As-*

sociation（2013）：221－258.

Powdthavee N. ，"How much does money really matter? Estimating the causal effects of income on happiness，" *Empirical Economics*（2010）：77－92.

Layard R. ，Mayraz G. ，Nickell S. J. ，"Does relative income matter? Are the Critics Right?" *Are the Critics Right*（2009）.

Easterlin RA，"Diminishing marginal utility of income? Caveat emptor，" *Social Indicators Research*（2005）：243－255.

Jenkins M. W. ，Sugden S. ，"Rethinking sanitation：Lessons and innovation for sustainability and success in the new millennium，" *In：Human Development Report Office（HDRO），United Nations Development Programme（UNDP）*（2006）.

Devine J. ，Kullmann C. ，"Introductory guide to sanitation marketing，" *In：World Bank，Water and Sanitation Program，Washington DC*（2011）.

Gunawardana I. ，Galagedara L. ，"A new approach to measure sanitation performance，" *Journal of Water，Sanitation and Hygiene for Development*（2013）：269－282.

Acharya A. ，Liu L. ，Li Q. ，Friberg I. K. ，"Estimating the child health equity potential of improved sanitation in Nepal，" *BMC Public Health*（2013）：S25.

Zheng Y. ，Hakim S. ，Nahar Q. ，van Agthoven A. ，Flanagan S. ，"Sanitation coverage in Bangladesh since the millennium：consistency matters，" *Journal of Water，Sanitation and Hygiene for Development*（2013）：240－251.

Baltazar J. C. ，Solon F. S. ，"Disposal of faeces of children under two years old and diarrhoea incidence：a case-control study，" *International Journal of Epidemiology*（1989）：S16－S19.

Rahman M. ，Wojtyniak B. ，Mujibur Rahaman M. ，Aziz K. ，"Impact of environmental sanitation and crowding on infant mortality in rural Bangladesh，" *The Lancet*（1985）：28－30.

Victora C. G. ，Smith P. ，Vaughan J. ，Nobre L. ，Lombard C. ，Teixeira A. ，Fuchs S. ，Moreira L. ，Gigante L. ，Barros F. ，"Water supply, sanitation and housing in relation to the risk of infant mortality from diarrhoea，" *International Journal of Epidemiology*（1988）：651－654.

Checkley W. ，Gilman R. H. ，Black R. E. ，Epstein L. D. ，Cabrera L. ，Sterling C. R. ，Moulton L. H. ，"Effect of water and sanitation on childhood health in a poor Peruvian peri-urban community，" *The Lancet*（2004）：112－118.

Prüss A. ，Kay D. ，Fewtrell L. ，Bartram J. ，"Estimating the burden of disease from water, sanitation, and hygiene at a global level，" *Environmental Health Perspectives*（2002）：537－542.

Moraes L. , Cancio J. A. , Cairncross S. , Huttly S. , "Impact of drainage and sewerage on diarrhoea in poor urban areas in Salvador, Brazil," *Transactions of the Royal Society of Tropical Medicine and Hygiene* (2003): 153 – 158.

Colwell R. R. , "Global Climate and Infectious Disease: The Cholera Paradigm ＊," *Science* (1996: 2025 – 2031).

Kar K. , Chambers R. , Plan U. , "Handbook on community-led total sanitation: Plan UK London," 2008.

Miao Y. , Chen W. , Gong Z. , Lin Q. , "Performance evaluation report of sanitation improvement in the rural areas," *In. Beijing: China National Health Development Research Center* (2013).

张振华:《市场经济对公共体育的影响与变迁》,《北京体育大学学报》2004 年第 7 期。

Hatton TJ, Williamson JG, "The age of mass migration: Causes and economic impact," *OUP Catalogue* (1998).

Burgan B. , Mules T. , "Economic impact of sporting events," *Annals of Tourism Research* (1992): 700 – 710.

Gurin P. , Dey E. L. , Hurtado S. , Gurin G. , "Diversity and higher education: Theory and impact on educational outcomes," *Harvard Educational Review* (2002): 330 – 367.

Kendall M. G. , "The advanced theory of statistics," *The Advanced Theory of Statistics* (1946).

王兆军:《专家问卷调查的非参数统计分析》,《数理统计与管理》1998 年第 3 期。

周炯槃等:《通信原理》,北京邮电大学出版社,2008 年。

（李晓龙　苗艳青　陈文晶）

第四章 农村居民环境卫生改善
支付意愿研究^①

内容提要：本章从现代消费选择理论出发，建立改厕支付意愿模型，运用 Logit 模型、Tobit 模型对江苏、陕西、山西 3 个省份的微观调研数据进行分析，研究了中国农村居民的改厕支付意愿以及影响因素，试图从农村居民改厕支付意愿角度来解释中国政府财政投入改厕效率低的问题。

研究发现，相对于当前的改厕成本，中国农村居民的改厕支付意愿较低，面临着较大的资金缺口。虽然东部省份的平均支付意愿高于中西部省份，但是西部省份比东部和中部省份有更高的改厕需求；农村居民改厕支付意愿的概率不仅仅是收入水平的体现，更重要的是知识、态度、个人卫生行为的体现，这些非经济变量对农村居民改厕支付意愿概率和数量都有非常显著的正向影响。

第一节 文献回顾

一 引言

环境卫生设施改善是提高健康水平的重要手段。当拥有厕所、排污系统以及人们习惯了用肥皂洗手后，英国儿童的死亡率在 19 世纪降低了 1/5。

① 原文发表于《管理世界》2012 年第 6 期。文中的观点和错误完全由作者负责。

在贫穷国家，如果人们对粪便进行适当处理，腹泻发病率将下降近40%。为此，世界卫生组织于1978年将基本环境卫生设施作为基本卫生保健的八大要素之一，联合国儿童基金会也将获得安全饮水和改善基本卫生设施作为千年发展目标之一。另外，众多的研究文献也表明，优质的厕所能够对粪便进行无害化处理，从而避免环境污染并有效地预防腹泻、疟疾等介水传播疾病和乙型脑炎等介蚊蝇传染性疾病的发生。因此，让家庭拥有基本卫生设施是提高居民健康水平的重要措施之一。

在中国，农村改厕工作一直受到国家重视。1996年，中国首次将农村改厕列入"九五"计划，之后的每个五年计划中，改厕都是重要工作之一。另外，《全国重点地方病防治规划（2004~2010年）》《国家环境与健康行动计划（2007~2015）》以及《卫生事业发展"十一五"规划》等相关文件，也都体现了改厕工作的重要性。在资金投入方面，"九五"期间，国家改厕资金投入262.94亿元，"十五"期间达到415.15亿元。在国家政策和资金投入的大力支持下，中国的改厕工作取得了显著成果。卫生厕所普及率从2000年的40.3%上升至2009年的63.2%。

虽然中国农村改厕的财政投入和卫生厕所的拥有量不断提高，但是相对于每年的财政投入而言，新增卫生厕所的数量仍然偏低，国际上用新增卫生厕所数量占公共财政年投入比例（increased access/public funding ratio）评价改厕效果，即每1000美元财政投入带来的新增卫生厕所户数，这一指标越高，说明财政投入改厕效果越明显。世界银行2010年 *Financing on-site sanitation for the poor* 报告中指出，越南、孟加拉国和印度的马哈拉斯特拉邦的这一指标分别是116.8、135.1和50.5。而中国2006~2009年这一指标分别是5.5、17、13.9和14.3。对比可知，中国财政投入改厕的效率非常低。

一项关于卫生设施投入效率的研究表明，造成大多数卫生设施财政投入效率低的主要原因在于财政资金投入不是需求导向，而是直接供给。因为不了解农村居民的改厕需求和支付意愿，从而造成公共财政投入的低效。从经济学角度看，只有当家庭改厕支付意愿大于其改厕成本时，家庭才会自愿改厕并提高资金投入效率。为此，本章的研究关注两方面：一方面通过被调查地区的数据实证分析农村居民改厕需求并估算其支付意愿；另一方面试图发现影响被调查地区农村居民改厕支付意愿的重要因素，重点关注健康知识、态度和卫生行为对农村居民支付意愿的影响程度。

二 文献回顾

文献回顾分为两个方面，一方面是回顾环境卫生设施改善支付意愿的相关文献，另一方面回顾环境卫生设施改善支付意愿影响因素的相关文献。需要指出的是，无论是研究环境卫生设施改善支付意愿，还是研究环境卫生设施改善支付意愿的影响因素，都以效用函数理论为基础，在此基础上利用不同方法进行深入研究。

第一，关于环境卫生设施改善的支付意愿的研究。经济学文献研究环境卫生设施改善支付意愿采取两种方法：一种是显示偏好法，或称间接法，即通过与环境卫生设施相关且具有私有产权的可交易商品价格来估计环境设施改善的支付意愿。Ben C. Arimah 利用房屋租金价格的变化研究了尼日利亚旧都拉各斯居民对于远离垃圾填埋地的支付意愿。另一种是叙述偏好法，或称直接法，代表性的方法是条件价值法，即假定存在市场，直接询问被调查者对于环境设施改善的支付意愿，这一方法得到广泛应用。少量文献研究改厕支付意愿，以下几项研究值得关注：Whittington 等利用条件价值法研究了加纳库马西市居民改水和改厕支付意愿，研究表明居民的支付意愿是家庭收入的 1%~2%，因此鉴于相对较高的改厕成本，必须依靠政府补贴才能够推进厕所改造。Altaf 对布基纳法索的瓦加杜古地区居民的改厕意愿进行了研究。研究结论表明当地居民对于改厕的支付意愿是家庭收入的 4%~5%，并且 16% 的居民表示愿意支付全款，而另外 86% 的居民则表示将通过借款方式对改厕成本进行支付。Altaf 将自己的研究结果与 Whittington 等的研究结果进行了比较，认为导致瓦加杜古地区居民改厕支付意愿较高的原因有两个：一是库马西市居民对卫生厕所知识的了解程度较低，而瓦加杜古地区居民对当地厕所情况比较了解而且非常不满，改厕需求高；二是瓦加杜古地区的改厕服务包括排水系统，而库马西市的改厕项目不包括排水系统。

　　第二，关于环境卫生设施改善支付意愿的影响因素的研究。早期研究环境设施改善的文献是从间接效用函数出发获得支付意愿方程，并以此方程作为计量模型的理论基础，但间接效用函数的理论模型并没有包括随机项，之后 Hanemann 在间接效用函数中加入了随机项，建立了随机效用函数，从而完善了环境卫生设施改善的理论框架。另外，早期环境卫生设施改善支付意愿的计量方程中只包括社会经济变量，然而，由条件价值法获得的支付意愿从某种意义上讲是非经济因素造成的，只利用社会经济因素解释支付意愿是不完全的，所以越来越多的研究者将态度、知识等非经济变量引入支付意愿方程中，与社会经济因素一起研究。同样，研究支付意愿影响因素的文献很少，以下几项研究值得关注：Andreia C. 等对巴西萨尔瓦多地区居民改厕的影响因素进行了研究，发现收入、家庭小孩数目、态度和教育程度是影响改厕支付意愿的重要因素。Whittington 等认为收入、教育、房屋拥有情况、厕所投资情况以及对厕所的满意度是影响居民改厕支付意愿的重要因素，Altaf 除了认为教育、家庭支出和家庭规模是影响支付意愿的重要因素外，还认为废水处理存在与否也是影响支付意愿显著性的因素。可见，无论如何，收入、家庭规模和家庭负担以及教育水平都是影响居民支付意愿的重要因素，这也是本章在研究中国农村居民环境卫生支付意愿方面重点关注的因素。

　　通过对文献的回顾发现，国内外关于改厕支付意愿及其影响因素的研究较少，目前还未见到对中国农村改厕支付意愿的研究，这与中国大规模开展改厕项目的大背景严重不符。因此，本章将对改厕意愿的概率方程和支付意愿数量方程分别进行估计，实现全面研究中国农村居民改厕支付意愿的目的。对于非经济变量的处理，考虑到研究方法的优劣和研究可行性，本章采取代理变量代替环境卫生态度和环境卫生知识的方法进行计量分析。另外，本章也尝试将态度、知识等非经济因素作为支付意愿的影响因素进行综合性的研究，争取对农村居民环境卫生支付意愿进行更加全面的解释。

第二节 数据介绍

一 调研说明

本章使用的数据来自于2010年6～9月份卫生部卫生发展研究中心在江苏、山西和陕西三省进行的"农村供水和环境卫生设施改善调查"。调查主要包括5个方面的内容：一是农村居民家庭的基本信息，包括家庭人口数、家庭成员的年龄、职业、文化程度等；二是家庭日常生活信息，包括家庭饮用水情况、家庭厕所类型、家庭用电量等；三是家庭经济信息，包括家庭日常支出情况、子女教育支出、医疗保健支出和购买大型耐用品支出等；四是家庭主要成员的健康意识、环境卫生意识和支付意愿信息，主要包括家庭对改厕的支付意愿情况；五是家庭主要成员对环境卫生的KAP信息，包括健康知识知晓情况、态度和个人卫生行为情况等。

结合研究目的和可操作性，我们采用多阶段分层整群随机抽样方法。具体来说，本次抽样过程分为省、县、乡镇和村4个阶段，在每个阶段使用适宜的抽样方法，分别随机选择有代表性的群体样本进行研究。这种多阶段抽样的方法可以根据每个抽样阶段的不同特点选择适宜的抽样方法，最终将各种抽样方法结合使用，使得样本代表性更好。具体抽样过程如下：首先根据全国农村卫生厕所普及率的变化趋势，考虑到中国目前不同地区的经济发展水平，以及地理、人口、生活习惯及改水改厕情况等，调研地区选择拟以地理位置为基础，考虑在东、中、西部各抽取一个省进行，最后确定东部的江苏、中部的山西、西部的陕西三省为调研地区。

这3个省目前的改水改厕情况能够代表目前中国农村不同社会经济发展水平的现状和农村改水改厕的情况。在每个省中，我们对各县"农村卫生厕所普及率"进行排序，将卫生厕所普及率在第25百分位数以下和第75百分位数以上的县分别定义为改水改厕较差和较好的区县，这两个类别中各县的卫生厕所普及率相差较小，然后在每个类别中随机选择 1 个区县；然后在选择的区县内，按照年农民人均纯收入进行等距抽样，抽取 3 个乡镇，在 3 个乡镇随机选择已改水改厕、已改水未改厕、未改水已改厕和未改水未改厕 4 种类型的行政村；每个村随机选择 30 户，每户选择户主或家庭主妇进行调查，一共调查 3 省 6 县 14 个乡镇 21 个村 720 户，最后实际调查 730 户，调查数据统计描述见表 4 - 1。

表 4 - 1　样本描述统计

	全部样本
样本总数（户）	730
女性比例（%）	49.62
受访者平均年龄（岁）	59.32
受访者是初中及以上文化比例（%）	18.9
受访者参加非农工作的比例（%）	9132.62
家庭生活支出（元/年）	45.16
家庭参加改厕的比例（%）	62.88

二　支付意愿调查与研究方法

调查问卷采用国际上普遍推荐的双边界二分法进行设计。即就改厕成本询问被调查者是否愿意改厕，如果被调查者回答"是"，则提高成本继续询问调查者；如果被调查者回答"否"，则降低成本，当确定被调查者的支付意愿区间后，询问其愿意支付多少钱。考虑到厕所改造的实际成本和国家的补贴情况，询问被调查者的成本最高为 800 元，最低为 200 元，被调查者面对 800 元成本时表示愿意改厕，则直接询问其愿意支付多少钱；被调查者面对 200 元成本时表示不愿意改厕，则支付意愿调查结束。支付意愿调查部分生成两类变量：一种是被调查者面对某一成本时是否选择改厕的二元离散变量；另一种是被调查者对改厕最高支付意愿的连续变量。

对于支付意愿方程的估计，一些文献采用 OLS 的方法进行估计。但是由于本章使用的调查样本数据只获得大于 0 的支付意愿，样本存在删失问题，用 OLS 估计的参数存在着较大偏误。为此用 Tobit 模型估计支付意愿方程将更加合理。

对非经济变量参数的估计，现有文献存在三种观点。大多数文献用可观测指标作为知识和态度的代理变量并对模型进行估计。不过有学者认为采用代理变量估计出的参数存在偏误，由此提出了一个包括可观测变量和态度、知识等潜变量在内的结构方程组进行估计，这种方法被称为混合选择模型，只有在方程和变量较少的时候才能适用。也有部分学者认为非经济因素对于支付意愿的影响可能是非线性的，所以采用非参数方法对支付意愿影响因素的参数进行估计，这种方法可能会获得较高的拟合程度，但是由于模型没有经济学理论的基础，所以估计出的参数不能得出可靠的经济学含义。基于上述情况，本章节选择代理变量法估计非经济变量的参数。

三　变量定义

对于因变量，分别选择是否愿意改厕和支付意愿。对于自变量，大部分直接来自调查问卷，但下面提到的自变量需要进行必要处理后方可使用。收入变量：收入是很难获得准确结果的变量。因为被调查者不能准确回忆和计算，或者不愿意向调查者透露，直接询问收入获得的数据存在较大偏差，因此一般调查都以询问支出的方法来间接获得收入信息。对家庭而言，改厕是一种投资品，因此用家庭永久收入来代表预算约束。本章采用问卷中家庭前一年大型耐用消费品支出作为收入的代理变量。环境卫生知识变量：用环境卫生知识知晓程度作为环境卫生知识变量。此变量的获得采取如下方法：对每个被调查者询问 15 个问题，每题按照回答的正确与否进行打分，然后将问题的分数加总，得到环境卫生知识知晓程度变量。环境卫生态度变量：用环境卫生重要程度作为环境卫生态度的代理变量。此变量的获得采取如下方法：询问被调查者与收入和健康相比，环境卫生在心中的重要性，满分是 10 分，然后让被调查者在收入、健康、环境卫生之间进行分配，如果给环境卫生分配 3 分，那么说明被调查者对环境卫生的态度是3 分。其余变量的说明见表 4 - 2。

表4－2　变量名称及变量说明

变量名称	变量说明	均值	标准差
D800	成本为800元时是否愿意改厕？愿意=1；不愿意=0	0.15	0.36
D700	成本为700元时是否愿意改厕？愿意=1；不愿意=0	0.17	0.37
D600	成本为600元时是否愿意改厕？愿意=1；不愿意=0	0.22	0.41
D500	成本为500元时是否愿意改厕？愿意=1；不愿意=0	0.35	0.48
D400	成本为400元时是否愿意改厕？愿意=1；不愿意=0	0.52	0.50
D300	成本为300元时是否愿意改厕？愿意=1；不愿意=0	0.62	0.49
D200	成本为200元时是否愿意改厕？愿意=1；不愿意=0	0.80	0.40
Age	受访者年龄	45.16	10.8
Edu	受访者的教育程度：小学以下=1；小学（私塾）=2；初中=3；高中=4；职业高中/中专/技校=5；大专/高职=6；大学本科及以上=7	2.62	1.02
Expense	受访者家庭2009年耐用品支出，为收入代理变量	4237.28	18546.91
Dtoilet	是否已经参加了改厕？是=1；否=0	0.63	0.48
Age7	家庭是否有7岁以下小孩？有=1；没有=0	0.29	0.45
Age65	家庭是否有65岁以上老人？有=1；没有=0	0.15	0.37
Freq	打扫厕所的频率：每天都打扫=1；每星期打扫一次=2；每个月打扫一次=3；不打扫=4	1.65	0.79
Knowledge	环境卫生知识知晓程度	110.3	18.36
Attitude	环境卫生重要程度	2.62	1.23
Wtp	受访者支付意愿	534.82	355.11
Zftrgc	各级政府投入的改厕资金量	468.88	87.546

四　"内生性"问题讨论

John Briscoe 等对于巴西农村供水设施改善的研究表明，已经参加改水的农村居民不希望未来改水的成本低于自己改水成本，因此报告的支付意愿高于真实的支付意愿，而未参加改水的农村居民希望未来改水的成本降低，因此报告的支付意愿低于真实的支付意愿。所以我们把"家庭是否参加改厕"这一变量引入方程以控制上述影响。然而，"家庭是否参加改厕"进入方程可能会引发内生性问题的质疑。因为"当前支付意愿"和"家庭是否参加改厕"同时受"过去支付意愿"的影响，但是对于"过去支付意愿"无法观测到，从而引发内生性质疑。不过我国农村改厕采取的是政府主导，整村推进，即政府首先选择经济水平较高的行政村，然后再整村推进，因此，"过去支付意愿"并不是影响"家庭是否参加改厕"的重要因素，内生性的质疑可以消除。

第三节　理论框架及实证结论

一　理论框架

假设一个家庭 i 通过最大化效用函数决定是否进行环境卫生设施的改善。V_i 表示家庭的间接效用函数，q^0 表示当前使用的环境卫生设施，q^1 表示改善的环境卫生设施，Y_i 表示家庭 i 的收入，SE_i 是代表家庭偏好的社会经济变量。Hanemann 指出，只有随机效用函数才能够推导出具有经济理论基础的计量方程模型，为此，本文将 ε_i 作为误差项引入效用函数方程，ε_i 代表被调查者没有被观察到的效用函数组成部分。

所以，家庭间接效用函数方程可以写成：

$$V_i = V_i \ (Y_i, \ q, \ SE_i, \ \varepsilon_i) \tag{4.1}$$

家庭 i 决定选择新环境卫生设施的概率是：

$$Pr \ [V_i \ (Y_i, \ q^1, \ SE_i, \ \varepsilon_i) > V_i \ (Y_i, \ q^0, \ SE_i, \ \varepsilon_i)] \tag{4.2}$$

假设（4.2）式服从线性形式，则：

$$Pr \ [V_i \ (Y_i, \ q^1, \ SE_i, \ \varepsilon_i) > V_i \ (Y_i, \ q^0, \ SE_i, \ \varepsilon_i)] = \alpha_0 + \alpha_1 Y_i + \alpha_2 SE_i + \varepsilon_i \tag{4.3}$$

假设 ε_i 服从正态分布，方程（4.3）的参数就可以用二元选择模型来进行估计。如前所述，越来越多的证据表明，非经济因素对选择行为具有显著影响，所以本章将非经济因素向量 O_i 纳入方程，关注知识、态度、卫生行为对支付意愿的影响程度。

加入非经济因素后的方程如下：

$$Pr \ [V_i \ (Y_i, \ q^1, \ SE_i, \ \varepsilon_i) > V_i \ (Y_i, \ q^0, \ SE_i, \ \varepsilon_i)] = \alpha_0 + a_1 Y_i + \alpha_2 SE_i + \alpha_3 O_i + \varepsilon_i$$

$$\tag{4.4}$$

用 Logit 模型对（4.4）式进行估计。

令 C 满足：

$$V_i\ (Y_i - C,\ q^1,\ SE_i,\ \varepsilon_i)\ = V_i\ (Y_i,\ q^0,\ SE_i,\ \varepsilon_i) \tag{4.5}$$

则 $C_i = C_i\ (Y_i,\ q^1,\ q^0,\ SE_i,\ \varepsilon_i)$ 为家庭 i 的最高支付意愿，假设支付意愿受到相关因素的线性影响，则支付意愿方程可表示为：

$$C_i = \beta_0 + \beta_1 Y_i + \beta_2 SE_i + \beta_3 O_i + \varepsilon_i \tag{4.6}$$

由于样本对于总体支付意愿的数据是删失的，因此用 Tobit 模型估计。

二　实证结果

（一）　改厕意愿概率方程的估计

本研究采用双边界二分法调查农村居民的改厕支付意愿。双边界二分法并不直接询问受访者的支付意愿，而是给出投标值，询问不同投标值下受访者"愿意"或"不愿意"，以及通过测算不同投标值与受访者社会经济变量之间的函数关系，来推导受访者的平均支付意愿。当前，我国农村改厕投入情况是政府补助 300 ~ 400 元，家庭出资 400 元，因此，我们在问卷中设置 400 元为中间值，最低值为 200 元，最高为 800 元。建立模型，回归结果见表 4 - 3。

表 4 - 3　不同投标值的 Logit 回归结果

自变量	系　数			
	D200	D300	D400	D500
Age	− 0.008	0.000	− 0.003	0.011
Edu	0.078	0.123	0.046	0.192**
Expense	0.000	0.000	0.000**	0.000**
Age7_1		对照组		
Age7_2	0.058	0.016	− 0.125	− 0.291
Age65_1		对照组		
Age65_2	0.327	0.339	0.167	− 0.348
Dtoilet	1.157***	1.013***	0.979***	0.978***

续表

自变量	系　　数			
	D200	D300	D400	D500
Knowledge	0.011*	0.010**	0.007	0.013***
Attitude	0.131	0.219***	0.257***	0.251***
Freq	-0.162	-0.171	-0.273**	-0.0981
_IProv_1		对照组		
_IProv_2	-1.271***	-1.015***	-0.916***	-0.931***
_IProv_3	-0.938***	-1.135***	-1.187***	-1.232***
Zftrgc	-0.000	0.001	0.002	0.001
_cons	0.407	-1.438	-1.675	-3.876***
卡方值	89.94	121.42	140.17	134.20
样本量		729		

注：*** 表示 $P < 0.01$，** 表示 $P < 0.05$，* 表示 $P < 0.1$。

表 4 - 4　不同投标值的 Logit 回归结果

自变量	系　　数		
	D600	D700	D800
Age	0.031**	0.035***	0.028**
Edu	0.304***	0.147	0.071
Expense	0.000**	0.000**	0.000**
Age7_1		对照组	
Age7_2	-0.367	-0.453*	-0.444
Age65_1		对照组	
Age65_2	-0.616**	-0.978***	-0.777**
Dtoilet	0.906***	0.712***	0.651**
Knowledge	0.014**	0.022***	0.019***
Attitude	0.286***	0.256***	0.138
Freq	-0.079	-0.301**	-0.336***
_IProv_1		对照组	
_IProv_2	-1.135***	-1.306***	-1.276***
_IProv_3	-1.706***	-1.957***	-1.929***
Zftrgc	0.002	0.002	0.001
_cons	-6.216***	-5.939***	-5.114***

续表

自变量	系　　数		
	D600	D700	D800
卡方值	130.34	129.73	104.45
样本量		729	

注：*** 表示 P < 0.01，** 表示 P < 0.05，* 表示 P < 0.1。

在分析中，笔者尤其关注健康知识、态度和行为等非经济因素对不同投标值的影响程度。通过回归发现，知识、态度和卫生行为都是决定改厕意愿的重要因素。当然，家庭收入、受访者年龄、教育水平以及家庭负担等也是决定改厕意愿的重要因素。

1. 健康知识、态度和个人卫生行为对农村居民改厕意愿概率的影响

在 7 个回归模型中，健康知识对改厕意愿都具有正向影响，换句话说，健康知识知晓程度越高，农村居民改厕意愿概率就越大。这是因为健康知识水平越高，家庭就越了解厕所等环境卫生设施对健康状况的影响，居民改厕的意愿概率就越大。这一实证结果意味着，对农村居民进行环境卫生知识方面的健康教育，可以提高农村居民改厕意愿概率。

环境卫生态度也对环境卫生设施改善意愿有正影响。环境卫生态度是一个主观变量，如前所述，询问受访者与收入、健康相比，环境卫生在心中的重要性，满分是 10 分，然后让受访者将 10 分在收入、健康、环境卫生之间进行分配，如果给环境卫生 3 分，那么受访者的环境卫生态度就是 3 分。在不同改厕投标值方程中，环境卫生态度对改厕具有正向影响，即环境卫生态度得分越高，农村居民改厕意愿概率就越大，实证结果显示，环境卫生态度随着投标值的升高与改厕意愿呈 "M" 形关系。表 4 - 3 和表 4 - 4 显示，当改厕投标值很低（200 元）的时候，环境卫生态度对改厕意愿的影响不显著，但随着改厕投标值的上升，环境卫生态度对改厕意愿的影响变得显著，而且影响程度（即系数）逐渐增大；当改厕投标值增加到 600 元，态度对改厕意愿的影响达到最大，随着改厕投标值的进一步提高，态度对改厕意愿的影响程度开始下降；当改厕投标值达到 800 元时，态度对改厕意愿的影响不显著了。可见，农村居民环境卫生态度对其改厕意愿的影响随着改厕成本的变化而变化。

个人卫生行为对农村居民改厕意愿的影响也具有显著的正效应。我们用家庭打扫厕所的频率作为个人卫生行为的代理变量。把家庭打扫厕所的频率作为分类变量，把每天打扫厕所作为"1"，每星期打扫一次、每个月打扫一次和不打扫分别是"2""3""4"，分析打扫厕所频率对农村居民改厕意愿有什么影响。表4-3和表4-4的分析结果显示，个人卫生行为对家庭改厕意愿具有显著的正面影响。

2. 家庭改厕对改厕意愿概率的影响

回归结果显示，家庭改厕情况对于改厕意愿具有非常显著的正影响，这与 Briscoe 等（1990）对巴西农村供水设施改善的研究结果一致，也就是说，已经参加改厕的农村居民不希望未来改厕的成本低于自己改厕成本，所以会具有更强的改厕意愿；而未参加改厕居民希望未来参加改厕的成本降低，所以改厕意愿相对较低。另外也说明，已经改厕家庭体会到了卫生厕所对其家庭环境卫生的改变和给家庭成员健康改善带来的益处，因此在问及改厕意愿时，更容易选择改厕。从而可以说明，我国近十年的改厕项目明显提高了农村居民的改厕意愿。改厕项目应该继续进行下去。

3. 收入、政府改厕投入、年龄等其他控制变量对改厕意愿概率的影响

从计量结果可知，收入对农村居民的改厕意愿具有正向影响。这表明收入越高的家庭，改厕的意愿越强。具体而言，对于不同改厕投标值方程，收入对改厕意愿的影响不同，只有当改厕投标值达到一定水平时，收入对改厕意愿才有显著的影响。从表4-3和表4-4的回归结果看出，当改厕投标值达到400元及以上时，收入对农村居民的改厕意愿具有显著的正面影响，而改厕投标值在400元以下时，收入并不是影响改厕意愿的因素，改厕意愿更多地被其他因素决定。以上回归结果可以揭示出，设置一个合理的改厕投标值，对于农村居民的改厕意愿非常关键。如果将农村居民改厕意愿设置为每户400元时，收入水平就不是影响改厕意愿的主要因素。当然，具体设置多少，还要根据农村居民改厕支付意愿回归方程决定。

政府因素也是影响农村居民改厕支付意愿概率的重要因素。根据调查区县各级政府对农村居民改厕的资金投入情况，各个区县的政府投入都不同，为此我们以区县为单位设置了政府改厕投入的资金作为政府因素的代理变量。表 4 - 3 和表 4 - 4 显示，政府改厕投入的资金量并不是影响农村居民改厕支付意愿的主要因素。

受访者年龄也是影响家庭改厕意愿的重要因素，不过年龄对改厕意愿的影响具有阶段性，当改厕投标值是 400 元及以下时，年龄对改厕意愿具有负面影响，即年龄越小，越会选择改厕；当改厕投标值在 400 元以上时，年龄对改厕意愿具有正面影响，即年龄越大，越会选择改厕。另外，家庭负担也是影响农村居民改厕意愿的重要因素。家庭负担我们用两个变量衡量，一是用家庭是否有 7 岁以下小孩需要抚养，二是家庭是否有 65 岁以上老人需要赡养。从回归结果可以看出，家庭负担的确是影响改厕意愿的重要因素之一，家庭负担越重，农村居民的改厕意愿越低。还有受访者的教育水平对改厕意愿也有正面影响。最后，回归结果还表明，东部地区的农村居民改厕的意愿高于中西部地区，这也一定程度上论证了我国目前改厕补贴政策的合理性。

（二）改厕支付意愿数量方程的估计：Tobit 模型

在分析了农村居民改厕意愿的状况后，我们进一步分析农村居民改厕的支付意愿，同样关注知识、态度和个人卫生行为对农村居民支付意愿的影响，当然其他影响因素也是我们分析的重点。

1. 知识、态度和个人卫生行为对支付意愿的影响

认知理论表明，人们获得和利用信息的全部过程和活动步骤为，首先要感知信息，然后认同信息内容，产生行为意愿，最后改变其行为。根据认知理论，知识、态度和个人卫生行为对农村居民支付意愿的影响应该综合来看。从表 4 - 5 的回归结果可以看出，健康知识知晓程度对改厕支付意愿具有显著的正面影响，即健康知识知晓程度越高，改厕支付意愿越高，健康知识知晓程度每增加 1%，则农村居民的改厕支付意愿平均增加 1.268%。说明健康知识知晓程度在提高农村居民改厕支付意愿中具有重要作用。同样，受访者对环境卫生的重视也提高了农村居民的改厕支付意愿，而且比健康知识知晓程度对改厕支付意愿的边际效应要高很多，对环境卫生的重视程度每提高 1%，改厕支付意愿将提高 21.768%；对于个人卫生行为而言，其对居民改厕支付意愿也具有显著的正影响，而且与健康知识知晓程度和态度相比，

个人卫生行为对改厕支付意愿的边际影响最大，个人卫生行为得分每增加
1%，改厕支付意愿会提高 29.273%。从上述回归结果可知，健康知识、态
度、行为对改厕支付意愿的边际影响逐渐增大，可见，通过健康教育等宣
传活动提高个人的健康知识知晓程度，提高个人对环境卫生的重视程度，
以此来改变个人卫生行为，提高居民的改厕支付意愿，是非常有效的措施。

表 4 - 5　改厕支付意愿 Tobit 模型回归结果及边际影响

自变量	系　　数	边际影响（d_y/dx）
Age	1.846	0.860
Edu	22.989	10.706
Expense	0.003***	0.001
Age7	-10.292	-4.778
Age65	-8.562	-3.970
Dtoilet	193.374***	87.040
Knowledge	2.655***	1.237
Attitude	48.121***	22.411
Freq	-58.428***	-27.211
_IProv_1		对照组
_IProv_2	-237.611***	-104.986
_IProv_3	-275.658***	-120.187
Zftrgc	0.158	0.074
Sigma	394.574	
卡方值	210.77	
样本量		729

注：*** 表示 P < 0.01。

**2. 家庭改厕、收入、政府因素、年龄、家庭负担等对改厕支付意愿的
影响**

从回归结果看，收入对农村居民改厕支付意愿具有显著的正影响，即
收入每提高 1%，改厕支付意愿提高 0.001%，不过提高程度并不是很高。
另外，政府改厕投入资金量、年龄、教育水平等对改厕支付意愿具有不显
著的正面影响。家庭负担对改厕支付意愿具有不显著的负面影响。对于家
庭是否参加改厕对农村居民改厕支付意愿的数量的影响最大，即家庭参加

改厕比家庭没有参加改厕的支付意愿要高 91.715%，这与前面关于家庭改厕对农村居民支付意愿概率的影响情况类似，都是由于改厕家庭体会到了卫生厕所对其家庭环境卫生的改变和给家庭成员健康改善带来的益处，因此其支付意愿也更高。

3. 农村居民改厕支付意愿

研究农村居民支付意愿的影响因素，是为了被测算调查地区农村居民的平均支付意愿。根据回归方程，我们可以得到支付意愿的拟合值以及显著性水平（见表 4-6），并且也可以测算出各地支付意愿值。表 4-6 显示，农村居民改厕支付意愿的平均值为 425.69 元，但这一平均值并不包括那些观测不到其具体支付意愿的农村居民，或者说，我们观测不到改厕支付意愿低于 200 元以下居民的支付意愿，为此，需要进一步测算，获得全样本的改厕支付意愿。从表 4-6 的测算结果可知，全样本的改厕支付意愿拟合均值是 365.30 元，东部和中部、西部支付意愿拟合均值差距显著，东部省份的支付意愿拟合均值最高，达到了 587.09 元，中部和西部的支付意愿差距不大，分别是 252.67 元和 284.75 元。

表 4-6　支付意愿以及重要影响因素分地区描述统计

影响因素	全样本	江苏	山西	陕西
支付意愿平均值（元）	425.69	614.49	324.29	333.76
支付意愿拟合均值（元）	365.30	587.09	252.67	284.75
2009 年当地农民人均纯收入（元）	6654	9740	4897	4588
知识知晓程度得分（满分 150 分）	110.1	109.6	109.3	112.3
环境卫生态度	2.62	2.66	2.42	2.78
个人卫生行为	3.35	3.11	3.34	3.61
是否改厕	0.63	0.70	0.61	0.58

大多数国内文献的分析结果显示，改厕支付意愿和收入之间存在正相关关系，改厕支付意愿随着收入的上升而上升。我们的研究结果证实了这一关系，各地农村居民的改厕支付意愿与当地农民人均纯收入呈正相关关系。进一步说明，收入是影响居民改厕支付意愿的重要因素。当然，对其他影响因素的分析也发现，虽然西部省份的平均收入低于中部省份，改厕

的比率也低于中部省份，但是环境卫生态度、环境卫生知识和环境行为的指标都要高于中部省份，使得平均的支付意愿较高。这说明知识、态度和卫生行为是国家规划改厕项目资金投入决策中不可忽略的重要因素。

4. 农村居民的改厕需求

表 4 - 7　被调查地区农村居民的改厕需求

单位：元，%

省份	行政村	2009 年当地农民人均纯收入	改厕支付意愿	个人改厕支付意愿占农民人均纯收入比重
陕西	陕 A	2400	406.36	16.93
	陕 B	5400	412.86	7.65
	陕 C	6128	500.34	8.16
	陕 D	5000	392.94	7.86
	陕 E	5000	161.35	3.23
	陕 F	3600	288.08	8.00
陕西平均		4588	333.76	7.27
江苏	苏 A	9800	906.79	9.25
	苏 B	9987	704.67	7.06
	苏 C	8000	414.71	5.18
	苏 D	10500	564.41	5.38
	苏 E	11200	716.29	6.40
	苏 F	9000	594.57	6.61
	苏 G	10400	398.00	3.83
	苏 H	9036	759.38	8.40
江苏平均		9740	614.49	6.31
山西	晋 A	4280	404.17	9.44
	晋 B	3500	352.19	10.06
	晋 C	1200	265.00	22.08
	晋 D	5000	391.29	7.83
	晋 E	10600	428.21	4.04
	晋 F	5000	332.89	6.66
	晋 G	4700	152.73	3.25
山西平均		4897	324.29	6.62

供需理论认为，个人对某种产品或服务的需求越大，则出价越高，那么占个人收入的比重也越大。因此，我们用个人改厕支付意愿占当地农民人均纯收入比重衡量农村居民的改厕需求（见表 4 - 7）。从表 4 - 7 的计算结果可知，农民人均纯收入越低，改厕需求越大，改厕需求最大的是晋 C 桥坪村，农村居民支付意愿占农民人均纯收入的 22.08%。在调查中也发现，当地农村居民的改厕积极性很高，会主动要求改厕，还问当地政府什么时候轮到他们改厕。分省看，陕西省的农民人均纯收入最低，但是其改厕支付意愿占农民人均纯收入的比重高达 7.27%，山西省为 6.62%，而经济最发达的江苏省，农村居民改厕支付意愿占当地农民人均纯收入的比重为 6.31%。可见，经济越不发达的地区，农村居民对环境卫生设施改善的需求越大。这说明对于农村改厕，政府支持政策应该倾向于贫困地区。

第四节　观点及建议

我国政府支持农村改厕已经连续开展了近 20 年，每年都投入大量的财力和物力，仅"十一五"期间，中央政府就投入了 39.39 亿元，建造了1083 万户无害化卫生厕所，2010 年农村卫生厕所普及率达到了 67.43%。虽然从统计数据看，我国卫生厕所的普及率取得了很好的成绩，但从现实情况看，卫生厕所的使用率并不高。在实地调查中发现，很多卫生厕所几近废弃，当问到为什么不使用卫生厕所时，得到的答案是厕所设施很容易损坏，无法再继续使用，因此就转向使用原来的非卫生厕所。进一步调查发现，厕所设施很容易损坏是因为在建造卫生厕所过程中使用了廉价产品，比如一个坐便器只有 200 元。深究其原因是当前卫生厕所建设更多是政府行为，而非个人行为，或者说我国在实施改厕项目时，并没有深入了解农村居民的改厕需求，而是一味地强调政府作用，忽视了个人需求，建造出一些质量差、无法长期使用的卫生厕所。为此，本章利用实地调查数据，深入研究了我国农村居民环境卫生改善的支付意愿，为今后的农村改厕项目资金投入提供科学合理的实证依据。另外，目前对农村改水项目的重视远超过改厕项目，因此改厕需求的文献研究非常稀缺，这对于我们研究农村改厕不仅是挑战，也是机遇。为此，本章利用双边界支付意愿法调查了我国东、中、西部三省21村730户农村居民的改厕支付意愿，不仅获得了不同经济发展水平的各地区农村居民的改厕支付意愿，而且也研究了健康知识知晓程度、环境卫生态度以及个人卫生行为这些非经济因素对其改厕支付意愿的影响。上述研究不仅丰富了中国农村改厕项目的研究文献，也为国际研究增加了来自中国的证据。

一　主要结论

本章通过实证分析，获得以下几点结论。

第一，被调查地区农村居民改厕的平均最高支付意愿是365元，这与当前被调查地区农村改厕成本相差甚远。

本章通过研究获得三个被调查地区农村居民改厕的最高支付意愿是365元，而在实地调查过程中，我们进一步了解并计算了双瓮漏斗式厕所和三格化粪池式厕所的建造成本分别是1300元和1600元左右。可见，农村居民改厕的支付意愿和实际建造卫生厕所的成本之间还有很大的差距，这部分差距需要政府提供支持。如果政府支持力度不够，则会出现前面讲的修建了一批质量差、无法长期使用的卫生厕所，这就是造成我国政府财政投入改厕效率低的主要原因。因此，没有了解农村居民的真实改厕支付意愿，造成目前虽然卫生厕所的覆盖率很高，但是新建的卫生厕所质量较差，无法长期使用，进而造成政府财政投入的改厕效率低。

第二，农村居民改厕支付意愿的概率不仅仅是收入水平的体现，更重要的是知识、态度、个人卫生行为的体现，这些非经济因素对农村居民改厕支付意愿概率的影响非常显著。

本章的研究结果显示，收入在改厕投标值较高时对改厕意愿的影响比改厕投标值较低时的影响更加显著，因此当改厕投标值较低时，政府不可能通过继续追加补贴来提高居民的改厕支付意愿概率。实证分析结果还显示，对农村居民进行环境卫生知识的健康教育可以显著提高农村居民的改厕支付意愿，进而扩大卫生厕所的普及率和使用率。除了健康知识知晓程度外，居民对环境卫生的态度也是影响其支付意愿高低的重要因素。本章通过比较收入、健康和环境卫生在受访者心中的重要性来反映居民对环境卫生的态度。计量分析结果显示，随着投标值的不断升高，环境卫生态度对居民改厕支付意愿具有越来越显著的正向影响。不过，当投标值达到800元后，环境卫生态度对居民改厕支付意愿的影响就变得不显著了。可见，当投标值上升到一定高度后，居民改厕支付意愿更多受到收入等其他因素的影响。卫生行为对居民改厕支付意愿也有显著的正面影响。因此，由于健康知识知晓程度、环境卫生态度和卫生行为这些非经济因素对居民改厕支付意愿在不同改厕投标值阶段具有不同的影响程度，为了提高居民改厕支付意愿，应该适当发挥这些非经济因素对居民改厕支付意愿概率的提升作用。

第三，虽然收入和改厕支付意愿之间存在显著的正相关关系，但是非经济因素会改变收入水平和改厕支付意愿之间这种简单相关性。

研究结果表明，被调查地区农村居民的改厕支付意愿与当地农民人均纯收入呈正相关关系，但是加入健康知识知晓程度、环境卫生态度和卫生行为等这些非经济因素后发现，虽然西部地区的平均收入低于中部地区，但是其改厕的平均支付意愿却高于中部地区。这说明非经济因素对农村改厕支付意愿具有重要的影响。

第四，收入水平相对较低的地区有较高的改厕需求，因此政府改厕的财政支持应该更多倾向于中西部地区。

本章用改厕支付意愿占农民人均纯收入比重衡量农村居民的改厕需求。通过计算发现，农民人均纯收入越低，则改厕需求越高。本章显示，陕西省的农民人均纯收入最低，陕西省6个村的改厕需求为7.27%，山西省的农民人均纯收入比陕西省高，但是其改厕需求仅为6.62%，江苏省农民人均纯收入最高，但其改厕需求是3个省份中最低的，只有6.31%。

二　政策建议

根据上述主要结论，本章认为造成我国政府财政投入改厕效果不显著的主要原因就是在确定政府财政补助之前并没有科学地了解农村居民的改厕支付意愿，由此造成居民改厕支付意愿和实际改厕成本之间还有很大的费用差距，从而造成改厕效果差的局面。为此，本章提出以下几点政策建议。

第一，在现有农村居民改厕支付意愿的基础上，适当提高政府改厕的财政资金投入。

本章测算的三个地区农村居民改厕的平均支付意愿是 365 元，而被调查地区改厕的实际建造成本在 1300 元至 1600 元不等。2011 年，中国财政对各地的改厕项目资金补助标准为：无害化卫生厕所建设中西部 400 元/户、东部 300 元/户。三个被调查省政府的补贴分别是 100 元/户、100 元/户和 200 元/户，即使加上农村居民自己支付的资金，也远不及改厕的实际建造成本。为此，应该适当提高政府改厕的财政资金投入，弥补建造卫生厕所资金的不足。另外，本章分析结果显示，西部地区比中部地区和东部地区有更高的改厕需求，这意味着政府在进行补贴资金分配时不仅需要考虑各地区之间收入差距，同时也要考虑各地支付意愿以及改厕需求情况。

第二，通过媒体宣传等健康教育方式提高农村居民改厕支付意愿。

本章的研究结果显示，提高农村居民的健康知识知晓程度、对环境卫生的重视程度和改善个人卫生行为可以提高农村居民的改厕支付意愿，而健康教育是提高居民健康知晓程度等非经济因素的重要途径。在实地调查中，我们询问了居民获取信息的主要渠道。在调查的 729 户家庭中，71.92% 的家庭选择了电视和同伴教育。进一步询问农村居民哪种渠道对健康信息的获取最有效，82.19% 的农村居民选择了电视，7.95% 的居民选择了同伴教育。可见，在加强农村改厕的健康教育工作中，借助媒体进行健康知识的普及更能满足广大农村居民的需求。

第三，卫生厕所的后期维护和管理问题理应成为下一步的重点工作之一。

农村改厕仅仅是农村环境卫生设施改善的第一步，卫生厕所的后期维护更重要。在实地调查中发现，虽然农村改厕的覆盖率很高，新增的卫生厕所数量也很多，但是往往忽略了卫生厕所的后期维护和管理问题，比如粪便集中清理问题。中国农村目前还没有完整的下水系统，因此卫生厕所粪便的即时清理就成了突出问题，再加上很多农村居民已经放弃了耕种田地，这就更加凸显了粪便清理问题的重要性。而且从公共服务设施角度看，粪便的集中处理是政府应该承担的工作之一。为此，农村改厕下一步的工作重点之一应该考虑卫生厕所的后期维护和管理。建议以村或乡镇为单位配备吸粪车，解决农村地区粪便的集中处理问题。

参考文献

Altaf, M. A. and Hughes, J. A., "Measuringthe Demand for Improved Urban Sanitation Services: Results of aContingent Valuation Study in Ouagadougou, Burkina Faso," *Urban Studies* 31 (1994): 763 – 1776.

Andreia C. Santos, Jennifer A. Roberts, Mauricio L. Barreto and Sandy Cairncross, "Demand for Sanitation in Salvador, Brazil: A Hybrid Choice Approach," *Social Science & Medicine* 72 (2011): 1325 – 1332.

Ben C. Arimah, "Willingness to Pay for Improved Environmental Sanitation in a Nigerian City," *Journal of Environmental Management* 48 (1994): 127 – 138.

John Briscoe, Paulo Furtado de Castro, Griffen, C., North, J. and Olsen, O., "Toward Equitable and Sustain? Able Rural Water Supplies: A Contingent Valuation Study in Brazil," *The World Bank Economic Review* 4 (1990): 115 – 134.

Clive L. Spash, "Non-Economic Motivation for Contingent Values: Rights and Attitudinal Beliefs in the Willingness to Pay for Environmental Improvements," *Land Economics* 82 (2006): 602 – 622.

D. V. Raje, P. S. Dhobe and A. W. Deshpande, "Consumer's Willingness to Pay More for Municipal Supplied Water: A Case Study," *Ecological Economics* 42 (2002): 391 – 400.

Hanemann, W. M. and Barbara Kanninen, The Statistical Analysis of Discrete-Response CV Data, University of California at Berkeley, *Working Paper* 798 (1998).

Hines, J. M. Hungerford, H. R. and Tomera, A. N., "Analysis and Synthesis of Research on Responsible Environmental Behavior: A Meta-Analysis," *Journal of Environmental Education* 18 (1996): 1 – 8.

James F. Casey, James R. Kahn and Alexandre Rivas, "Willingness to Pay for Improved Water Service in Manaus, Amazonas, Brazil," *Ecological Economics* 58 (2006): 365 – 372.

L. Venkatachalam, "The Contingent Valuation Method: A Review," *Environmental Impact Assessment Review* 24 (2004): 89 – 124.

Marion W. Jenkins and Beth Scott, "Behavioral Indicators of Household Decision-making and Demand for Sanitation and Potential Gains from Social Marketing in Ghana," *Social Science & Medicine* 64 (2007): 2427 – 2442.

Marcello Basili, Massimo Di Matteo, Silvia Ferrini, "Analysing Demand for Environmental Quality: A Willingness to Pay/Accept Study in the Province of Siena (Italy)," *Waste Management* 26 (2006): 209 – 219.

McFadden, Daniel, Conditional Logit Analysisof Qualitative Choice Behavior, Frontiers in Econometrics, New York Academic Press (1974).

Moshe Ben-Akiva, Daniel McFadden, Tommy Gaerling, Dinesh Gopinath, Joan Walker, Denis Bolduc, Axel BoeRsch-Supan, Philippe Edlquiea, Oleg Larichev, Taka Morikawa, Amalia Polydoropoulou and Vithala Rao, "Extended Framework for Modeling Choice Behavior," *Marketing Letters* 10 (1999): 187 – 203.

Whittington, Dale, Donald T. Lauria, Albert M. Wright, Kyeongae Choe, Jeffrey A. Hughes and Venkateswarlu Swarna, "Household Demand for Improved Sanitation Service in Kumasi, Ghana: A Contingent Valuation Study," WaterResources Research 29 (1993): 1539 – 1560.

World Bank, Financing On-Site Sanitation forthe Poor: A Six Country Comparative Review and Analysis (2010).

罗斯·乔治:《厕所决定健康》,吴文忠等译,中信出版社,2009。

中华人民共和国卫生部: 《2010 年中国卫生统计年鉴》,中国协和医科大学出版社,2010。

（苗艳青　周和宇　杨振波）

第五章　农村医疗机构供水和环境卫生设施建设现状及评估

内容提要： 农村供水和环境卫生设施的改善，不仅包括对农村居民家庭饮用水和卫生设施的改善行动，还要关注医疗机构由于供水系统和污水处理系统的缺失对农村地区水源的污染，以及防止医疗机构卫生设施不足，造成人口密度较大地方的环境污染、病原体滋生。

本章通过对全国部分省部分县医院和中心乡镇卫生院配套设施建设情况的函调活动，深入了解目前县级医院（包括县医院、县中医院或民族医院）和中心乡镇卫生院在供水、卫生厕所、医院污水和医疗废物处理设施建设方面的建设情况、使用情况以及管理情况，并通过现场走访一些县级医院和中心乡镇卫生院，深入了解当地县、乡两级医疗机构供水、卫生厕所、医院污水和医疗废物处理设施的建设、使用、管理等方面存在的问题和已有的成果，初步评估我国县医院、县中医院和中心乡镇卫生院的供水、卫生厕所和污水、医疗废物处理设施的建设、使用、管理情况。

第一节　县级医院供水和环境卫生现状

一　基本情况

（一）县医院

对于 57 所县医院的基本情况，课题组调查了县医院的在职职工数、开放床位数、业务收入情况等。本报告从医院规模、业务能力和医院负荷三个方面了解所调查县医院的基本情况。医院规模用在职职工数和实际开放床位数两个指标了解。从在职职工人数看，平均每所县医院有 418.1 人。中部地区县医院的人员规模最大，平均每所县医院有 524.8 人，东部有 499.9 人，西部的规模最小，平均只有 244.9 人；从实际开放床位数看，所调查的 57 所县医院，平均实际开放床位数为 373.5 张，按照《县医院建设指导意见》中的规定，县医院床位数规模①应该按照服务人口、服务需求和县域内现有医疗资源确定。可见，调查的 57 所县医院中，实际开放床位数都超过《县医院建设指导意见》规定（见表 5 - 1）。

表 5 - 1　县医院基本情况（2010 年）

变　量	东部		中部		西部		合计	
	均值	标准差	均值	标准差	均值	标准差	均值	标准差
在职职工人数（人）	499.9	247.1	524.8	186.99	244.9	158.31	418.1	229.24
实际开放床位（张）	485.6	299.9	429.3	182.64	250.8	185.51	373.5	229
服务人口数（万人）	59.67	—	69.24	—	26.90	—	50.07	44.55
年门诊人次（万人次）	28.66	11.56	19.46	9.22	9.16	6.12	17.56	11.27

---

①　原则上 10 万人以下、10 万 ~ 30 万人、30 万 ~ 50 万人、50 万 ~ 80 万人床位数分别不超过 100 张、200 张、300 张、400 张，80 万人以上可设置 500 张以上床位。

续表

变　　量	东部		中部		西部		合计	
	均值	标准差	均值	标准差	均值	标准差	均值	标准差
年住院人次 （万人次）	1.97	1.1	2.15	1.41	0.85	0.77	1.63	1.28
业务收入 （万元）	15870.6	13862.3	8627.65	4400.11	3376.92	3014.33	8166.89	8228.64
床位使用率 （%）	103.19	15.43	105.08	18.93	85.26	33.44	97.28	26.24

　　业务能力用年门诊人次、住院人次以及业务收入来综合衡量。对于县医院的年门诊人次和住院人次，平均值分别为17.56万人次和1.63万人次。由此带来的业务收入为8166.89万元。医院负荷能反映县医院是否存在医疗卫生资源过度利用的现象，通过床位使用率反映。表5-1显示，所调查的57所县医院的床位使用率为97.28%，说明医院的床位数基本能满足当地老百姓的需求，不存在闲置或过度利用的问题，同时也说明当地医院的建设规模并没有超出当地的需要。但是分地区看，东中部的床位使用率都超过了100%，而西部县医院的床位使用率仅为85.26%。这说明，从一定程度上看，西部地区县医院的卫生资源存在闲置的现象，可见，西部县医院建设规模有过大之嫌。

（二）县中医院

　　本次共调查了51所县中医院，同样分析了县中医院的基本情况（见表5-2）。分析思路同县医院。首先了解调查县中医院的规模。从在职职工人数看，总体而言，每所县中医院有179.3个在职职工。分地区看，东部和中部地区由于服务人口较多，在职职工人数较多。从实际开放床位数看，平均每所县中医院有154.4张，同样，东部和中部的实际开放床位数较多，而西部最少。进一步计算每千人口床位数可知，所调查的51所县中医院，每千人口床位数拥有量是0.308张，西部地区每千人口床位数最多，达到了0.424张，中部最低，只有0.246张。根据县中医院建设标准规定可知，中医院的建设规模，应结合所在地区的经济发展水平、卫生资源、中医医疗服务需求和区域人口数进行确定。每千人口中医床位数宜按 0.22～0.27 张测算。对照建设标准规定可知，西部地区县中医院的床位数设置值远远高于标准规定，而东部和中部的设置比较合适。

从业务能力看，51 所县中医院 2010 年的业务收入平均为 2659.28 万元，年门诊人次为 7.9 万人，年住院人次为 0.5 万人。分地区看，无论是业务收入还是服务量，都呈现东部高，中部次之，西部最低的态势。医院负荷用床位使用率反映。表 5－2 显示，县中医院的平均床位使用率为89.29%，东部和西部分别为 94.26% 和 93.93%，而中部却只有 83.87%，可见，东部和西部县中医院的医疗服务负荷较高。

表 5－2　县中医院基本情况（2010 年）

	东部		中部		西部		合计	
	均值	标准差	均值	标准差	均值	标准差	均值	标准差
在职职工人数（人）	234	190.62	203.3	100.12	103.9	89.04	179.3	132.61
实际开放床位数（张）	177.1	166	170.6	122.68	114.2	85.52	154.4	125.06
床位数/千人口（张）	0.297	—	0.246	—	0.424	—	0.308	—
业务收入（万元）	5147.24	6951.98	2344.08	2094.8	1246.4	812.13	2659.28	3864.11
年门诊人次（万人次）	13.9	14.22	7.31	4.1	4.1	2.7	7.9	8.23
年住院人次（万人次）	0.7	0.49	0.6	0.63	0.3	0.30	0.5	0.52
床位使用率（%）	94.26	23.06	83.87	25.9	93.93	34.2	89.29	27.8

二　供水设施的建设和管理情况分析

随着我国县域经济的发展和城镇化进程的加快，市政供水在全国已经基本普及。本次调查抽取了 6 个省（区）10 个县（市）的县医院、县中医院和乡镇卫生院的供水水源和供水管道情况，具体情况如下。

（一）供水设施建设现状分析

1. 供水水源

通过对供水水源的分析可以了解样本县医院的供水是否安全。表5-3显示，87.72%的县医院都是以市政供水作为主要的供水水源。其中，东部地区全部实现了市政供水，中部和西部地区则分别还有20.83%和9.09%的县医院仍然以自备水井作为主要水源。那些仍然是以自备水井为主要水源的县医院，主要是位于河南省的太康县和汤阴县，河北省的青县、深泽县和雄县，青海省的玛多县和陕西省的周至县。因此，所调查的57所县医院的供水水源以市政供水为主，从源头上保证了供水的安全。

表 5-3　县医院供水水源构成情况

单位：所

	东部	中部	西部	合计
市政供水	11（100.0%）	19（79.17%）	20（90.91%）	50（87.72%）
自备水井	0（0.00%）	5（20.83%）	2（9.09%）	7（12.28%）
地面水	0（0.00%）	0（0.00%）	0（0.00%）	0（0.00%）
其他	0（0.00%）	0（0.00%）	0（0.00%）	0（0.00%）
总计（Missing）	11（0）	24（0）	22（0）	57（0）

县中医院的情况与县医院基本类似。表5-4显示，94.12%的县中医院以市政供水为主要水源，仅有5.88%的县中医院以自备水井为主要水源，分别是河南省的太康县、汤阴县以及河北省万全县。可见，51所样本县中医院，基本实现了市政供水，相对好于县医院的供水情况。

表 5-4　县中医院供水水源构成情况

单位：所

	东部	中部	西部	合计
市政供水	12（100.0%）	20（86.96%）	16（100.0%）	48（94.12%）
自备水井	0（0.00%）	3（13.04%）	0（0.00%）	3（5.88%）
地面水	0（0.00%）	0（0.00%）	0（0.00%）	0（0.00%）
其他	0（0.00%）	0（0.00%）	0（0.00%）	0（0.00%）
总计（Missing）	12（0）	23（0）	16（0）	51（0）

通过分析供水水源现状可知，县医院和县中医院主要采用市政供水，东部地区实现了100%的市政供水，西部地区市政供水比例高于中部地区。

2. 供水方式和二次供水设备建设情况

调查供水方式是为了了解供水过程是否影响水质。表5-5结果显示，98.25%的县医院和96.08%的县中医院都实现了管道供水。而且，东部和中部地区的县医院都实现了管道供水，保证了饮用水的安全，而西部地区青海省玛多县医院仍然是非管道供水；对于县中医院而言，东部和西部地区的县中医院都实现了管道供水，而中部地区还有8.7%的县中医院仍然是非管道供水，具体是河北青县和河南太康县。总而言之，在供水方式方面，无论是县医院还是县中医院，基本实现了管道供水，这对于保证饮用水的安全，流动水洗手方式具有重要意义。但对于寒冷地区，冬季对于管道的维护也成为重要问题。

表 5 - 5　县级医院供水方式情况

单位:%

		东部	中部	西部	合计
县医院	管道供水	100	100	95.45	98.25
	非管道供水	0	0	4.55	1.75
县中医院	管道供水	100	91.3	100	96.08
	非管道供水	0	8.7	0	3.92

二次供水设备主要指把来自集中式供水的管道另行加压、贮存，再送至水站或用户的供水设施，一般理解为把来自集中式供水的管道水另行加压、贮存，再送至用户的供水方式。表5-6结果显示，40.35%的县医院和15.69%的县中医院配备了二次供水设施。对于县医院而言，东部地区有81.82%的县医院配备了二次供水设施，中部地区有41.67%，西部地区只有18.18%的县医院配备了二次供水设施。二次供水设施配备的必要性跟医疗机构业务用房的高度有关系，东部地区由于土地资源的稀缺，医疗机构的业务用房建设得比较密集和高耸，因此需要用二次供水设施才能达到业

务用房的每个楼层；而对于西部地区，土地资源相对丰富，大多数医疗机构的业务用房都相对较矮，因此配备二次供水设施的必要性较小。表5-6还显示了县中医院二次供水设施配备情况。与县医院相比，县中医院配备二次供水设施的比例更低。说明县中医院的业务用房建设并不高耸，一次供水就可以解决县中医院的给水问题。

表5-6　县级医院配备二次供水设施情况

单位：所

二次供水设施	县医院				县中医院			
	东部	中部	西部	合计	东部	中部	西部	合计
有	9 (81.82%)	10 (41.67%)	4 (18.18%)	23 (40.35%)	5 (41.67%)	2 (8.70%)	1 (6.25%)	8 (15.69%)
无	2 (18.18%)	14 (58.33%)	18 (81.82%)	34 (59.65%)	7 (58.33%)	21 (91.30%)	15 (93.75%)	43 (84.31%)
总计 (Missing)	11 (0)	24 (0)	22 (0)	57 (0)	12 (0)	23 (0)	16 (0)	51 (0)

（二）供水设施的管理情况分析

二次供水系统一般由地下蓄水池、加压泵、高位水箱组成。由于蓄水池、高位水箱中的水会受到不同程度的污染，原自来水中余氯已耗尽，容易滋生菌类或藻类，饮用水无法达到国家标准，所以国内各地市纷纷出台地方性法规要求二次供水业主单位每隔半年左右对水箱、水罐等蓄水装置进行一次清洁和消毒工作，饮水水质也要根据情况不同进行再次的消毒处理。可见，二次供水系统需要关注其管理问题。本次调查了县医院和县中医院二次供水设备的管理情况。所调查的57所县医院，拥有二次供水系统的县医院有23所，仅有14所拥有二次供水设施许可证，占60.87%。但23所县医院都有人专门负责二次供水管理，82.61%的县医院会定期给水箱或蓄水池冲洗消毒。分地区看，东部地区县医院全部都实现了定期给水箱或蓄水池冲洗消毒，中部有80%，而西部只有50%的县医院实现了定期给二次供水设施消毒（见表5-7）。

表 5 - 7　县医院二次供水设施管理情况

单位：所

变　量	东部	中部	西部	合计
有二次供水设施许可证	7（77.78％）	5（50.00％）	2（50.00％）	14（60.87％）
总计（Missing）	9（2）	10（14）	4（18）	23（34）
有专人负责二次供水管理	9（100.0％）	10（100.0％）	4（100.0％）	23（100.0％）
总计（Missing）	9（2）	10（14）	4（18）	23（34）
水箱或蓄水池定期冲洗消毒	9（100.0％）	8（80.00％）	2（50.00％）	19（82.61％）
总计（Missing）	9（2）	10（14）	4（18）	23（34）

　　与县医院相比，县中医院二次供水设施管理情况稍微差一些（见表5－8）。拥有二次供水设施的县中医院有8所，只有4所县中医院有二次供水设施许可证，75％定期给水箱或蓄水池消毒。基于饮用水安全性的考虑，应该督促这些没有二次供水设施许可证和未实现定期消毒的县医院或县中医院尽快建立相关管理制度，完善二次供水设施管理。

表 5 - 8　县中医院二次供水设施管理情况

单位：所

变　量	东部	中部	西部	合计
有二次供水设施许可证	2（40.00％）	1（50.00％）	1（100.0％）	4（50.00％）
总计（Missing）	5（7）	2（21）	1（15）	8（43）
有专人负责二次供水管理	5（100.0％）	2（100.0％）	1（100.0％）	8（100.0％）
总计（Missing）	5（7）	2（21）	1（15）	8（43）
水箱蓄水池定期冲洗消毒	3（60.00％）	2（100.0％）	1（100.0％）	6（75.00％）
总计（Missing）	5（7）	2（21）	1（15）	8（43）

三　洗手设施的建设和使用情况分析

（一）洗手设施建设情况

1. 洗手设施配备情况

洗手设施的建设和使用情况也是本次调查的重点内容之一。表5－9

分析了县医院洗手设施的建设情况。从表5-9中可以看出，县医院手术室的洗手设施配备率最高，达到了100%；其次是诊室或办公室，配备率为96.49%；食堂洗手设施配备率最低，为88.89%。分地区看，东部地区县医院的洗手设施配备情况最好，在手术室、诊室或办公室、室内厕所全部都配备了洗手设施（见表5-9）。中部地区县医院洗手设施的配备情况也较好，手术室和室内厕所100%配备了洗手设施，这对于肠道传染性疾病起到了很好的预防作用。不过，诊室或办公室和食堂没有100%配备洗手设施。对于西部地区的县医院，手术室和诊室或办公室实现了100%配备洗手设施，但是室内厕所和食堂没有完全配备洗手设施。

表5-9 县医院洗手设施分布情况

单位：所

	东部	中部	西部	平均
手术室	11（100.0%）	23（100.0%）	22（100.0%）	56（100.0%）
诊室或办公室	11（100.0%）	22（91.67%）	22（100.0%）	55（96.49%）
室内厕所	11（100.0%）	23（100.0%）	18（85.71%）	52（94.55%）
食堂	10（90.91%）	21（95.45%）	17（80.95%）	48（88.89%）

对于县中医院而言，诊室或办公室配备洗手设施的比例最高，达到了96.08%，其次是手术室洗手设施的配备率为93.88%，食堂洗手设施配备率最低，平均只有78.05%。对于室内厕所，洗手设施的配备比例达到了88.24%，不过还是低于县医院的配备率。分地区看，东部地区洗手设施的配备情况最好，诊室或办公室和手术室洗手设施配备率都达到了100%，室内厕所洗手设施配备率达到了91.67%，只有食堂洗手设施配备率最低，仅为66.67%，远低于县医院比例；中部地区洗手设施的配备情况居中，诊室或办公室、手术室和室内厕所的洗手设施配置率都在90%以上，食堂的洗手设施配置率在80%以上；西部地区洗手设施的配备率最低，而且也低于县医院的水平（表5-10）。

表 5 - 10　县中医院洗手设施分布情况

单位：所

	东部	中部	西部	平均
诊室或办公室	12（100.0%）	22（95.65%）	15（93.75%）	49（96.08%）
手术室	12（100.0%）	22（95.65%）	12（85.71%）	46（93.88%）
室内厕所	11（91.67%）	21（91.30%）	13（81.25%）	45（88.24%）
食堂	8（66.67%）	16（84.21%）	8（80.00%）	32（78.05%）

2. 洗手设施供水情况

如果没有持续的供水，那么配备再高标准的洗手设施也无法洗手。为此了解洗手设施供水情况就十分重要。表 5 - 11 显示了被调查地区县医院洗手设施的供水情况。平均而言，县医院洗手设施供水情况非常好，在 56 所县医院中，52 所（92.86%）县医院洗手设施都实现了不间断供水，只有 4 所（7.14%）县医院洗手设施经常停水。分地区看，西部地区由于缺水，有 3 所（13.64%）县医院洗手设施处于经常停水状态，它们分布在青海的玛多县、河南县，以及陕西的太白县。中部地区只有河北的雄县县医院处于经常停水状态。从上述分析可知，凡是配备了洗手设施的县医院，供水情况都比较好，能通过洗手来预防疾病。

表 5 - 11　县医院洗手设施的供水情况

单位：所

供水情况所占比例	东	中	西	合计
不间断供水	11（100.0%）	22（95.65%）	19（86.36%）	52（92.86%）
经常停水	0（0.00%）	1（4.35%）	3（13.64%）	4（7.14%）
一直没水	0（0.00%）	0（0.00%）	0（0.00%）	0（0.00%）
总计（Missing）	11（0）	23（1）	22（0）	56（1）

对于县中医院而言，洗手设施供水情况略微好于县医院，不间断供水比例达到了 93.75%（见表 5 - 12）。分地区看，东部地区全部实现了不间断供水，中部地区只有河南的光山县洗手设施经常停水，西部地区有青海的河南县和云南的镇雄县无法保证洗手设施的正常使用。

表 5 - 12　县中医院洗手设施的供水情况

单位：所

供水情况所占比例	东部	中部	西部	合计
不间断供水	11（100.0%）	22（95.65%）	12（85.71%）	45（93.75%）
经常停水	0（0.00%）	1（4.35%）	2（14.29%）	3（6.25%）
一直没水	0（0.00%）	0（0.00%）	0（0.00%）	0（0.00%）
总计（Missing）	11（0）	23（0）	14（1）	48（1）

（二）洗手设施使用情况分析

1. 洗手方式

洗手方式是反映医疗机构供水频率高低的一个结果指标。表 5 - 13 分析了县医院和县中医院的主要洗手方式情况。从表 5 - 13 中可知，98.25%的县医院都是用水龙头洗手。分地区看，东部和中部地区的县医院用水龙头洗手的比例都是100%，西部地区的青海玛多县由于经常处于停水状态，只能用脸盆洗手。与县医院相比，县中医院水龙头洗手方式的比例略低于县医院。主要是西部地区还有14.29%的县中医院用脸盆洗手。洗手方式的选择与洗手设施的供水情况有很大的关系，由于青海的河南县和云南的镇雄县无法保证洗手设施的正常使用，所以，只能用脸盆洗手。

表 5 - 13　县级医院洗手方式情况分析

单位：所

	县医院				县中医院			
	东部	中部	西部	合计	东部	中部	西部	合计
水龙头洗手	11（100.0%）	24（100.0%）	21（95.45%）	56（98.25%）	11（100.0%）	22（95.65%）	12（85.71%）	45（93.75%）
脸盆洗手	0（0.00%）	0（0.00%）	1（4.55%）	1（1.75%）	0（0.00%）	1（4.35%）	2（14.29%）	3（6.25%）
不洗手	0（0.00%）	0（0.00%）	0（0.00%）	0（0.00%）	0（0.00%）	0（0.00%）	0（0.00%）	0（0.00%）

2. 洗手设施的使用频率

洗手设施的使用频率反映了医疗机构的个人卫生状况。表 5 - 14 显示，县医院诊室或办公室洗手设施的使用频率处于中等水平，50%的县医院洗手设施使用频率高，44.23%县医院的洗手设施使用频率较适中，只有3.85%的县医院洗手设施的使用频率低，另外，还有1.92%的县医院不使用洗手设施，主要是青海玛多县，不过玛多县不使用洗手设施的主要原因是玛多县经常停水，洗手设施无法正常使用。分地区看，中部地区的县医院洗手设施的使用频率情况最好，洗手设施的使用频率高和中的比例达到了100%（见表5-14）。对于县中医院而言，诊室或办公室洗手设施使用频率比县医院稍差一些，但并无显著差异。需要注意的是，中部地区有4所（18.18%）县中医院诊室或办公室的洗手设施使用频率较低（见表5-14），而且低于西部地区，主要是河南太康县和汤阴县、河北雄县和湖北公安县。结合前面关于上述四个县的供水频率看，造成4所县医院洗手设施使用频率低的主要原因并不是当地的供水频率低。

表5-14　县级医院诊室或办公室的洗手设施使用频率

单位：所

		东部	中部	西部	合计
县医院	高	6（54.55%）	10（47.62%）	10（50.00%）	26（50.00%）
	中	4（36.36%）	11（52.38%）	8（40.00%）	23（44.23%）
	低	1（9.09%）	0（0.00%）	1（5.00%）	2（3.85%）
	不使用	0（0.00%）	0（0.00%）	1（5.00%）	1（1.92%）
	总计（Missing）	11（0）	21（3）	20（2）	52（5）
县中医院	高	6（54.55%）	9（40.91%）	7（50.00%）	22（46.81%）
	中	5（45.45%）	9（40.91%）	6（42.86%）	20（42.55%）
	低	0（0.00%）	4（18.18%）	1（7.14%）	5（10.64%）
	不使用	0（0.00%）	0（0.00%）	0（0.00%）	0（0.00%）
	总计（Missing）	11（0）	22（1）	14（1）	47（2）

表5-15显示的是县级医院室内厕所洗手设施的使用频率。从表5-15中可以看出，无论是县医院，还是县中医院，室内厕所洗手设施使用频率都比较高，要好于同类医院的诊室或办公室洗手设施的使用情况。进一步分析发现，还有2所县医院室内厕所的洗手设施使用频率较低，分别是河南

的汤阴县和河北的雄县。结合前面当地的供水频率情况，河北的雄县经常停水，而河南的汤阴县是不间断供水。

表 5 – 15　县级医院室内厕所洗手设施使用频率

单位：所

		东部	中部	西部	合计
县医院	高	10（90.91%）	13（56.52%）	9（50.00%）	32（61.54%）
	中	1（9.09%）	8（34.78%）	9（50.00%）	18（34.62%）
	低	0（0.00%）	2（8.70%）	0（0.00%）	2（3.85%）
	不使用	0（0.00%）	0（0.00%）	0（0.00%）	0（0.00%）
	总计（Missing）	11（0）	23（1）	18（4）	52（5）
县中医院	高	5（50.00%）	11（52.38%）	9（75.00%）	25（58.14%）
	中	5（50.00%）	10（47.62%）	3（25.00%）	18（41.86%）
	低	0（0.00%）	0（0.00%）	0（0.00%）	0（0.00%）
	不使用	0（0.00%）	0（0.00%）	0（0.00%）	0（0.00%）
	总计（Missing）	10（1）	21（2）	12（3）	43（6）

从表 5 – 16 中可以看出，县医院手术室洗手设施的使用率情况较好，有96%以上手术室的洗手设施使用频率高和中，但需要注意的是，还有 1 所（4.76%）县医院手术室不使用洗手设施，是青海玛多县。总体而言，县医院手术室洗手设施使用频率比较高。对于县中医院而言，手术室的比例达到了100%，这个比例与县医院情况基本一致，尤其是手术室洗手设施使用频率好于县医院（见表 5 – 16）。

表 5 – 16　县级医院手术室洗手设施使用频率

单位：所

		东部	中部	西部	合计
县医院	高	10（90.91%）	21（91.30%）	12（57.14%）	43（78.18%）
	中	1（9.09%）	1（4.35%）	8（38.10%）	10（18.18%）
	低	0（0.00%）	1（4.35%）	0（0.00%）	1（1.82%）
	不使用	0（0.00%）	0（0.00%）	1（4.76%）	1（1.82%）
总计（Missing）		11（0）	23（1）	21（1）	55（2）

续表

		东部	中部	西部	合计
县中医院	高	5（45.45%）	12（54.55%）	9（81.82%）	26（59.09%）
	中	6（54.55%）	10（45.45%）	2（18.18%）	18（40.91%）
	低	0（0.00%）	0（0.00%）	0（0.00%）	0（0.00%）
	不使用	0（0.00%）	0（0.00%）	0（0.00%）	0（0.00%）
总计（Missing）		11（0）	22（1）	11（4）	44（5）

四 厕所的建设、使用和管理现状分析

（一）厕所的建设情况

1. 厕所的分布及类型

调查结果表明，所调查的 57 所县医院中，98.25% 的县医院拥有室内厕所。其中，13 所（22.81%）县医院同时拥有室外和室内厕所，43 所（75.44%）县医院仅拥有室内厕所，只有 1 所（1.75%）县医院仅拥有室外厕所（见表 5-17）。分地区看，东部地区县医院配备的全部都是室内厕所；中部地区县医院这一比例为 66.67%，剩余的县医院既有室外厕所也有室内厕所；西部地区 22.73% 的县医院既有室外厕所也有室内厕所，只有青海玛多县只有室外厕所。由于玛多县缺水，无论是洗手设施还是厕所都无法实现正常供水，可见，供水是限制玛多县医疗机构环境卫生设施改善的主要因素。

表 5-17 县医院厕所分布情况

单位：所

	东部	中部	西部	合计
室内	11（100.0%）	16（66.67%）	16（72.73%）	43（75.44%）
室外	0（0.00%）	0（0.00%）	1（4.55%）	1（1.75%）
室内室外都有	0（0.00%）	8（33.33%）	5（22.73%）	13（22.81%）
总计（Missing）	11（0）	24（0）	22（0）	57（0）

县中医院的情况与县医院类似，在 49 所县中医院中，95.92% 的县中医院拥有室内厕所，其中，73.47% 的县中医院全部都是室内厕所，22.45% 的县中医院既有室内厕所也有室外厕所。另外，还有 4.08% 的县中医院只有室外厕所，进一步调查发现，是陕西米脂县和青海祁连县。同样结合前面的供水频率看，米脂县和祁连县的供水频率是不间断供水。分地区看，东部和中部地区县中医院都有室内厕所，东部地区县中医院全部配备室内厕所的比例达到了 81.82%，而中部地区这一比例只有 69.57%（见表 5 - 18）。根据上述分析结果，我们认为在县级医院，在保证不间断供水的情况下，都应该配备室内厕所。

表 5 - 18　县中医院厕所分布情况

单位：所

	东部	中部	西部	合计
室内	9（81.82%）	16（69.57%）	11（73.33%）	36（73.47%）
室外	0（0.00%）	0（0.00%）	2（13.33%）	2（4.08%）
室内室外都有	2（18.18%）	7（30.43%）	2（13.33%）	11（22.45%）
总计（Missing）	11（0）	23（0）	15（0）	49（0）

表 5 - 19 显示，在 57 所县医院中，80.70% 县医院的厕所类型都是水冲式的，19.29% 的县医院还无法实现水冲，主要分布在江苏、河南、河北和陕西，非水冲式厕所主要包括露天厕所和其他卫生厕所[①]。分地区看，东部和西部水冲式厕所占比都达到了 81.82%，只有中部地区低于平均水平。在 49 所县中医院中，87.76% 的县中医院拥有水冲式厕所，这一比例高于县医院水平；有 12.24% 的县中医院厕所类型是非水冲式厕所，主要是陕西的镇安县和米脂县、云南的永德县、安徽的固镇县、青海的祁连县和湖北的嘉鱼县。

---

① 卫生厕所指有墙、有顶、有门，粪便不产生蛆蝇，厕所内较清洁，基本无臭味，水冲式厕所是卫生厕所的一种。

表 5 – 19   县级医院厕所类型

单位：所

厕所类型		东部	中部	西部	合计
县医院	水冲式厕所	9（81.82%）	19（79.17%）	18（81.82%）	46（80.70%）
	非水冲式厕所	2（18.18%）	5（20.84%）	4（18.19%）	11（19.29%）
	总计（Missing）	11（0）	24（0）	22（0）	57（0）
县中医院	水冲式厕所	11（100.0%）	21（91.30%）	11（73.33%）	43（87.76%）
	非水冲式厕所	0（0.00%）	2（8.70%）	4（26.67%）	6（12.24%）
	总计（Missing）	11（0）	23（0）	15（0）	49（0）

2. 室内厕所分布情况分析

室内厕所一般分布于门诊楼、住院楼和医技楼。拥有室内厕所不但能提升患者和医务人员生活的便捷性，更重要的是改善医疗机构的环境卫生，预防肠道疾病的传播。同时，室内厕所配备洗手设施更是预防疾病的重要途径。表 5 – 20 显示，56 所县医院住院楼都拥有室内厕所；对于门诊楼而言，拥有室内厕所的比例为 96.36%，还有 2 所县医院选择没有室内厕所，主要是安徽的潜山县和陕西的周至县；对于医技楼而言，拥有室内厕所的比例远远低于住院楼和门诊楼。在 49 所县医院的有效数据中，只有 38 所县医院的医技楼拥有室内厕所，占到了 77.55%（见表 5 – 20）。分地区看，中部地区医技楼拥有室内厕所的比例最高，为 90.91%，东部为 80%，西部地区比例最低，只有 58.82%。医技楼没有室内厕所的地区，主要分布在陕西（3 个）、新疆（3 个）、江苏（2 个）、河南（1 个）、青海（1 个）和河北（1 个）。没有配备室内厕所的主要原因是无法实现不间断供水，或者是当时基于建设成本的考虑，或者觉得不需要修建室内厕所。

表 5 – 20   县医院室内厕所拥有情况

单位：所

变 量	东部	中部	西部	合计
住院楼	11（100.0%）	24（100.0%）	21（100.0%）	56（100.0%）
门诊楼	11（100.0%）	23（95.83%）	19（95.00%）	53（96.36%）
医技楼	8（80.00%）	20（90.91%）	10（58.82%）	38（77.55%）

　　对于县中医院而言，无论是住院楼，还是门诊楼和医技楼，拥有室内厕所的比例都不及县医院，尤其以西部地区为甚（见表5－21）。可见，西部地区卫生设施的配备情况仍然很差。尤其是医技楼室内厕所配备率很低，只有40%。

表5－21　县中医院室内厕所拥有情况

单位：所

变　　量	东部	中部	西部	合计
住院楼	11（100.0%）	23（100.0%）	11（84.62%）	45（95.74%）
门诊楼	10（90.91%）	22（95.65%）	9（64.29%）	41（85.42%）
医技楼	8（80.00%）	15（71.43%）	4（40.0%）	27（65.85%）

3. 水冲式厕所的冲水方式现状分析

　　冲水方式不同，则水冲式厕所的卫生程度也不同。为此，通过调查水冲式厕所的冲水方式来了解县医院水冲式厕所的冲水方式情况。表5－22显示，在55所完整填写了厕所冲水方式的县医院数据中，46所县医院水冲式厕所的冲水方式是按压式或者踩踏式，这两种方式都是利用水的压力，把厕所医疗废物冲干净，避免了厕所粪便对医疗机构的污染，阻止了肠道疾病的传播。分地区看，东部地区的水冲式厕所的冲水方式基本是按压式或踩踏式，西部地区这一比例低于东部和中部，只有76.19%（见表5－22）。需要注意的是，无论是东部、中部还是西部，都有一部分室内厕所的冲水方式是其他，具体方式还需要深入了解。

表5－22　县医院室内厕所冲水方式情况

单位：所

冲水方式	东部	中部	西部	合计
按压式或踩踏式	10（90.91%）	20（86.96%）	16（76.19%）	46（83.64%）
舀水式	0（0.00%）	0（0.00%）	0（0.00%）	0（0.00%）
其他	1（9.09%）	3（13.04%）	5（23.81%）	9（16.36%）
总计（Missing）	11（0）	23（1）	21（1）	55（2）

　　对于县中医院而言，表5－23显示，在调查的46所县中医院中，37所

县中医院水冲式厕所的冲水方式是按压式或踩踏式，有 2 所县中医院的冲水方式是舀水式，还有 7 所县中医院室内厕所的冲水方式是其他方式。分地区看，东、中、西部选择按压式或踩踏式的比例呈现逐渐上升趋势，即西部最高，中部次之，东部最低，这一情况值得进一步研究。对于中部地区而言，有 2 所县中医院的冲水方式是舀水式，进一步分析，是安徽的潜山县和临泉县。

表 5 - 23   县中医院室内厕所冲水方式情况

单位：所

冲水方式比例	东部	中部	西部	合计
按压式或踩踏式	8（72.73%）	19（82.61%）	10（83.33%）	37（80.44%）
舀水式	0（0.00%）	2（8.70%）	0（0.00%）	2（4.35%）
其他	3（27.27%）	2（8.70%）	2（16.67%）	7（15.22%）
总计（Missing）	11（0）	23（0）	12（3）	46（3）

4. 厕所建设的资金来源分析

课题组分析了住院楼、门诊楼和医技楼厕所建设的资金来源。表 5 - 24 显示，无论是住院楼的厕所，还是门诊楼和医技楼的厕所，自筹是修建厕所的主要资金来源，这一比例分别占到了 63.64%、59.62% 和 71.43%；另外就是政府投资，主要是国债项目；还有一部分是政府投资和自筹资金一起组成了修建厕所的资金来源。分地区看，东部和中部地区无论是住院楼、

表 5 - 24   县医院厕所修建资金来源情况

单位：所

业务用房类型	资金来源	东部	中部	西部	合计
住院楼	政府投资	2（18.18%）	5（21.74%）	9（42.86%）	16（29.09%）
	自筹等	8（72.73%）	18（78.26%）	9（42.86%）	35（63.64%）
	政府投资和自筹等	1（9.09%）	0（0.00%）	3（14.29%）	4（7.27%）
门诊楼	政府投资	2（18.18%）	4（18.18%）	13（68.42%）	19（36.54%）
	自筹等	9（81.82%）	18（81.82%）	4（21.05%）	31（59.62%）
	政府投资和自筹等	0（0.00%）	0（0.00%）	2（10.53%）	2（3.85%）
医技楼	政府投资	1（12.50%）	5（27.78%）	4（44.44%）	10（28.57%）
	自筹等	7（87.50%）	13（72.22%）	5（55.56%）	25（71.43%）

门诊楼还是医技楼，厕所建设的主要资金来源是自筹，全部都在70%以上；西部地区与东部和中部地区不同，对于住院楼和门诊楼而言，政府投资是厕所建设的主要资金来源，而医技楼内厕所建设的主要资金来源是自筹，可见，政府建设项目一般都是住院楼或门诊楼。同时也可以看出，政府投资更多倾向于西部地区。

县中医院厕所建设的主要资金来源与县医院情况类似，通过自筹资金建设住院楼、门诊楼和医技楼内厕所的比例分别占到了69.23%、68.42%和74.07%。分地区看，东部地区通过自筹资金建设厕所的比例最高，三种业务用房内自筹资金建设厕所的比例都在80%以上，中部地区次之，在68%~74%，而西部地区自筹资金建设室内厕所的比例在42%~56%（见表5-25）。可见，与县医院一样，西部地区室内厕所建设资金的主要来源是政府投资，而东部和中部主要是自筹。

表5-25 县中医院厕所修建资金来源情况

单位：所

业务用房类型	资金来源	东部	中部	西部	合计
住院楼	政府投资	2（18.18%）	5（26.32%）	4（44.44%）	11（28.21%）
	自筹等	9（81.82%）	13（68.42%）	5（55.56%）	27（69.23%）
	政府投资和筹等	0（0.00%）	1（5.26%）	0（0.00%）	1（2.56%）
门诊楼	政府投资	2（20.00%）	5（23.81%）	4（57.14%）	11（28.95%）
	自筹等	8（80.00%）	15（71.43%）	3（42.86%）	26（68.42%）
	政府投资和筹等	0（0.00%）	1（4.76%）	0（0.00%）	1（2.63%）
医技楼	政府投资	1（12.50%）	3（20.00%）	2（50.00%）	6（22.22%）
	自筹等	7（87.50%）	11（73.33%）	2（50.00%）	20（74.07%）
	政府投资和自筹等	0（0.00%）	1（6.67%）	0（0.00%）	1（3.70%）

（二）厕所使用情况分析

关于厕所使用情况，一般通过水冲式厕所的供水频率了解。表5-26显示，县医院中94.34%的水冲式厕所供水频率为不间断供水，只有5.66%的供水频率是时有时无，主要是中西部地区，即安徽寿县、云南鹤庆县和陕西太白县。在 45 所县中医院中，42 所（93.33%）县中医院的水冲式厕所能达到不间断供水。不过还有 3 所（6.67%）县中医院的水冲式厕所的供水频率是时有时无（见表 5-26），是西部地区的云南镇雄县、永德县和青海河南县。而东部和中部地区县中医院的水冲式厕所的供水频率都实现了不间断供水。

表 5-26　县级医院水冲式厕所的供水情况

单位：所

医院类型	供水频率	东部	中部	西部	合计
县医院	不间断供水	11（100.0%）	21（95.45%）	18（90.00%）	50（94.34%）
	时有时无	0（0.00%）	1（4.55%）	2（10.00%）	3（5.66%）
	总计（Missing）	11（0）	22（2）	20（2）	53（4）
县中医院	不间断供水	11（100.0%）	23（100.0%）	8（72.73%）	42（93.33%）
	时有时无	0（0.00%）	0（0.00%）	3（27.27%）	3（6.67%）
	总计（Missing）	11（0）	23（0）	11（4）	45（4）

（三）厕所的管理情况分析

1. 厕所的打扫和消毒统计分析

表 5-27 表明，县医院专职打扫厕所的比例是 96.43%，县中医院的比例是 100%。没有专职人员打扫厕所的县医院位于安徽的临泉县和青海的玛多县。总之，从表 5-27 的情况看，设置专职人员打扫厕所的比例较高，即在所调查的县级医院中，凡是有厕所设施的县级医院基本都能做到专职管理厕所卫生。

表 5-27　县级医院专职人员打扫厕所情况

单位：所

医院类型		东部	中部	西部	合计
县医院	专职打扫厕所比例	11（100.0%）	22（95.65%）	21（95.45%）	54（96.43%）
	总计（Missing）	11（0）	23（1）	22（0）	56（1）
县中医院	专职打扫厕所比例	11（100.0%）	23（100.0%）	11（100.0%）	45（100.0%）
	总计（Missing）	11（0）	23（0）	11（4）	45（4）

关于厕所的清洁情况，课题组分析了厕所污物的清洁周期和厕所消毒周期。表 5 – 28 显示，厕所污物清洁周期基本是每天清洁一次，而且东、中、西部之间没有显著差异。对于厕所消毒情况，县医院的平均消毒周期是 1.45 天，而且西部的消毒周期最短，中部最长。需要注意的是，还有一些地区的县医院并没有给厕所定期消毒，分别是江苏的涟水县、河北的青山县、湖北的竹山县和青海的玛多县。

表 5 – 28　县医院厕所清洁情况分析

变　　量	东部	中部	西部	合计
厕所污物处理周期（天）	0.93	0.99	1.02	0.99
总计（Missing）	11（0）	23（1）	20（2）	54（3）
厕所消毒周期（天）	1.65	1.71	1.08	1.45
总计（Missing）	10（1）	21（3）	20（2）	51（6）

关于县中医院，无论是厕所污物处理周期，还是厕所消毒周期，都比县医院长（见表 5 –29）。厕所污物处理的周期是 2.26 天，东部和中部地区之间没有明显差异，西部地区厕所污物的处理周期是 5.88 天，最长的处理周期 60天是云南的镇雄县；县中医院厕所消毒周期是 2.76 天，分地区看，东部地区是 4.36 天，而中部和西部地区分别是 2 天和 2.63 天，显著短于东部。

表 5 – 29　县中医院厕所清洁情况分析

变　　量	东部	中部	西部	合计
厕所污物处理周期（天）	0.91	1.02	5.88	2.26
总计（Missing）	11（0）	23（0）	12（3）	46（3）
厕所消毒周期（天）	4.36	2.00	2.63	2.76
总计（Missing）	11（0）	21（2）	12（3）	44（5）

2. 厕所的清洁管理制度

完善的环境卫生设施需要良好的管理制度维护。表 5 – 30 显示，92.73% 的县医院都建立了厕所清洁管理制度。分地区看，东部地区的比例是 72.73%，中部和西部地区的比例分别是 95.65% 和 100%，关于东部低于中部和西部的情况，原因还需要进一步的调查研究。对于县中医院而言，厕所建立清洁制度的比例低于县医院。分地区看，同样是中西部高，东部低。不过，对厕所清洁管理制度的执行情况并未深入调查。

表 5 - 30　县级医院厕所建立清洁制度情况

单位：所

医院类型	变　量	东部	中部	西部	合计
县医院	厕所建立清洁	8（72.73%）	22（95.65%）	21（100.0%）	51（92.73%）
	总计（Missing）	11（0）	23（1）	21（1）	55（2）
县中医院	管理制度比例	9（81.82%）	20（90.91%）	11（91.67%）	40（88.89%）
	总计（Missing）	11（0）	22（1）	12（3）	45（4）

五　医院污水处理设施建设、使用和管理现状分析

（一）医院污水处理设施的建设情况

1. 医院污水处理设施拥有情况

医疗机构的环境卫生设施，不仅包括供水和厕所设施，还包括医院污水处理设施和医疗废物处理设施。为此，课题组也调查了县级医院污水和医疗废物处理设施。表 5 - 31 显示的是县医院污水处理设施拥有情况。在 56 所县医院中，83.93% 拥有污水处理设施，东部地区县医院全部都配备了污水处理设施，西部地区这一比例是 85.71%，中部最低，只有 75%。没有污水处理设施的区县主要分布在湖北、河南、安徽和青海。没有污水处理

表 5 - 31　县医院污水处理设施拥有情况

单位：所

变　量		东部	中部	西部	合计
有无污水处理设施	有	11（100.0%）	18（75.00%）	18（85.71%）	47（83.93%）
	总计（Missing）	11（0）	24（0）	21（1）	56（1）
没有污水处理设施原因的分布	没必要	0（0.00%）	3（60.00%）	0（0.00%）	3（37.50%）
	资金不足	0（0.00%）	2（40.00%）	4（100.0%）	5（62.5%）
	总计（Missing）	0（0）	5（1）	3（0）	8（1）

设施的原因，主要是资金不足，这一比例占到了 62.5%，还有一个原因是认为建设污水处理设施没有必要，占到了 37.5%。可见，还有一部分医疗机构负责人并没有认识到医院污水对环境的负面影响。

关于县中医院污水处理设施，表 5－32 显示，在 49 所县中医院中，51.02% 拥有污水处理设施，还有 48.98% 没有污水处理设施。分地区看，东部地区县中医院拥有污水处理设施的比例也仅有 63.64%，远远低于同一地区的县医院，中部和西部地区拥有污水处理设施的比例也都显著低于同一地区的县医院，尤其是西部地区，污水处理设施的拥有率只有 40%。县中医院拥有污水处理设施的比例显著低于县医院。污水处理设施是预防医疗机构污水污染环境的第一道屏障，也是阻止医疗机构病原体扩散的第一道屏障。为此，配备污水处理设施非常必要。跟县医院一样，没有配备污水处理设施的原因

表 5－32　县中医院污水处理设施拥有情况

单位：所

变　量		东部	中部	西部	合计
有无污水处理设施	有	7（63.64%）	12（52.18%）	6（40.00%）	25（51.02%）
	总计（Missing）	11（0）	23（0）	15（0）	49（0）
没有污水处理设施原因的分布	没必要	0（0.00%）	1（10.00%）	1（12.50%）	2（9.52%）
	资金不足	3（100.00%）	9（90.00%）	7（87.50%）	19（90.48%）
	总计（Missing）	3（1）	10（1）	8（1）	21（3）

2. 污水处理设施工艺情况

关于污水处理设施的建设情况，用污水处理设施工艺流程来了解。表 5－33 显示了县医院污水处理工艺流程。根据《医院污水处理技术指南》的规定，医院污水处理所用工艺必须确保处理出水达标，主要采用的三种工艺有加强处理效果的一级处理、二级处理和简易生化处理。简易生化处理是所有医疗机构都要执行的，然后再根据规定或者执行二级处理，或者执行一级处理。从表 5－33 可知，51.16% 的县医院采用的是二级处理，根据《医疗机构水污染物排放标准》（以下简称"排放标准"）的规定，凡是县级及县级以上或拥有 20 张床位及以上的医疗机构，如果直接或间接排入地

表水体和海域的污水执行排放标准，宜采用二级处理和消毒工艺或深度处理，如果排入终端已建有正常运行城镇二级污水处理厂的下水道污水，宜采用一级处理或一级强化处理和消毒工艺。在现场调查中得知，大多数区县都已经建立了完备的污水处理厂，医疗机构的污水是直接排放到市镇的污水处理厂中，因此可以执行一级处理或一级强化处理和消毒工艺就可以达到排放标准。然而，还有 37.21% 的县医院仅仅采用简易生化处理工艺，并没有达到污水排放标准的要求，这些县医院应该逐步实现二级处理或加强处理效果的一级处理。

表 5 - 33　县医院污水处理工艺流程情况

单位：所

工艺流程	东部	中部	西部	合计
简易生化处理	2 （18.18%）	6 （35.29%）	8 （53.33%）	16 （37.21%）
一级处理	0 （0.00%）	4 （23.53%）	1 （6.67%）	5 （11.63%）
二级处理	9 （81.82%）	7 （41.18%）	6 （40%）	22 （51.16%）
总计 （Missing）	11 （0）	17 （7）	15 （7）	43 （14）

与县医院相比，县中医院采用二级处理的比例显著低于县医院，仅仅有 10%，而只采用简易生化处理的比例占到了 55%。分地区看，东部地区采用一级处理工艺和简易生化处理工艺的比例对等，都是 42.86%；中部地区主要是简易生化处理，占到了 60%；西部地区也主要是简易生化处理，占到了 66.67%，还有 33.33% 采用二级处理工艺（见表 5 - 34）。可见，拥有污水处理设施的县中医院，主要还是以简易生化处理为主，没有达到排放标准的规定。

表 5 - 34　县中医院污水处理工艺流程情况

单位：所

工艺流程	东部	中部	西部	合计
简易生化处理	3 （42.86%）	6 （60.00%）	2 （66.67%）	11 （55.00%）
一级处理	3 （42.86%）	4 （40.00%）	0 （0.00%）	7 （35.00%）
二级处理	1 （14.29%）	0 （0.00%）	1 （33.33%）	2 （10.00%）
总计 （Missing）	7 （4）	10 （13）	3 （12）	20 （29）

（二）污水处理设施的使用情况分析

医疗机构污水处理设施的使用情况，可以通过污水处理设施是否在使用，污水处理设施的日处理能力，年处理量，以及医院污水的处理方式等方面进行了解。

1. 使用和处理能力

拥有污水处理设施并不代表污水处理设施能正常使用，基于运行成本等方面的考虑，医疗机构的污水处理设施使用率也需要了解。表5-35显示，县医院和县中医院污水处理设施使用率分别为95.56%和95%，说明拥有污水处理设施的医疗机构基本都能按规定使用污水处理设施。分地区看，东部地区达到了100%，中部和西部基本实现了能正常使用污水处理设施，没有使用污水处理设施的医疗机构所在地区主要是河南的汤阴县、湖北的公安县和新疆的吐鲁番市。污水处理设施的日处理能力是衡量污水处理设施技术的指标之一。表5-35显示，县医院所配备的污水处理设施的日处理量平均为237.31吨。

表5-35　县级医院污水处理设施使用情况

医院类型	变　　量	东部	中部	西部	合计
县医院	正在使用的比例	11（100.0%）	16（94.12%）	16（94.12%）	43（95.56%）
	日处理能力（吨/日）	225.82	365.00	118.64	237.31
	年实际处理量（吨）	49469.9	167138	19167.8	85042.0
县中医院	正在使用的比例	7（100.0%）	8（88.89%）	4（100.0%）	19（95.00%）
	日处理能力（吨/日）	74.71	110.28	46.34	83.20
	年实际处理量（吨）	17988.3	15386.4	12347.8	15407.4

2. 污水处理方式分析

污水处理方式包括医院对污水的处理方式、对污水的综合处理方式和对污水处理设施的消毒方式。表5-36显示，在所调查的44所县医院和23所县中医院中，79.55%的县医院和73.91%的县中医院都对医院污水和生活废水分别进行消毒处理。分地区看，无论是县医院，还是县中医院，中部地区这一比例最高，分别是93.75%和90%。

　　对于污水综合消毒处理情况而言，分别调查了45所县医院和22所县中医院，其中，77.78%的县医院和59.09%的县中医院对污水进行了综合消毒处理后排放。分地区看，东部地区有90.91%的县医院和75%的县中医院是经过综合消毒处理后排放的；对于中部和西部地区，这一比例较低，基本在40%~80%（见表5-36）。可见，需要进一步加强农村医疗机构的污水综合消毒处理工作。对污水处理设施中的污泥进行消毒和干化处理，最主要目的是杀灭致病菌，避免二次污染。表5-36显示，所调查的45所县医院和23所县中医院中，77.78%的县医院和65.22%的县中医院都对污水处理设施中的污泥进行消毒和干化处理，起到了很好的杀灭致病菌的作用。分地区看，东部地区有90.91%的县医院和62.5%的县中医院能很好地对污泥进行消毒和脱水；西部地区县医院和县中医院这一比例也分别达到了82.35%和60%。可见，中西部地区很多县级医院仍然没有重视污水处理设施中污泥的二次污染。

表5-36　县级医院污水处理方式

单位：所

类型	变　　量	东部	中部	西部	合计
县医院	分别消毒处理医院病区污水和非病区污水	7（63.64%）	15（93.75%）	13（76.47%）	35（79.55%）
	总计（Missing）	11（0）	16（8）	17（5）	44（13）
	对污水进行综合消毒处理	10（90.91%）	12（70.59%）	13（76.47%）	35（77.78%）
	总计（Missing）	11（0）	17（7）	17（5）	45（12）
	对污水处理设施中的污泥进行消毒和干化处理	10（90.91%）	11（64.71%）	14（82.35%）	35（77.78%）
	总计（Missing）	11（0）	17（7）	17（5）	45（12）
县中医院	分别消毒处理医院病区污水和非病区污水	6（75.00%）	9（90.00%）	2（40.00%）	17（73.91%）
	总计（Missing）	8（4）	10（13）	5（11）	23（28）
	对污水进行综合消毒处理	6（75.00%）	5（55.56%）	2（40.00%）	13（59.09%）
	总计（Missing）	8（4）	9（14）	5（11）	22（29）
	对污水处理设施中的污泥进行消毒和干化处理	5（62.50%）	7（70.00%）	3（60.00%）	15（65.22%）
	总计（Missing）	8（4）	10（13）	5（11）	23（28）

（三）污水处理设施管理情况分析

对污水处理设施的管理体现在是否有专人负责污水处理和是否建立了医院污水处理管理制度。表 5 - 37 显示，95.65% 的县医院和县中医院都有专人负责污水处理工作，而且无论是东部、中部还是西部，这一指标的比例都达到或者接近 100%。同样，建立污水处理管理制度的比例也很高，无论是县医院还是县中医院，都在 90% 以上。没有建立污水处理管理制度的地区主要是河南汤阴县和陕西旬阳县。

表 5 - 37　县级医院污水处理设施管理情况

单位：所

变　　量	医院类型	东部	中部	西部	合计
专人负责污水处理的比例	县医院	11（100.0%）	16（94.12%）	17（94.44%）	44（95.65%）
	县中医院	7（100.0%）	10（90.91%）	5（100.0%）	22（95.65%）
建立污水处理管理制度比例	县医院	11（100.0%）	17（100.0%）	17（94.44%）	45（97.83%）
	县中医院	7（100.0%）	10（90.91%）	5（100.0%）	22（95.65%）

六　医疗废物处理现状分析

在函调和实地调查中发现，医疗机构的医疗废物处理一般都采用以地市为单位集中处理的方式，为此，本部分仅分析调查地区县医院和县中医院医疗废物的收集、处理和管理情况。

（一）医疗废物的收集和处理现状

从医疗废物的处理方式、收集和处理时间、临时存放处的设置了解污物处理的收集情况和处置情况。

1. 医疗废物处理方式现状分析

表 5 - 38 显示，所调查的 50 所县医院中，有 36 所（72%）县医院的医疗废物处理方式是集中处理，24% 是自行焚烧，两种方式占到了 96%。分地区看，东部和中部地区县医院的医疗废物处理方式主要是集中处理，而

西部地区县医院的医疗废物处理方式是集中处理和自行焚烧，这两种途径占受调查县医院的比例都是 44.44%。对于县中医院，集中处理医疗废物的比例高于县医院，达到了 83.78%，自行焚烧的比例只占 13.51%。分地区看，东部、中部和西部地区采取集中处理的比例都比较高，分别达到了 100%、76.74% 和 77.78%。从上述情况可知，县中医院医疗废物通过集中式处理的比例高于县医院；无论是县医院，还是县中医院，东部地区对于医疗废物的处理方式都是集中处理；西部地区县医院集中处理医疗废物的比例较低。

表 5 - 38　县级医院医疗废物处理现状

		东部	中部	西部	合计
县医院	集中处理	11 (100.0%)	17 (80.95%)	8 (44.44%)	36 (72.00%)
	自行焚烧	0 (0.00%)	4 (19.05%)	8 (44.44%)	12 (24.00%)
	自行填埋	0 (0.00%)	0 (0.00%)	1 (5.56%)	1 (2.00%)
	集中处理和自行焚烧	0 (0.00%)	0 (0.00%)	1 (5.56%)	1 (2.00%)
	总计（Missing）	11 (0)	21 (3)	18 (4)	50 (7)
县中医院	集中处理	11 (100.0%)	13 (76.47%)	7 (77.78%)	31 (83.78%)
	自行焚烧	0 (0.00%)	3 (17.65%)	2 (22.22%)	5 (13.51%)
	自行填埋	0 (0.00%)	0 (0.00%)	0 (0.00%)	0 (0.00%)
	集中处理和自行焚烧	0 (0.00%)	1 (5.88%)	0 (0.00%)	1 (2.70%)
	总计（Missing）	11 (0)	17 (6)	9 (6)	37 (12)

2. 医疗废物收集和处理时间

医疗废物收集和处理时间的长短从一定程度上体现了医疗机构对废物危害性的认识程度。表 5 - 39 显示，所调查县医院医疗废物集中收集的频率是每 14.69 个小时一次，县中医院的收集时间比县医院稍长一些，为每 15.86 个小时一次。换句话说，基本是每个工作日收集一次。在现场调查中也得到了类似的结果。对于医疗废物的处理时间，表 5 - 39 显示，县医院平均 2.73 天处理一次，而县中医院平均 3.53 天处理一次。医疗废物的处理频率很大程度上取决于医疗机构的业务量，为此，从医疗废物的处理频率可以看出所调查县医院和县中医院的业务情况，处理频率越高，则该医疗机构的业务量越大。分地区看，对于县医院而言，医疗废物处理频率由高到低的依次是东部、中部和西部地区；而对于县中医院，医疗废物处理频率由高到低的依次是西部、东部和中部地区。西部地区县中医院医疗废物处理频率高可能是由于西部地区的中医院多数是民族医院，基于宗教信仰的考虑，大多数居民都会到民族医院就诊，因此西部地区县中医院的业务量并不比县医院少。

表 5 - 39　县级医院医疗废物收集和处理时间

			东部	中部	西部	合计
医疗废物集中收集多少小时一次	县医院	均值（小时）	14.55	16.93	12.42	14.69
		总计（Missing）	11（0）	20（4）	19（3）	50（7）
	县中医院	均值（小时）	16.36	16.28	14.25	15.86
		总计（Missing）	11（0）	18（5）	8（7）	37（12）
医疗废物多长时间处理一次	县医院	均值（天）	2.18	2.19	3.63	2.73
		总计（Missing）	11（0）	21（3）	19（3）	51（6）
	县中医院	均值（天）	2.00	5.19	1.88	3.53
		总计（Missing）	11（0）	18（5）	8（7）	37（12）

（二）医疗废物管理现状

医疗废物的管理现状通过是否建立医疗废物临时存放点、医疗废物临时存放点是否实行专人管理，是否建立医疗废物处理的管理制度三方面了解。表 5 - 40 显示，无论是医疗废物临时存放点的建立，还是有专人管理和建立医疗废物管理制度，各项指标都在96%以上。可见，所调查的49所县医院，医疗废物管理比较规范，都设立了相关的管理制度和相关医疗废物存放点，杜绝了医疗废物随意乱扔现象的发生。这一情况也同样适用于县中医院，各项指标值都在97%以上（见表 5 - 41）。因此，所调查的县级医院在医疗废物管理方面，基本都做到了有房间存放，有专人管理，有制度可循。

表 5 – 40　县医院医疗废物管理现状

单位：所

变　量	东部	中部	西部	合计
建立医疗废物临时存放区	11（100.0%）	21（100.0%）	17（94.44%）	49（98.0%）
专人管理临时存放区	11（100.0%）	21（100.0%）	16（88.89%）	48（96.0%）
建立医疗废物处理管理制度	10（90.91%）	21（100.0%）	17（100.0%）	48（97.96%）

表 5 – 41　县中医院医疗废物管理现状

单位：所

变　量	东部	中部	西部	合计
建立医疗废物临时存放区	11（100.0%）	18（100.0%）	8（88.89%）	37（97.37%）
专人管理临时存放区	11（100.0%）	17（100.0%）	9（100.0%）	37（100.0%）
建立医疗废物处理管理制度	10（90.91%）	18（100.0%）	8（100.0%）	36（97.30%）

第二节　乡级医疗机构供水和环境卫生现状评估

一　基本情况

本次研究共调查 174 所中心乡镇卫生院，东部 30 所（17.2%），中部 73 所（42.0%），西部 71 所（40.8%），基本情况见表 5 – 42。从乡镇卫生院的规模上看，在职职工人数平均为 55.3 人，实际开放床位数平均为 43.0 张，东部地区乡镇卫生院的整体规模显著大于中西部地区。按照《乡镇卫生院建设标准》的规定，乡镇卫生院每千服务人口宜设置 0.6～1.2 张床位，调查样本这一指标是 1.1 张，其中东部和西部都达到了 1.2 张，中部稍好，为 1.0 张。从乡镇卫生院的业务能力来看，174 所乡镇卫生院的年平均业务收入为 433.36 万元，年门诊 3.5 万人次，年住院 2686.2 人次。业务能力在东、中、西部呈现显著的由高到低的变化趋势，特别是东部与西部差异巨大。从负荷情况看，样本乡镇卫生院的床位使用率不高，平均为 60.71%，结合每千人口的床位配置情况可发现，样本乡镇卫生院的床位配置相对过剩，特别是西部地区较为严重。

表 5 – 42　样本乡镇卫生院基本情况一览（2010 年）

指　标	东部		中部		西部		合计	
	均值	标准差	均值	标准差	均值	标准差	均值	标准差
乡镇服务人口数（万人）	6.29	8.882	4.86	3.501	2.17	1.842	4.04	4.755
在职职工人数（人）	79.6	62.29	56.2	38.47	44.1	142.48	55.3	98.16
实际开放床位数（张）	76.4	81.80	47.0	28.21	25.0	16.94	43.0	43.75
每千人口床位数（张）	1.2	—	1.0	—	1.2	—	1.1	—
业务收入（万元）	1156.38	1556.67	359.14	342.73	185.68	270.74	433.36	787.27
年门诊人次（人次）	57057.4	56069.0	40860.4	66126.0	19833.1	18051.3	35161.0	51809.3
年住院人次（人次）	4095.2	7558.69	3891.3	19224.5	816.2	931.00	2686.2	12916.4
床位使用率（%）	61.81	26.94	62.21	29.88	58.64	32.08	60.71	30.17

二　供水设施的建设、使用和管理现状分析

（一）供水设施的建设情况

1. 供水水源情况

乡镇卫生院的主要供水水源与县级医院相同，均为市政供水。但与县级医院 87.72% 的市政供水比例相比，乡镇卫生院这一比例仅为 48.85%。自备水井是乡镇卫生院另一类重要的供水水源，占 34.48%。另外，分别有 1.15% 和 15.52% 的乡镇卫生院将雨水等地面水和其他来源的水（泉水、雪水等）作为最主要的水源。具体供水水源构成情况参见表 5 – 43。分地区看，东、中、西部乡镇卫生院的市政供水比例相似，中部地区自备水井的比例显著高于东部和西部。

表 5 – 43　乡镇卫生院供水水源构成情况

单位：所

	东部	中部	西部	合计
市政供水	16（53.33%）	34（46.58%）	35（49.30%）	85（48.85%）
自备水井	8（26.67%）	31（42.47%）	21（29.58%）	60（34.48%）

续表

	东部	中部	西部	合计
地面水	1（3.33%）	0（0.00%）	1（1.41%）	2（1.15%）
其他	5（16.67%）	8（10.96%）	14（19.72%）	27（15.52%）
总计（Missing）	30（0）	73（0）	71（0）	174（0）

在实地调研中了解到，医院使用自备水源主要受经济因素影响。使用自备水源的医疗机构，每年可节省上万元水费，由于大部分地区接入集体供水系统需要缴纳一定金额的初装费用，基于节省成本的考虑，有条件的医疗机构也倾向于选择自备水井。如安徽省某乡镇卫生院，其所在乡镇有集体供水系统，但由于需要缴纳3万元的初装费，而且该乡镇卫生院拥有一个自备水塔，因此选择了自备水井的供水方式，每年可节省一笔可观的水费开支。但是，使用自备水井或雨水、雪水等地面水，存在被污染的风险。

2. 供水方式及二次供水设施建设

管道供水不仅可以增加用户使用的方便程度，而且能够大大降低水在运输过程中污染的概率。调查发现，在173所中心乡镇卫生院中，87.28%实现了管道供水，其中东部比例最高，为93.33%；中部其次，为89.04%；西部最低，为82.86%，参见表5-44。没有实现管道供水的地区主要是河南、陕西和青海，这些都是比较缺水的地区。

表5-44　乡镇卫生院的供水方式

单位：所

	东部	中部	西部	合计
管道供水	28（93.33%）	65（89.04%）	58（82.86%）	151（87.28%）
非管道供水	2（6.67%）	8（10.96%）	12（17.14%）	22（12.72%）
总计（Missing）	30（0）	73（0）	70（1）	173（1）

二次供水主要是针对高层建筑的供水模式，以解决管网或其他水源供水压力有限的问题。表5-45显示，28.4%的乡镇卫生院修建了二次供水设施，对供水水源进行加压、贮存，再输送。从现场调查了解到，乡镇卫生院的业务用房建筑一般不高，因此现有的管网压力基本可满足供水需求，

没有必要配备二次供水设施。但对于使用自备水源或其他水源的乡镇卫生院，二次供水设施的建设就显得较为重要。水泵设备在一定程度上也能够解决水压不够的问题，约45%的乡镇卫生院配备了水泵设备（见表5-46）。

表5-45　乡镇卫生院二次供水设施建设情况

单位：所

	东部	中部	西部	合计
有	9（31.03%）	26（37.68%）	13（18.31%）	48（28.40%）
无	20（68.97%）	43（62.32%）	58（81.69%）	121（71.60%）
总计（Missing）	29（1）	69（4）	71（0）	169（5）

表5-46　乡镇卫生院水泵设备的配备情况

单位：所

	东部	中部	西部	合计
已配备	11（39.29%）	34（59.65%）	23（35.38%）	68（45.33%）
未配备	17（60.71%）	23（40.35%）	42（64.62%）	82（54.67%）
总计（Missing）	28（2）	57（16）	65（6）	150（24）

（二）供水设施的管理情况

乡镇卫生院供水设施的管理除了对管道的维护保养外，更重要的是对二次供水设施的管理。对配备二次供水设施的48所乡镇卫生院做进一步的调查，仅有6所乡镇卫生院拥有二次供水设施许可证，大部分乡镇卫生院在未获得许可证的情况下开展了二次供水（见表5-47）。同时，在配备了二次供水设施的乡镇卫生院中，34所（70.8%）都有专人负责二次供水的管理。另外，59.6%的乡镇卫生院会定期对水箱或蓄水池进行冲洗消毒，消毒的平均间隔为55.8天，东部乡镇卫生院消毒频率最低，平均74天消毒一次，西部乡镇卫生院消毒频率最高，其消毒间隔时间平均为47.5天。在现场调研中也了解到，很大一部分乡镇卫生院出于成本考虑，一般不对备用水箱等储水设备进行定期冲洗消毒，即使清理消毒，一般也是1~2年进行一次。可见，乡镇卫生院的二次供水设施存在很大的卫生隐患。

表 5 - 47　乡镇卫生院二次供水设施的管理情况

单位：所

变　　量	东部	中部	西部	合计
有二次供水设施许可证比例	3（37.5%）	1（6.3%）	2（16.7%）	6（16.7%）
总计（Missing）	8（1）	16（10）	12（1）	36（12）
有专人负责二次供水管理	7（77.8%）	20（76.9%）	7（53.8%）	34（70.8%）
总计（Missing）	9（0）	26（0）	13（0）	48（0）
水箱蓄水池定期冲洗消毒	6（66.67%）	13（52.0%）	9（69.2%）	28（59.6%）
总计（Missing）	9（0）	25（1）	13（0）	47（1）

三　洗手设施的建设和使用现状分析

（一）洗手设施的建设情况

表 5 - 48 显示，调查地区乡镇卫生院手术室、诊室或办公室、食堂和室内厕所的洗手设施配备率分别为 86.78%、70.11%、60.34% 和 55.17%，远低于县级医院水平。其中，东部地区的情况最好，各处洗手设施配备率均超过了 80%，尤其是食堂和手术室的洗手设施配备率均超过了 90%。中西部地区乡镇卫生院洗手设施的配备情况较差，尤其是室内厕所的洗手设施配备率相对较低，具体情况见表 5 - 48。

表 5 - 48　乡镇卫生院洗手设施分布情况

单位：所

场　　所	东部（n=30）	中部（n=73）	西部（n=71）	平均（n=174）
手术室	28（93.33%）	70（95.89%）	53（74.65%）	151（86.78%）
诊室或办公室	27（90.00%）	51（69.86%）	44（61.97%）	122（70.11%）
食堂	29（96.67%）	42（57.53%）	34（47.89%）	105（60.34%）
室内厕所	25（83.33%）	40（54.79%）	31（43.66%）	96（55.17%）

洗手设施防病作用的发挥与其配套供水情况密切相关。表 5 - 49 显示，约 74% 的乡镇卫生院的洗手设施是不间断供水的。分地区看，东部地区不间断供水比例高达 90%，中西部分别是 76.39% 和 64.18%。总体看，仍有

26%的乡镇卫生院洗手设施经常停水或一直没水，特别是西部地区，这一比例高达35.8%。对于经常停水或一直没水的原因到底是当地的确缺水，还是没有重视洗手设施的供水，需要做深入的调研。

表5-49　乡镇卫生院洗手设施供水情况

单位：所

类　　别	东部	中部	西部	合计
不间断供水	27（90.00%）	55（76.39%）	43（64.18%）	125（73.96%）
经常停水	3（10.00%）	16（22.22%）	20（29.85%）	39（23.08%）
一直没水	0（0.00%）	1（1.39%）	4（5.97%）	5（2.96%）
总计（Missing）	30（0）	72（1）	67（4）	169（5）

（二）洗手设施的使用情况

1. 洗手方式

洗手方式决定了环境卫生设施对疾病预防效果的大小。表5-50显示，在调查的173所中心乡镇卫生院中，87.86%的乡镇卫生院可以通过水龙头洗手，12.14%的乡镇卫生院通过脸盆洗手。可见，乡镇卫生院用水龙头洗手的比例还比较高。分地区看，东部和中部基本都实现了用水龙头洗手，西部有21.43%的乡镇卫生院通过脸盆洗手，这些地区主要是新疆和青海。

表5-50　乡镇卫生院洗手方式

单位：所

洗手方式	东部	中部	西部	合计
水龙头洗手	30（100.0%）	67（91.78%）	55（78.57%）	152（87.86%）
脸盆洗手	0（0.00%）	6（8.22%）	15（21.43%）	21（12.14%）
总计（Missing）	30（0）	73（0）	70（1）	173（1）

2. 使用频率

对样本乡镇卫生院的诊室或办公室、室内厕所和手术室洗手设施使用频率分别进行了分析，结果见表5-51、表5-52。食堂和室内厕所的洗手设施使用频率最高，使用频率高和中的比例分别是93.2%和89.5%。这与两个场所的功能有很大关系。洗手设施使用频率最低的场所是手术室，选择高和中的比例仅有73.7%，这是因为目前很多乡镇卫生院手术业务量较少，当然其洗手设施的使用频率低。

分地区看，东部乡镇卫生院除手术室外，其他场所的洗手设施使用频率都非常高；中部地区乡镇卫生院与东部有非常类似的结构，而且两地区差异不大；西部乡镇卫生院洗手设施使用频率均显著低于东部和中部地区。西部地区乡镇卫生院洗手设施使用频率不高的原因，一方面可能是西部乡镇卫生院流动人员数相对较少；另一方面是西部地区患者的洗手意识和洗手习惯仍然较差，需要继续给予足够的重视。

表 5-51　乡镇卫生院诊室或办公室、室内厕所洗手设施使用频率

单位：所

场　　　所	使用频率	东部	中部	西部	合计
诊室或办公室	高	15 (57.7%)	30 (58.8%)	12 (27.3%)	57 (47.1%)
	中	9 (34.6%)	18 (35.3%)	24 (54.5%)	51 (42.1%)
	低	2 (7.7%)	2 (3.9%)	6 (13.6%)	10 (8.3%)
	不使用	0 (0.0%)	1 (2.0%)	2 (4.5%)	3 (2.5%)
	总计（Missing）	26 (1)	51 (0)	44 (0)	121 (1)
室内厕所	高	14 (58.3%)	20 (50.0%)	10 (32.3%)	44 (46.3%)
	中	9 (37.5%)	17 (42.5%)	15 (48.4%)	41 (43.2%)
	低	1 (4.2%)	2 (5.0%)	3 (9.7%)	6 (6.3%)
	不使用	0 (0.0%)	1 (2.5%)	0 (0.0%)	4 (4.2%)
	总计（Missing）	24 (1)	40 (0)	31 (0)	95 (1)

表 5-52　乡镇卫生院手术室、食堂洗手设施使用频率

单位：所

场　　　所	使用频率	东部	中部	西部	合计
手术室	高	15 (55.6%)	33 (47.1%)	14 (27.5%)	62 (41.9%)
	中	6 (22.2%)	25 (35.7%)	16 (31.4%)	47 (31.8%)
	低	4 (14.8%)	11 (15.7%)	17 (33.3%)	32 (21.6%)
	不使用	2 (7.4%)	1 (1.4%)	4 (7.8%)	7 (4.7%)
	总计（Missing）	27 (1)	70 (0)	51 (2)	148 (3)

场　　　所	使用频率	东部	中部	西部	合计
食堂	高	20（71.4%）	24（57.1%）	21（63.6%）	65（63.1%）
	中	8（28.6%）	13（31.0%）	10（30.3%）	31（30.1%）
	低	0（0.0%）	4（9.5%）	1（3.0%）	5（4.9%）
	不使用	0（0.0%）	1（2.4%）	1（3.0%）	2（1.9%）
	总计（Missing）	28（1）	42（0）	33（1）	103（2）

四　厕所建设、使用和管理现状分析

（一）厕所建设情况

1. 厕所的分布及类型

室内厕所与室外厕所的卫生状况差别较大。表 5 – 53 的结果显示，乡镇卫生院目前仅建有室内厕所的比例较低，只有 31.03%，而且大多数都分布在东部，中西部这一比例非常低，分别只有 30.14% 和 19.72%。室内厕所比例低的言下之意就是大多数乡镇卫生院还是以室外厕所为主，尤其以中西部最为突出，西部地区仅建有室外厕所的比例达到了 50.70%，这部分是农村医疗机构环境卫生设施今后重点改善的方面。

表 5 – 53　乡镇卫生院厕所分布情况

类　　　别	东部	中部	西部	合计
室内	18（60.00%）	22（30.14%）	14（19.72%）	54（31.03%）
室外	2（6.67%）	25（34.25%）	36（50.70%）	63（36.21%）
室内室外都有	10（33.33%）	26（35.62%）	21（29.58%）	57（32.76%）
总计（Missing）	30（0）	73（0）	71（0）	174（0）

乡镇卫生院厕所类型与县级医院较为不同。表 5 – 54 显示，55.23% 的乡镇卫生院建有水冲式厕所，18.02% 的乡镇卫生院建有其他卫生厕所（如三格化粪池式厕所、双瓮漏斗式厕所等），尚有 18.02% 的乡镇卫生院还在使用露天厕所。其中，东部情况最好，露天厕所已经完全消失，超过 90% 的乡镇卫生院使用水冲式厕所，中部和西部的露天厕所比例均超过了 20%。

表 5 - 54 乡镇卫生院厕所类型

单位：所

厕所类型	东部	中部	西部	合计
水冲式厕所	27（90.00%）	43（59.72%）	25（35.71%）	95（55.23%）
其他卫生厕所	2（6.67%）	6（8.33%）	23（32.86%）	31（18.02%）
露天厕所	0（0.00%）	15（20.83%）	16（22.86%）	31（18.02%）
其他	1（3.33%）	8（11.11%）	6（8.57%）	15（8.72%）
总计（Missing）	30（0）	72（1）	70（1）	172（2）

2. 室内厕所的冲水方式

厕所的冲水设施建设在一定程度上决定了其卫生程度，对 95 所具有水冲式厕所的乡镇卫生院进行调查发现，69.47% 的厕所采用的是按压式冲水，3.16% 采用踩踏式，仅有 4.21% 的乡镇卫生院采用舀水式冲水，可见乡镇卫生院水冲式厕所的冲水设施建设多数较为规范，能通过水的冲力保证厕所废物被冲洗干净（见表 5 - 55）。但应当注意，还有 23.16% 的乡镇卫生院厕所的冲水方式为其他，具体方式还需要进一步了解。

表 5 - 55 乡镇卫生院厕所的冲水方式

单位：所,%

冲水方式	东部	中部	西部	合计
按压式	21（70.00）	41（67.21）	29（61.70）	66（69.47）
踩踏式	1（3.33）	2（3.28）	2（4.26）	3（3.16）
舀水式	2（6.67）	1（1.64）	4（8.51）	4（4.21）
其他	6（20.00）	17（27.87）	12（25.53）	22（23.16）

（二）厕所的使用情况

如前所述，厕所的使用情况用厕所的供水频率衡量。表 5 - 56 显示，在 94 所拥有水冲式厕所的中心乡镇卫生院中，84 所（89.4%）乡镇卫生院的水冲式厕所能够不间断供水，东部和中部地区的不间断供水比例均达到 90% 以上，西部地区也达到了 83.3%，可见，只要是具有水冲式厕所的中心乡镇卫生院，基本都能实现不间断供水。不过，仍然还有10.6%的乡镇卫生院其厕所的供水时有时无，尤其以西部地区最突出，这一比例达到16.7%，主要分布在新疆、云南和陕西。另外，还有一些乡镇卫生院，虽然配备了水冲式厕所，但是根本就没有供水，因此厕所无法使用，主要是新疆和田市的3个乡镇和青海尖扎县的1个乡镇。

表 5 - 56　乡镇卫生院水冲式厕所的供水频率

单位：所

供水频率	东部	中部	西部	合计
不间断供水	25（92.6%）	39（90.7%）	20（83.3%）	84（89.4%）
时有时无	2（7.4%）	4（9.3%）	4（16.7%）	10（10.6%）
总计（Missing）	27（0）	43（0）	24（1）	94（1）

（三）厕所的管理情况

1. 厕所的清扫与消毒

表 5 - 57 显示，所调查的169所中心乡镇卫生院中，138所（81.66%）乡镇卫生院的厕所已配备了专职人员清扫。分地区看，东部地区已经达到了100.0%，西部地区这一比例仅为64.71%，还有35.29%的乡镇卫生院厕所没有安排专人打扫，其卫生状况可想而知，尤其以青海和陕西两省居多。

表 5 - 57　乡镇卫生院专职人员打扫厕所的比例

单位：所

是否有专职人员打扫	东部	中部	西部	合计
是	30（100.0%）	64（90.14%）	44（64.71%）	138（81.66%）
否	0（0.00%）	7（9.86%）	24（35.29%）	31（18.34%）
总计（Missing）	30（0）	71（2）	68（3）	169（5）

对厕所清洁消毒状况的分析发现，所调查的乡镇卫生院平均每11.43天清洁一次厕所污物，每3.79天对厕所进行一次消毒，这些指标数据显著高于所调查的县级医疗机构。分地区看，东部地区乡镇卫生院厕所的清洁消

毒频率远远高于中部和西部地区，尤其是西部地区厕所污物的清洁周期，每 24 天才清理一次（见表 5 – 58）。

表 5 – 58　乡镇卫生院厕所的清洁消毒频率

单位：天

类　别	东（n = 30）	中（n = 73）	西（n = 71）	平均（n = 174）
厕所污物清洁周期	0.97	4.25	23.38	11.43
厕所消毒周期	1.14	4.18	4.49	3.79

2. 厕所清洁管理制度

厕所清洁管理制度的制定说明了乡镇卫生院对厕所管理的规范性。表 5 – 59 显示，只有约半数的乡镇卫生院有厕所清洁管理制度，东部地区这一比例为 82.76%，中、西部分别只有 51.39% 和 45.59%。因此，还有很大一部分乡镇卫生院并没有建立厕所管理制度。进一步分析可知，在这些没有建立厕所管理制度的乡镇卫生院中，有 32.47% 的乡镇卫生院仅仅建有露天厕所。

表 5 – 59　乡镇卫生院是否建立厕所清洁管理制度

单位：所

是否建立厕所清洁管理制度	东部	中部	西部	合计
是	24（82.76%）	37（51.39%）	31（45.59%）	92（54.44%）
否	5（17.24%）	35（48.61%）	37（54.41%）	77（45.56%）
总计（Missing）	29（1）	72（1）	68（3）	169（5）

五　医院污水处理设施建设、使用和管理现状分析

（一）医院污水处理设施的建设情况

1. 医院污水处理设施拥有情况

表 5 – 60 显示，在调查的乡镇卫生院中，仅有 24.39% 建有污水处理设施，而且东中西部的情况差距较大。东部地区建有污水处理设施的比例最高，为 66.67%，中部为 21.54%，西部仅为 8.70%。可见，西部地区绝大

多数乡镇卫生院均没有污水处理设施，这为下一阶段农村医疗机构配套设施的配备提出了新的要求。

表 5 - 60　乡镇卫生院医院污水处理设施拥有情况

单位：所

	东部	中部	西部	合计
有污水处理设施比例	20（66.67%）	14（21.54%）	6（8.70%）	40（24.39%）
总计（Missing）	30（0）	65（8）	69（2）	164（10）

关于乡镇卫生院拥有污水处理设施的情况，在现场调研中也得到了同样的结论，即建有污水处理设施的乡镇卫生院数量非常少，医院污水一般都是随意排放的，仅在部分地区，乡镇卫生院的污水会首先排入化粪池，经过消毒后再排出。不过，由于乡镇一般缺乏污水排放管道，经化粪池处理后排出的污水也都是随意排放的，这对当地的环境造成极大危害。如安徽省某乡镇卫生院，其污水经化粪池处理后就直接排放至卫生院后的小河沟，而在其下游十几公里处就有村落分布，如其医院污水没有经过任何处理就直接排入，则可能对其下游居民和牲畜的健康带来较大危害。进一步对乡镇卫生院没有建污水处理设施的原因调查，98.3%的乡镇卫生院表示资金不足是其未配备污水处理设施的主要原因。

2. 医院污水处理设施工艺情况

如前所述，在 40 所拥有污水处理设施的乡镇卫生院中，37 所（92.5%）乡镇卫生院的污水处理设施是按标准建设的，不过，污水处理工艺流程却是以简易生化处理为主，占 76.92%（见表 5 - 61）。对于乡镇卫生院而言，污水处理工艺达标的情况应该是先进行简易生化处理，然后根据情况或者采用一级处理，或者采用二级处理。因此，单独实行简易生化处理的污水处理都不合格。分地区看，乡镇卫生院的污水处理工艺级别呈现东、中、西递减的趋势，东部地区实行简易生化处理加二级处理工艺的比例为 36.84%，而中部地区 92.86%的乡镇卫生院仅仅实行简易生化处理，西部地区甚至达到了 100%。如前所述，拥有完整下水道系统城镇的污水处理可以进行一级处理然后再排到市政污水处理系统中，如果没有市政污水处理系统，则需要实行二级处理，但是本次调查发现，只有 20.51% 的乡镇卫生院实行了二级处理，主要分布在东部地区，中部只有一家乡镇卫生院实行二级处理。可见，在调查的 39 所拥有污水处理设施的中心乡镇卫生院中，大多数的污水处理工艺都不达标。

表 5 - 61　乡镇卫生院污水处理工艺流程

单位：所

处理工艺	东部	中部	西部	合计
简易生化处理	11（57.89%）	13（92.86%）	6（100.0%）	30（76.92%）
一级处理	1（5.26%）	0（0.00%）	0（0.00%）	1（2.56%）
二级处理	7（36.84%）	1（7.14%）	0（0.00%）	8（20.51%）
总计（Missing）	19（1）	14（0）	6（0）	39（1）

（二）污水处理设施的使用情况

同样使用污水处理设施是否在使用，污水处理设施的日处理能力、年处理量以及医院污水的处理方式等方面了解中心乡镇卫生院的污水处理设施使用情况。

1. 污水处理设施使用情况和污水处理能力

40 所建有污水处理设施的乡镇卫生院中，有 38 所目前正在使用。可见，95% 的乡镇卫生院都在正常使用污水处理设施，但是使用程度却有所不同。表 5 - 62 显示，投入使用的污水处理设施每日处理污水的能力平均为 18.96 吨，2010 年实际处理污水 2909.90 吨，通过计算可知，实际日污水处理量只 7.97 吨，换句话说，只使用了 42.04% 的处理能力（见表 5 - 62）。分地区看，东部地区也只是使用 54.56% 的处理能力，中部和西部的使用率更低，分别只有 17.41% 和 4.98%。可见，无论是东部，还是中西部地区，乡镇卫生院污水处理设施的实际处理量都远远低于其拥有的污水处理能力。关于污水处理能力和实际处理污水量之间的差距，可能是污水处理设施的使用情况造成的。

表 5 – 62　乡镇卫生院的污水处理量

单位：吨

类　　别	东部（n=18）	中部（n=14）	西部（n=6）	平均（n=38）
日处理污水能力	28.61	8.50	11.05	18.96
2010年实际处理污水量	5697.79	539.67	202.57	2909.90
实际日处理量	15.61	1.48	0.55	7.97

2. 污水处理方式分析

对38所污水处理设施已投入使用的乡镇卫生院的污水处理情况进行调查发现，将污水和污物分开处理的乡镇卫生院比例达到了92.1%，但将医院病区污水和非病区污水分开处理的乡镇卫生院比例仅占71.1%。分地区看，东部地区污水处理情况最好，西部次之，中部地区最差（见表5–63）。

表 5 – 63　乡镇卫生院污水处理情况

单位:%

类　　别	东（n=18）	中（n=14）	西（n=6）	平均（n=38）
分开处理医院污水和污物	100.0	78.6	100.0	92.1
分别消毒处理医院病区污水和非病区污水	72.2	64.3	83.3	71.1
综合消毒处理污水	55.6	14.3	50.0	39.5
消毒和干化处理污水处理设施中的污泥	50.0	28.6	16.7	36.8

医院污水中含有大量病原细菌、病毒和化学试剂，若不经处理或处理不当排入环境中，很容易成为居民的健康隐患。调查显示，85.3%的乡镇卫生院采用化学消毒法处理医院污水，这样能够较好地消除医院污水中的各类病原细菌和有害物质（见表5–64）。但值得注意的是，仍有5.9%的乡镇卫生院仅采用了物理消毒法处理医院污水，且这些乡镇卫生院全部集中在中部地区，如果医院污水中含有芽孢或其他顽固病菌，物理消毒法无法达到消除病原菌的目的，废水排出后将对周围环境及居民健康造成较大的威胁。

表 5 - 64　乡镇卫生院医院污水的主要处理方式

单位：所

处理方式	东部	中部	西部	合计
物理消毒法	0（0.0%）	2（18.18%）	0（0.0%）	2（5.9%）
化学消毒法	16（94.1%）	7（63.64%）	6（100.0%）	29（85.3%）
以上两种方法都有	1（5.9%）	2（18.18%）	0（0.0%）	3（8.8%）
总计（Missing）	17（1）	11（3）	6（0）	34（4）

（三）医院污水处理设施管理情况分析

调查发现，乡镇卫生院对污水处理的管理情况较差，仅有 71.1% 的乡镇卫生院有专人负责污水处理，68.4% 的乡镇卫生院建立了污水处理管理制度。其中，东部情况最好，两项比例均为 83.3%，中部情况最差，两项比例分别为 57.1% 和 50.0%（见表 5 - 65）。可见，凡是有专人负责污水处理的乡镇卫生院基本都建立了污水处理管理制度。

表 5 - 65　乡镇卫生院污水处理的管理情况

单位：%

类　别	东部（n = 18）	中部（n = 14）	西部（n = 6）	平均（n = 38）
专人负责污水处理	83.3	57.1	66.7	71.1
建立污水处理管理制度	83.3	50.0	66.7	68.4

六　医疗废物处理现状分析

（一）医疗废物处理方式现状分析

1. 处理方式现状分析

表 5 - 66 显示，乡镇卫生院中医疗废物的处理方式主要包括集中处理和自行焚烧两种。其中，集中处理比例占调查乡镇卫生院的 58%，显著低于县级医院。自行焚烧的比例是 39.3%，主要分布在河北、湖北、安徽和新疆。分地区看，东部地区乡镇卫生院基本都能做到医疗废物的集中处理，中部和西部地区实行集中处理和自行焚烧的比例基本各占 50%。

表 5 - 66　乡镇卫生院医疗废物处理方式

单位：所

处理方式	东部	中部	西部	合计
集中处理	27（93.1%）	21（42.9%）	17（50.0%）	65（58.0%）
自行焚烧	2（6.9%）	27（55.1%）	15（44.1%）	44（39.3%）
集中处理和焚烧	0（0.0%）	1（2.0%）	1（2.9%）	2（1.8%）
自行焚烧和填埋	0（0.0%）	0（0.0%）	1（2.9%）	1（0.9%）
总计（Missing）	29（1）	49（24）	34（37）	112（62）

现场调研也支持了以上结果，在现场调研的中西部地区的 9 个乡镇卫生院中，有 4 个都是自行焚烧掩埋。其中仅有 1 个乡镇卫生院用简易焚烧炉进行焚烧，其余均是自建了简易的露天焚烧池，用以焚烧非损伤型医疗垃圾。

2. 医疗废物收集和处理时间

凡是县医院实现了医疗废物集中处理的地区，其乡镇卫生院也同时实行。因为大多数地区都是以市级为单位，对医疗废物实行集中处理，这样可以实现成本最小化。但是由于乡镇卫生院的业务量较少，而且距离较远，所以乡镇卫生院医疗废物收集周期和集中处理周期都要长于县级医院。表 5 - 67 显示，乡镇卫生院医疗废物每 17.11 个小时集中收集一次，每 5.52 天集中处理一次。分地区看，东部地区乡镇卫生院医疗废物集中收集和处理的频率都远远低于中西部地区。

表 5 - 67　乡镇卫生院医疗废物收集处理频率

类　　别	东部（n=29）	中部（n=48）	西部（n=35）	平均（n=112）
医疗废物集中收集周期（小时）	21.68	14.83	16.50	17.11
医疗废物集中处理周期（天）	10.93	2.99	4.56	5.52

（二）　医疗废物处理的管理情况

同县级医院一样，医疗废物的管理状况通过是否建立了医疗废物临时存放点、是否有专人管理和是否建立了医疗废物处理管理制度三方面来了解。

表 5 – 68 显示，86.4% 的乡镇卫生院建立了医疗废物临时存放区，其中，东部地区所有调查的乡镇卫生院都建立了临时存放区（无效值除外），中部和西部地区的这一比例差不多，分别是 85.1% 和 77.1%。关于是否有专人管理临时存放区的情况，调查结果显示，91.5% 的乡镇卫生院都有专人管理医疗废物临时存放区，而且东、中、西部并没有显著差别。同样，建立医疗废物处理管理制度的比例地区之间也没有显著差异。可见，乡镇卫生院在医疗废物管理方面情况良好。

表 5 – 68　乡镇卫生院医疗废物临时存放区管理情况

单位：所,%

变　　量	东部	中部	西部	合计
建立临时存放区	28（100.0）	40（85.1）	27（77.1）	95（86.4）
专人管理临时存放区	27（96.4）	35（89.7）	24（88.9）	86（91.5）
建立污物处理管理制度	26（89.7）	40（88.9）	28（84.9）	94（87.9）

第三节　主要发现及相关建议

一　供水水源和方式

第一，县级医院的供水主要以市政供水为主，乡镇卫生院市政供水和自备水井的比例分别是 48.85% 和 34.48%，安装成本在很大程度上影响乡镇卫生院供水水源的选择。

通过分析供水水源现状可知，县医院和县中医院市政供水的比例分别为 87.72% 和 94.12%。分地区看，东部地区是 100% 市政供水，西部地区市政供水所占比例高于中部地区。那些仍然以自备水井为主的县医院，主要位于河南省的太康县和汤阴县，河北省的青县、深泽县和雄县，青海省的玛多县和陕西省的周至县。对于乡镇卫生院而言，安装成本及使用成本是影响乡镇卫生院供水水源选择的重要因素。通过现场调研了解到，部分地区接入市政供水管网的初装费一般需要 2 万 ~3 万元，之后每年还需要上万元的水费开支。因此，如果拥有自备水井等供水条件，都会选择自备水井或其他水源代替市政供水。然而，由于自备水源存在较大的污染隐患，因此加强水源的保护及使用前的过滤净化就显得非常重要。

第二，县、乡两级医疗机构基本实现了管道供水，这对于确保配水管网中水质的安全和防止水质在运输过程中变差，具有重要意义。98.25%的县医院和96.08%的县中医院实现了管道供水。东部和中部地区的县医院实现了100%的管道供水，保证了饮用水的安全，西部地区青海省玛多县医院仍然是非管道供水；对于县中医院而言，东部和西部地区的县中医院实现了100%的管道供水，而中部地区的河北青县和河南太康县县中医院仍然是非管道供水。87.28%的乡镇卫生院已经实现了管道供水，这在很大程度上避免了水在运输过程中可能遭受的污染，保证了饮用水的安全。分地区看，东部地区93.33%的乡镇卫生院是管道供水，而中部和西部的比例分别是89.04%和82.86%。另外，管道供水为患者和医务人员使用流动水洗手创造了条件。

第三，县级医疗机构拥有二次供水设施许可证的比例较低，大多数县级医疗机构能做到定期给二次供水设施冲洗消毒；乡镇卫生院的二次供水设施及储水设备管理情况差，二次供水受污染的风险大。函调结果显示，所调查的57所县医院和51所县中医院中，40.35%的县医院和15.69%的县中医院拥有二次供水设施。然而仅有60.87%的县医院和50%的县中医院有二次供水设施许可证，82.61%的县医院和75%的县中医院会定期给水箱或蓄水池冲洗消毒。不过100%的县医院和县中医院专门有人负责二次供水管理。

对于乡镇卫生院而言，仅有16.7%的乡镇卫生院获得了二次供水设施许可证。70.8%的乡镇卫生院配备了专人负责二次供水的管理，但仅有59.6%会定期对储水设备进行冲洗消毒。现场调查发现，很多乡镇卫生院对储水设备的冲洗消毒周期长达一两年，很容易造成储水设备中微生物的繁殖，污染水质，影响饮水安全。

依据相关法律规定，二次供水单位应向卫生行政部门申报，取得卫生许可证后，二次供水设施方可使用。然而部分县、乡两级医疗机构是在未获得许可证的情况下使用二次供水设施，而且二次供水设施卫生管理制度也不健全，并没有做到按规定执行。

二 洗手设施的配备和使用

第一，洗手设施在县级医疗机构各科室间的配备情况总体良好；在乡镇卫生院的配备情况较差，特别是室内厕所和食堂洗手设施配备率最低。

对于县级医疗机构而言，手术室、诊室或办公室和室内厕所洗手设施的配备率都达到了88%以上，但病房洗手设施的配备率只有75%左右。分地区看，东部地区洗手设施的配备情况最好，基本都在90%以上，中部地区的情况稍差于东部，但也基本都在80%以上；西部地区县医院和县中医院病房洗手设施的配备率分别只有63.64%和50%，其他科室洗手设备的配备率也都在80%以上。与县级医院相比，乡镇卫生院的洗手设施配备情况较差，特别是中西部地区乡镇卫生院的洗手设施配备率显著低于东部地区。病房和厕所是医院内患者活动最频繁的场所，病原微生物等致病物质相对较多，洗手设施的配备对控制致病菌的传播，减少交叉感染具有非常重要的意义。但本次研究结果发现，中西部地区乡镇卫生院室内厕所和病房的洗手设施配备率显著低于诊室或办公室、手术室等医务人员活动较为频繁的场所，这可能会造成院内感染率的增高，影响患者康复，需要引起高度的重视。

第二，凡是配备了洗手设施的县级医院，供水情况都比较好；仍有部分乡镇卫生院洗手设施经常停水或一直没水，洗手设施的配备形同虚设。

供水情况的好坏极大地影响着洗手设施是否能够正常使用及其作用的发挥。总体而言，县级医疗机构洗手设施的供水情况良好，93%的县级医疗机构基本都能做到不间断供水。不过西部地区仍然有14%的县级医院的洗手设施经常停水，这与我国西部地区缺水情况有关。与县级医院相比，26%的乡镇卫生院洗手设施经常停水或一直没水，特别是西部地区间断供水的情况更为频繁，大约36%的乡镇卫生院洗手设施处于经常停水和一直没水的状态，从而使得洗手设施配备形同虚设，无法达到减少病菌传播、防止交叉感染的目的。可见，不间断供水应该作为洗手设施建设的基础和前提。

第三，县级医疗机构洗手设施的使用频率处于中等水平，手术室和室内厕所洗手设施使用频率最高，诊室或办公室和病房洗手设施使用频率一般；乡镇卫生院洗手设施使用频率在场所间和地区间存在较大差异。

洗手设施的使用频率在很大程度上反映了医疗机构医务人员和患者的个人卫生状况。调查结果显示，95%以上的县级医院其手术室和厕所洗手设施的使用频率都选择了高和中，说明这两个场所最需要配备洗手设施。诊室或办公室和病房洗手设施的使用频率处于中等水平。洗手设施使用频率的高低一方面反映了当地医疗机构的供水情况，另一方面也反映了医疗机构个人的卫生意识，为此，可以通过改进供水情况和健康教育方式促进个人卫生意识的提高。

乡镇卫生院洗手设施的使用频率在场所间和地区间均存在较大差异。从调查的五类场所看，食堂和室内厕所的洗手频率较高，说明饭前便后洗手的个人卫生知识宣传已经较为深入人心，手术室的洗手频率较低，主要与目前乡镇卫生院提供手术服务较少有关。分地区看，西部地区乡镇卫生院洗手设施使用频率最低，特别是病房洗手设施的使用情况最差，一方面说明西部地区医疗机构的业务量较少，另一方面也说明西部地区居民的洗手意识和个人卫生习惯还需要进一步的培养和加强，个人卫生促进项目还需要继续深入广泛地在居民中开展。

三　卫生厕所的建设和使用

第一，大多数县级医院都建有室内厕所；仍有一定比例的乡镇卫生院仅有室外厕所，其中三分之一是露天厕所，且卫生状况较差，尤以西部为甚。

调查结果表明，98.25%的县医院建有室内厕所。其中，75.44%的县医院仅建有室内厕所，22.81%的县医院同时建有室外和室内厕所，只有1.75%的县医院仅建有室外厕所。县中医院与县医院的情况类似，只建有室内厕所的比例占调查县中医院数量的73.47%。可见，县级医院建有室内厕所的比例比较高。

调查的乡镇卫生院中，仅建有室外厕所的比例高达36.21%，而且在室外厕所中，38.1%是露天厕所，也就说所谓的旱厕，这种厕所卫生状况较差，较少能做到不产生蝇蛆，而且很少配备专人打扫，容易造成病菌的繁殖和传播，影响人群的健康，因此在这些地区，乡镇卫生院的厕所建设应当成为政府的一项重点工作任务加以落实。

第二，在县级医院，住院楼和门诊楼基本都配备了室内厕所，医技楼配备室内厕所的比例较低。所调查的 57 所县医院中，除青海省玛多县外，56 所县医院的住院楼都拥有室内厕所；对于门诊楼而言，拥有室内厕所的比例为 96.36%，安徽的潜山县和陕西的周至县没有室内厕所；对于医技楼而言，拥有室内厕所的比例远远低于住院楼和门诊楼，在 49 所县医院中，只有 77.55% 的县医院医技楼拥有室内厕所。没有配备室内厕所的原因，主要是无法实现不间断供水，或者是当时基于建设成本的考虑，或者觉得不需要在楼内修建厕所。

第三，中心乡镇卫生院厕所的配套设施建设情况呈现显著的地区差异，东部最好，西部最差，配套设施不完善极大地影响着环境卫生设施作用的发挥。本研究调查的乡镇卫生院厕所配套设施包括粪便无害化处理设施、冲水设施和洗手设施。东部乡镇卫生院厕所的粪便无害化处理设施建设比例高达 96.4%，显著高于中部和西部的 48.6% 和 47.8%，这与东部农村地区无害化卫生厕所普及率较高密切相关，西部农村地区虽然改厕工作在不断向前推进，但与东部相比仍然还存在较大差距。厕所的冲水设施在很大程度上决定了厕所的卫生程度，东部具有水冲式厕所的乡镇卫生院比例（90.0%）显著高于中部（59.7%）和西部（35.7%），水冲式厕所的冲水方式在东、中、西部间无显著差异，均以按压式冲水为主。另外，厕所冲水设施作用的发挥与其供水情况的好坏密切相关，建有水冲式厕所的 95 所乡镇卫生院的冲水设施供水频率尚可，西部地区不间断供水频率稍低于东、中部地区。这也提示对于西部缺水地区，水冲式厕所作用的发挥受到一定程度的局限，应当因地制宜，选择适合当地情况的卫生厕所类型。

第四，凡是配备了水冲式厕所的县、乡两级医疗机构，其供水频率基本可以做到不间断供水，从而保证了水冲式厕所的正常使用。

在县级医院，大约 94% 的水冲式厕所供水频率为不间断供水，可见，只要是建有水冲式厕所的地区一般供水情况都不是突出问题，能保证水冲式厕所的正常使用。只有 6.12% 的供水频率是时有时无，主要分布在云南、陕西和青海。同样，乡镇卫生院水冲式厕所的供水频率也不是突出问题，大约89.4%的水冲式厕所都实现了不间断供水。上述发现也反映了只有供水不间断的地方才会修建水冲式厕所。

第五，乡镇卫生院厕所在管理方面还需要进一步的加强和提高。

乡镇卫生院的厕所管理方面还有较大的提升空间，特别是西部地区乡镇卫生院的厕所管理问题极为突出。调查的西部乡镇卫生院中，仅有64.7%有专职人员对厕所进行打扫，而这一比例在东部和中部达到100%和90%；西部地区乡镇卫生院的厕所污物清洁周期约为东部地区的24倍，中部地区的5.5倍，厕所消毒周期是东部地区的4倍，且具有厕所清洁管理制度的乡镇卫生院数量不到55%。这些与西部地区卫生厕所的普及率还不高密切相关，另外，也与人们对厕所的管理意识较低有一定关系。西部地区乡镇卫生院厕所的卫生状况整体较差，极易造成病菌的繁殖和传播，威胁人群的身体健康。

四　医院污水和医疗废物处理设施的建设和使用

第一，虽然多数县医院拥有污水处理设施，但配备水平远没有达到规定的标准。乡镇卫生院污水污物处理设施拥有率很低，对于没有配备污水处理设施的医疗机构，其主要原因是资金不足和认识不够。83.93%的县医院都有污水处理设施，分地区看，东、中、西部的比例分别是100%、75%和85.71%；对于县中医院而言，情况比县医院差很多，只有51.02%的县中医院拥有污水处理设施，而且东中西部的情况差不多；对于乡镇卫生院而言，仅有24.39%建有污水处理设施，其中西部乡镇卫生院的污水处理设施覆盖率仅分别为8.7%。造成农村医疗机构拥有污水处理设施比例低的主要原因是资金不足和认识不够。有98.3%的乡镇卫生院负责人认为资金不足是造成污水处理设施缺失的主要原因，这笔资金不仅包括购买污水处理设施的资金，还包括修建污水处理化粪池和污水处理设施平时的运行成本等。对于业务收入不是很高的县、乡级医疗机构而言，无法承担如此高的建设和运行成本。另外，还有37.5%的负责人认为没有必要修建污水处理设施。可见，加强对基层医疗机构卫生人员的环境保护意识的培训很重要。

第二，医院污水处理设施的配备更多是基于当地环保部门的强行要求，并非自愿修建。

虽然县级医院污水处理设施的拥有率比较高，但大多数县级医院并非自愿配备的，而是基于当地环保部门的强制要求。在与当地医院负责人的访谈中得知，如果要修建一座医院大楼，那么需要当地相关部门出示很多的证明和审批材料，其中一项就是要求医院的医院污水排到城镇管网之前首先要杀灭有害病菌。如果医院不配备污水处理设施，医院大楼就无法动工。因此，大多数县级医院都不得不配备污水处理设施。虽然污水处理设施的配备率高，但并不代表其使用率高。调查数据显示，污水处理设施一年运行成本为 8 万～36 万元不等。因此，很多医疗机构对于污水处理设施能不用就不用。

第三，县、乡医疗机构基本都建立了医院污水处理管理制度，体现了对污水处理的规范性。

对污水处理设施的管理体现在是否有专门人员负责污水处理和是否建立了医院污水处理管理制度。95.65% 的县医院和县中医院都有专人负责污水处理工作，而且无论是东部、中部还是西部，这一指标的比例都达到或者接近 100%。同样，建立污水处理管理制度的比例也很高，无论是县医院还是县中医院，都在 90% 以上。没有建立污水处理管理制度的地区主要是河南的汤阴县和陕西的旬阳县。同样，乡镇卫生院的医疗废物处理管理也较差，其中，71.1% 配备了专人管理。建立医疗废物处理管理制度的乡镇卫生院比例达 68.4%。

第四，县级医疗机构污水处理工艺仍然比较粗放，无法达到污水排放标准的要求，还有一定比例的医疗机构采用简单的生化处理，尤其县中医院为甚。而乡镇卫生院主要以简易生化处理为主，同样达不到排放标准。从污水处理环节看，仍然有 37.21% 的县医院仅仅采用简易生化处理工艺，并没有达到医院污水排放标准的要求；与县医院相比，县中医院采用简易生化处理工艺流程的比例却是 55%。在建有污水处理设施的乡镇卫生院中，污水处理大多以简单的生化处理工艺为主，占总数的 76.92%。分地区看，东部地区还有一定比例的二级处理工艺，中部和西部的污水处理工艺几乎都是简易生化处理。

第五，一半以上的县、乡级医疗机构的医疗废物都实现了集中处理，集中处理以地市为单位统一回收。所调查的 50 所县医院中，72% 的县医院的医疗废物通过集中处理，24% 是自行焚烧。分地区看，东部和中部地区县医院的医疗废物主要是集中处理，而西部地区县医院的医疗废物处理方式主要是集中处理和自行焚烧，这两种途径占调查县医院的比例都是 44.44%。对于县中医院而言，集中处理医疗废物的比例高于县医院，达到了 83.78%，自行焚烧的比例只占 13.51%。分地区看，东部、中部和西部地区采取集中处理的比例都比较高，分别达到了 100%、76.47% 和 77.78%。从上述情况可知，县中医院医疗废物通过集中处理的比例高于县医院；东部地区无论是县医院，还是县中医院对于医疗废物的处理方式都是集中处理；西部地区县医院通过集中处理医疗废物的比例比较低。与县级医院相比，乡镇卫生院医疗废物集中处理的比例仅有 59.8%，还有 39.3% 的乡镇卫生院采取自行焚烧处理医疗废物，特别是中西部地区，这种处理方式较为普遍。自行焚烧会产生较大的环境和健康危害，尤其是使用露天焚烧池的危害更大。首先，由于乡镇卫生院的焚烧池或者焚烧炉均是建在卫生院内部或附近，接近人口密集处，焚烧造成的大气污染会直接影响到人体健康。其次，由于焚烧池是非密闭的，并且在露天摆放，未焚烧完全的剩余物直接暴露，极易被儿童发现当作玩具玩耍，容易造成交叉感染。因此建议医疗垃圾最好采用集中处置的方式，没有条件的地区适宜建造简易焚烧炉进行焚烧，焚烧过程中应有专人看管，保证焚烧完全，减少不必要的污染和危害。

五　主要结论

农村医疗机构的供水情况总体良好，大多数县级医院都实现了市政供水，不过乡镇卫生院自备水源还是占较大比例。对于洗手设施，随着农村卫生服务体系建设的不断完善，县乡医疗机构洗手设施配备情况较好，不过，乡镇卫生院室内厕所洗手设施的配备率较低，同时洗手设施的使用率跟医疗机构的业务量有很大关系。对于卫生厕所，县级医院 70% 以上都是室内厕所而乡镇卫生院还是以室外厕所为主，尤其是还有很大一部分乡镇卫生院是露天厕所。这部分是今后我国农村环境卫生设施改善的重点。

无论是县级医疗机构，还是乡镇卫生院，污水处理设施的配备率都比较低，而且大多数没有按照标准修建合格的、适宜的污水处理设施。这是我国今后农村卫生服务体系建设的重点。即使拥有污水处理设施的县、乡医疗机构，其处理工艺流程也没有达到国家规定的标准。受运行成本的影响，医院污水处理设施的使用率并不高。还有一半的县、乡医疗机构都没有实现以地市为单位集中处理医疗废物，这些医疗机构的医疗废物如何处理是迫切需要解决的重要问题。

六　政策建议

根据以上分析，结合获得的主要发现，提出以下政策建议。

第一，改善乡镇卫生院，尤其是西部地区乡镇卫生院的供水条件，帮助其获得安全饮用水。

乡镇卫生院没有实现市政供水的主要原因是资金问题。根据目前国家对乡镇卫生院的职能定位和机制设计，乡镇卫生院现有的运行经费无法承担自来水的初装费和之后的运行成本，只能选择自备水源。为此，改善乡镇卫生院的供水条件，是目前的首要任务。改善乡镇卫生院的供水条件，不单单是安装供水设施，更重要的如何解决今后乡镇卫生院的供水的运行成本问题。

第二，加强农村医疗机构二次供水设施的运行管理，监督其按期检查和消毒等。

拥有二次供水设施的医疗机构，虽然都配备了二次供水设施，但是大多数医疗机构并没有二次供水设施许可证，而且对二次供水设施的消毒管理不到位，二次供水安全性无法得到有效保障。为此，应加强目前农村医疗机构二次供水设施的管理，包括其许可证的获得、二次供水设施的消毒以及按期检修等。这些工作应该由当地卫生监督部门执行。

第三，提高县、乡两级医疗机构病房洗手设施的配备率，提高乡镇卫生院室内厕所洗手设施的配备率。

病房是病原体和易感人群集聚的地方。因此，提高病房洗手设施的配备率非常有必要。而且有证据表明，用肥皂洗手可以减少急性呼吸道感染达23%，降低新生儿死亡率达44%。因此，可以通过改扩建为县、乡两级医疗机构病房配备洗手设施，当然在配备洗手设施的同时，也要保证供水的不间断性。医疗机构的厕所是病原体的又一集聚地方。对于乡镇卫生院，提高其室内厕所洗手设施的配备率非常重要。当然，对于那些严重缺水的医疗机构，要根据供水情况选择适宜的洗手设施类型。

第四，追加投资修建乡镇卫生院的厕所，改善环境卫生条件。

乡镇卫生院拥有水冲式厕所（卫生厕所）的比例仍然很低，急需改善其厕所条件。因此，提出应该给乡镇卫生院修建室内水冲式卫生厕所，这是提高环境卫生条件的重要一步。不同乡镇卫生院应该选择不同的卫生厕所类型。尤其是对于缺水的医疗机构，要根据供水情况选择适合自己的厕所类型，但是无论哪种类型的卫生厕所，都要抑制有害病菌的繁殖以及入室。

第五，完善厕所的配套设施建设和相应管理制度，强化环境卫生设施作用的有效发挥。

由于医疗机构的厕所处于病原体的集聚地，更应该加强厕所内部的配套设施建设，这不仅包括水冲式厕所的冲水方式的选择和安装，而且还包括洗手设施的建设以及厕所管理制度的制定和执行。

第六，加强对县、乡两级医疗机构医院污水处理设施的资金投入，改善医疗机构排放医院污水不达标或者直接排放污水的窘况。

如前所述，县、乡医疗机构的污水处理设施的建设是目前完善农村卫生服务体系的重要任务之一。虽然一半以上县级医院都配有污水处理设施，但是污水处理设施的投资额、配置程度以及处理工艺技术的差别相当大，最低的污水处理设施投资额仅有3万~5万元，最高的达250万元。在处理工艺技术方面，有些执行简易生化处理，有些执行二级处理。对于乡镇卫生院，目前只有24.39%配备了污水处理设施。可见，县、乡医疗机构要加强污水处理设施的配备。为此，医疗机构污水处理设施配备项目应该重新进行规划，根据不同业务量配备选择不同日处理能力的污水处理设施。首先，调查县级医院最近一年日产生的最高污水吨数，根据最高污水吨数配备相应的污水处理设施；其次，测算配备相应的污水处理设施的建设成本、维护成本和运行成本（包括雇佣人员经费等）；最后，要对配备的污水处理设施进行监督管理，不能仅仅配备了设备而不发挥作用。因为本次调查发现，只有 50% ~70% 的县级医院和 39.5% 的乡镇卫生院进行了综合消毒处理。可见，加强对农村医疗机构污水处理设施的监督管理非常重要。

第七，以地市为单位建立医疗废物收集和集中处理中心，实现医疗废物处理的成本效益最优，降低医疗废物随意排放的危害。

单个医疗机构处理医疗废物无法达到成本效益的最优状态。为此提出医疗废物应该以地市为单位建立一家集中处理中心。具体分为以下几步：首先，认真调查地市区域内所有医疗机构日产生的医疗废物吨数，然后根据每天能收集的医疗废物吨数设计所建设集中处理中心的规模大小。其次，根据规模大小测算建设的总成本，然后再根据日处理的医疗废物吨数测算其成本以及日常的运行成本，并制定相应的处理价格。通过与各医疗机构协商，获得一个合理的处理价格。最后，集中处理中心可以引进社会资本进行投资建设。政府为此要做好资质批准工作和监督管理工作，确保其对医疗废物进行真正的无害化处理，对环境的影响达到最小化。

参考文献

《医院污水处理技术指南》，环发〔2003〕197 号，http://kjs. mep. gov. cn/hjbhbz/bzwb/other/hjbhgc/200312/t20031210_88352. htm。

联合国儿童基金会：《世界儿童状况》，http://www. unicef. org/chinese/sowc/17496_61804. html。

《医疗废物管理条例》，http://www. gov. cn/banshi/2005 - 08/02/content_19238. html。

（苗艳青　段　琳）

第六章　农村医疗垃圾处理现状及风险研究

内容提要： 目前，还没有研究针对全国范围内农村医疗废物处置情况进行分析。随着国家"小病不出社区"和"分级诊疗"政策的制定和推行，预期农村医疗机构将承担更多的医疗任务，相应的医疗废物的生产量也会与日俱增。本章以《医疗废物管理条例》和《医疗卫生机构医疗废物管理办法》为依据，对全国范围内两级医疗卫生机构医疗废物处置情况进行系统的函调和现场调研，评估农村医疗卫生机构医疗废物处置风险，以期探索出处理农村医疗废物的适宜途径和措施。

第一节　农村医疗废物处理现状

一　医疗废物处置管理规定和研究样本

（一）我国医疗废物处置的管理规定

医疗废物，是指医疗卫生机构在医疗、预防、保健以及其他相关活动中产生的具有直接或者间接感染性、毒性以及其他危害性的废物。医疗废物含有很多的致病菌、放射性物质、病毒以及较多的化学毒物等，具有极强的传染性、生物病毒性和腐蚀性，大量的病毒、病菌的危害是普通生活垃圾的几十倍、几百倍甚至上千倍，对医疗废物的疏忽管理、处置不当，不仅会污染环境，对水体、大气、土壤造成污染，而且可能引致放射性灼伤、锐器损伤、药品的释放、传染性疾病的流行，直接危害人们的人体健康。

我国于 2003 年 6 月、8 月分别制定了《医疗废物管理条例》和《医疗卫生机构医疗废物管理办法》，是国内最早的两部医疗废物管理的专业性法规，推行医疗废物集中无害化处置。

1. 关于处置方式的规定

医疗卫生机构应当根据就近集中处置的原则，及时将医疗废物交由医疗废物集中处置单位处置。不具备集中处置医疗废物条件的农村，医疗卫生机构应当按照县级人民政府卫生行政主管部门、环境保护行政主管部门的要求，自行就地处置其产生的医疗废物。

2. 对处置医疗废物的人员的管理

医疗卫生机构和医疗废物集中处置单位，应当建立、健全医疗废物管理责任制，其法定代表人为第一责任人。医疗卫生机构和医疗废物集中处置单位设置监控部门或者专（兼）职人员，负责检查、督促、落实本单位医疗废物的管理工作。

医疗卫生机构和医疗废物集中处置单位，应当对本单位从事医疗废物收集、运送、贮存、处置等工作的人员和管理人员进行相关法律和专业技术、安全防护以及紧急处理等知识的培训。

医疗卫生机构和医疗废物集中处置单位，应当采取有效的职业卫生防护措施，为从事医疗废物收集、运送、贮存、处置等工作的人员和管理人员配备必要的防护用品，定期进行健康检查；必要时，对有关人员进行免疫接种，防止其受到健康损害。

3. 医疗卫生机构对医疗废物的管理

医疗卫生机构应当及时收集本单位产生的医疗废物，并按照类别分置于防渗漏、防锐器穿透的专用包装物或者密闭的容器内。医疗废物专用包装物、容器，应当有明显的警示标识和警示说明。

医疗卫生机构应当建立医疗废物的暂时贮存设施、设备，不得露天存放医疗废物；医疗废物暂时贮存的时间不得超过 2 天。

医疗废物的暂时贮存设施、设备，应当远离医疗区、食品加工区和人员活动区以及生活垃圾存放场所，并设置明显的警示标识和防渗漏、防鼠、防蚊蝇、防蟑螂、防盗以及预防儿童接触等安全措施。医疗废物的暂时贮存设施、设备应当定期消毒和清洁。

医疗卫生机构应当使用防渗漏、防遗撒的专用运送工具，按照本单位确定的内部医疗废物运送时间、路线，将医疗废物收集、运送至暂时贮存地点。

运送工具使用后应当在医疗卫生机构内指定的地点及时消毒和清洁。

4. 医疗废物处置中心的管理

（1）集中处置，合理布局

国家推行危险废物和医疗废物集中无害化处置。从我国实际情况出发，原则上以省为单位统筹规划建设危险废物集中处置设施，接纳辖区内生活、科研、教学及产生量较少的企业的危险废物。要求危险废物产生量大的企业按照无害化的要求自行建设处置设施，鼓励接纳周边地区同类型危险废物。建设全国性的区域处置中心，处置持久性有机物等专项特殊危险废物。原则上以设区市为规划单元建设医疗废物集中处置设施，在合理运输半径内接纳处置辖区内所有县城医疗废物，东中部地区要辐射到乡镇卫生院。不提倡医院分散处置。鼓励交通发达、城镇密集地区的城市联合建设、共用医疗废物集中处置设施。按照"一省一库"的原则建设放射性废物库，对放射性医疗废物和其他中低放射性废物安全收贮。

尚无集中处置设施或者处置能力不足的城市，设区的市级以上城市应当在 2006 年 8 月前建成医疗废物集中处置设施；县级市应当在 2007 年 8 月前建成医疗废物集中处置设施。县（旗）医疗废物集中处置设施的建设，由省、自治区、直辖市人民政府规定。

在尚未建成医疗废物集中处置设施期间，有关地方人民政府应当组织制订符合环境保护和卫生要求的医疗废物过渡性处置方案，确定医疗废物收集、运送、处置方式和处置单位。

（2）经营许可

从事医疗废物集中处置活动的单位，应当向县级以上人民政府环境保护行政主管部门申请领取经营许可证；未取得经营许可证的单位，不得从事有关医疗废物集中处置的活动。医疗废物集中处置单位，应当符合下列条件：具有符合环境保护和卫生要求的医疗废物贮存、处置设施或者设备；具有经过培训的技术人员以及相应的技术工人；具有负责医疗废物处置效果检测、评价工作的机构和人员；具有保证医疗废物安全处置的规章制度。

（3）运送

医疗废物集中处置单位应当至少每 2 天到医疗卫生机构收集、运送一次医疗废物，并负责医疗废物的贮存、处置。医疗废物集中处置单位运送医疗废物，应当遵守国家有关危险货物运输管理的规定，使用有明显医疗废物标识的专用车辆。医疗废物专用车辆应当达到防渗漏、防遗撒以及其他环境保护和卫生要求。运送医疗废物的专用车辆使用后，应当在医疗废物集中处置场所内及时进行消毒和清洁。运送医疗废物的专用车辆不得运送其他物品。

（4）技术标准

①运送车。危险废物和医疗废物运输应使用有明显标识的专用车辆，单独收集、密闭运输，禁止混装其他物品，禁止使用敞开式车辆。医疗废物运送车车厢应具备周转箱固定装置，车厢内部材料、强度、气密性能、隔热性能、液体防渗、污水排出等必须符合环保要求，有条件的可以设置冷藏功能、自动装卸功能。在高温天气、运输距离较长时，有条件的应对高感染性医疗临床废物实行一次性包装、冷藏运输，禁止使用垃圾压缩车运送医疗废物。

②技术路线。危险废物集中处置系统和 10 吨/日以上规模的医疗废物处置设施，优先采用对废物种类适应性强的回转窑焚烧技术。鼓励采用回转窑、热解炉等焚烧技术处置医疗废物，小于 10 吨/日的医疗废物处置设施，也可采用其他处理技术，但必须做到杀菌、灭活、毁形和无害化，防止二次污染。积极发展和鼓励其他新技术的开发和示范。

③焚烧炉。焚烧炉必须配备自动控制和监测系统，在线显示运行工况和尾气排放参数，并能够自动反馈，对进料速率等工艺参数进行自动调

节，确保焚烧炉出口烟气中氧气含量达到6%～10%（干烟气），焚烧温度高于850℃（一燃室）和1100℃（二燃室），焚烧残渣的热灼减率小于5%，焚毁去除率大于99.99%，烟气在二燃室1100℃以上停留时间大于2秒。医疗废物焚烧处置设施必须实现自动、密闭、连续进料，自动清渣、清灰。

④尾气处理。必须设置急冷系统，使烟气温度快速降到200℃以下，并配备酸性气体去除装置、除尘装置和二噁英控制装置，采取防腐蚀、防酸、防碱、防湿、防热措施。除尘装置优先选择喷活性炭的布袋除尘器。选择湿式除尘装置的，必须配备废水处理设施去除重金属和有机物等有害物质。不得使用静电除尘和机械除尘装置。

⑤安全填埋。危险废物安全填埋场必须配备临时堆存、分拣破碎、减容减量处理、稳定化养护等预处理设施，在选址、设计、入场、排水、防渗、防腐蚀、运行、封场等方面严格执行相关标准，防止渗漏等二次污染。必须按照入场要求和经营许可证规定的范围接受危险废物。

⑥系统配置。危险废物处置设施必须配备符合相关标准的贮存设施。危险废物焚烧场应设置进场危险废物分析鉴别配料系统，填埋场必须设置雨（污）水集排水系统、气体收集净化系统、渗滤液处理系统以及渗滤液、地下水、气体监测系统。医疗废物集中处置设施要配备医疗废物冷藏贮存设施、飞灰和灰渣密闭输送贮存固化系统、车辆和转运箱消毒系统、给水排水和消防系统、污水处理系统、报警系统、应急处理安全防爆系统。场区、厂房要封闭。

（5）医疗废物登记制度

医疗卫生机构和医疗废物集中处置单执行危险废物转移联单管理制度。医疗卫生机构和医疗废物集中处置单位，应当对医疗废物进行登记，登记内容应当包括医疗废物的来源、种类、重量或者数量、交接时间、处置方法、最终去向以及经办人签名等项目。登记资料至少保存3年。

（6）管理部门

县级以上各级人民政府卫生行政主管部门，对医疗废物收集、运送、贮存、处置活动中的疾病防治工作实施统一监督管理；环境保护行政主管部门，对医疗废物收集、运送、贮存、处置活动中的环境污染防治工作实施统一监督管理。县级以上各级人民政府其他有关部门在各自的职责范围内负责与医疗废物处置有关的监督管理工作。

目前，还没有研究针对全国范围内农村医疗废物处置情况进行分析。随着国家"小病不出社区"和"分级诊疗"政策的制定和推行，预期农村医疗机构将承担更多的医疗任务，相应的，医疗废物的生产量也会与日俱增。本章以《医疗废物管理条例》和《医疗卫生机构医疗废物管理办法》为依据，对全国范围内两级医疗卫生机构医疗废物处置情况进行函调，以期全面了解我国农村医疗机构在医疗废除处置过程中存在的问题和经验，探索出解决当前农村医疗机构如何处理医疗废物的途径和办法。

二　调研地区的选择及分布

根据经济发展水平，我们随机选择东中西部地区共 10 个省 120 个县进行函调。具体调研地区选择及分布见表 6 - 1。共收回有效问卷 411 份，其中，县医院的问卷 107 份，乡镇卫生院的问卷 304 份。

表 6 - 1　函调县

地区	省份	县（县属的地市）
东部地区	山东（12 个）	莒县（日照市）、莘县（聊城市）、泗水县（济宁市）、费县（临沂市）、成武县（菏泽市）、鱼台县（济宁市）、济阳县（济南市）、海阳市（烟台市）、高青县（淄博市）、莱州市（烟台市）、胶州市（青岛市）、垦利县（东营市）
	福建（12 个）	云霄县（漳州市）、漳浦县（漳州市）、政和县（南平市）、霞浦县（宁德市）、永泰县（福州市）、福鼎市（宁德市）、屏南县（宁德市）、连江县（福州市）、光泽县（南平市）、建宁县（三明市）、永安市（三明市）、东山县（漳州市）
中部地区	安徽（12 个）	临泉县（阜阳市）、灵璧县（宿州市）、蒙城县（亳州市）、五河县（蚌埠市）、定远县（滁州市）、明光市（滁州市）、太湖县（安庆市）、桐城市（安庆市）、全椒县（滁州市）、泾县（宣城市）、青阳县（池州市）、绩溪县（宣城市）
	河南（12 个）	太康县（周口市）、通许县（开封市）、镇平县（南阳市）、祥符区（开封市）、封丘县（新乡市）、社旗县（南阳市）、武陟县（焦作市）、罗山县（信阳市）、郏县（平顶山市）、桐柏县（南阳市）、偃师市（洛阳市）、西峡县（南阳市）

续表

地区	省份	县（县属的地市）
西部地区	云南（12 个）	镇雄县（昭通市）、祥云县（大理白族自治州）、施甸县（保山市）、洱源县（大理白族自治州）、永胜县（丽江市）、马关县（文山壮族苗族自治州）、武定县（楚雄彝族自治州）、绿春县（红河哈尼族彝族自治州）、勐腊县（西双版纳傣族自治州）、江城哈尼族彝族自治县（普洱市）、新平彝族傣族自治县（玉溪市）、呈贡县（昆明市）
	陕西（12 个）	大荔县（渭南市）、岐山县（宝鸡市）、户县（西安市）、西乡县（汉中市）、白水县（渭南市）、汉阴县（安康市）、淳化县（咸阳市）、高陵县（西安市）、勉县（汉中市）、延川县（延安市）、延长县（延安市）、宜君县（铜川市）
	青海（12 个）	尖扎县（黄南藏族自治州）、大通回族土族自治县（西宁市）、门源回族自治县（海北藏族自治州）、共和县（海南藏族自治州）、贵德县（海南藏族自治州）、平安县（海东市）、泽库县（黄南藏族自治州）、祁连县（海北藏族自治州）、都兰县（海西蒙古族藏族自治州）、刚察县（海北藏族自治州）、达日县（果洛藏族自治州）、德令哈市（海西蒙古族藏族自治州）
	新疆（12 个）	图木舒克市、墨玉县（和田地区）、伊宁市（伊犁哈萨克自治州）、和田县（和田地区）、皮山县（和田地区）、沙湾县（塔城地区）、阿克陶县（克孜勒苏柯尔克孜自治州）、特克斯县（伊犁哈萨克自治州）、吉木萨尔县（吉昌回族自治州）、和硕县（巴音郭楞蒙古自治州）、青河县（阿勒泰地区）、轮台县（巴音郭楞蒙古自治州）
	内蒙古（12 个）	兴和县（乌兰察布市）、丰镇市（乌兰察布市）、阿荣旗（呼伦贝尔市）、突泉县（兴安盟）、扎赉特旗（兴安盟）、磴口县（巴彦淖尔市）、扎鲁特旗（通辽市）、克什克腾旗（赤峰市）、锡林浩特市（锡林郭勒盟）、陈巴尔虎旗（呼伦贝尔市）、鄂托克前旗（鄂尔多斯市）、阿拉善右旗（阿拉善盟）
	四川（12 个）	泸县（泸州市）、渠县（达州市）、屏山县（宜宾市）、通江县（巴中市）、普格县（凉山彝族自治州）、丹棱县（眉山市）、木里藏族自治县（凉山彝族自治州）、旺苍县（广元市）、新龙县（甘孜藏族自治州）、马尔康县（阿坝藏族羌族自治州）、九寨沟县（阿坝藏族羌族自治州）、甘孜县（甘孜藏族自治州）

三　县乡两级医疗机构废物处置

本部分使用函调数据介绍县乡两级医疗机构废物生产、处置、管理现状，并进行跨地区比较分析。

（一）县医院医疗废物处置现状

1. 生产情况

函调地区一个县医院平均每天能生产 149.61 公斤的医疗废物，其中，75% 的医疗废物是感染性的医疗废物（112.01 公斤/天），其后是损伤性医疗废物（26.95 公斤/天），病理性医疗废物（4.70 公斤/天）、药物性医疗废物（3.33 公斤/天）和化学性医疗废物（2.62 公斤/天）的产量都很少，均低于 5 公斤/天。感染性医疗废物的处理是我国医疗废物处理的重点。

分地区来看，东部地区县医院的医疗废物平均产量最高（224.42 公斤/天），远高于函调地区的平均水平（149.61 公斤/天），其次为中部地区，产量为 146.44 公斤/天，西部地区一个县医院的医疗废物产量为 115.67 公斤/天（见图 6-1）。各地区县医院的医疗废物也主要是感染性医疗废物。东部地区，感染性医疗废物的产量为 188.02 公斤/天，占医疗废物产量的 83.78%；中部地区，感染性医疗废物的产量为 99.76 公斤/天，占医疗废物产量的 68.12%；西部地区，感染性医疗废物的产量为 82.17 公斤/天，占医疗废物产量的 71.04%（见表 6-2）。

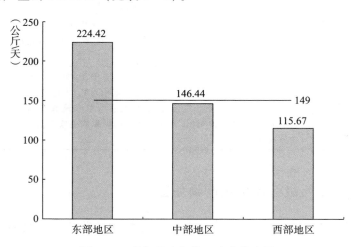

图 6-1 县级医疗机构医疗废物产量

表 6 - 2　县医疗机构医疗废物总量和不同类别废物生产情况

单位：公斤/天

类　别	东部地区	中部地区	西部地区	全国
医疗废物总量	224.42	146.44	115.67	149.12
感染性医疗废物	188.02	99.76	82.17	112.01
损伤性医疗废物	27.55	32.67	24.72	26.75
病理性医疗废物	4.32	6.94	3.29	4.54
药物性医疗废物	2.48	3.37	3.22	3.26
化学性医疗废物	2.05	3.70	2.27	2.47

2. 处置情况

本部分主要介绍调研地区采用的处置医疗废物的方式，并就每一种处置方式，介绍其覆盖范围和产生的费用。目前，调研地区医疗废物的处置方式主要有集中处置、自行填埋和自行焚烧三种，不存在随意排放现象。

调研的 104 家县医院中，有 89 家医院采取集中处置的方式；17 家医院自行焚烧处理医疗废物；7 家医院自行填埋；7 家医院采取了两种或两种以上的处置方式，其中，5 家医院同时采取了自行焚烧和自行填埋的方式，还有 2 家医院同时采用集中处置、自行焚烧和自行填埋三种处置方式。

（1）集中处置

集中处置已经成为我国医疗废物的主要处置方式。调研地区中有85.1% 的县医院都已经采用集中处置方式处理医疗废物（见图 6 - 2）。没有采取集中处置方式的县医院主要集中在西部地区，西部地区有 26.5%的县医院尚未采取集中处置的方式处理医疗废物，共计 14 家，该地尚未建立集中处置中心或还没有投入运营。此外，西部地区还有 2 家县医院在采取集中处置的同时，还采用了自行焚烧和自行填埋的方式处理医疗废物。

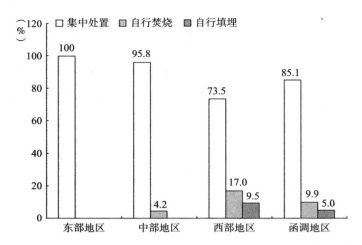

图 6 - 2　县级医疗机构废物处置方式选择情况

　　就费用而言，以医疗机构为单位，平均一家县医院的集中处置费用是 213061.1 元/年，中部地区医疗机构的集中处置费用最高，为 318362.4 元/年，其次是东部地区 249588.3 元/年，中部地区和东部地区的集中处置费用高于调研地区的平均水平，西部地区的集中处置费用最低，为 132607.8 元/年，低于函调地区的平均水平（见图 6 - 3）。集中处理 1 公斤医疗废物，函调地区县医院的平均费用是 3.91 元，东部地区的费用最低，为 3.04 元，其次为西部地区，为 3.16 元，中部地区最高，为 5.95 元（见图 6 - 4）。

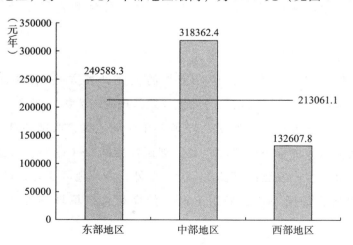

图 6 - 3　县医院集中处置的费用

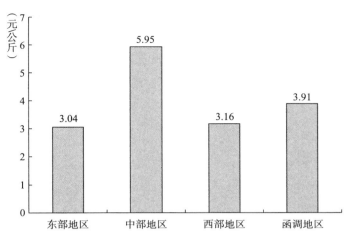

图 6 - 4　每公斤医疗废物的集中处置费用

（2）自行焚烧

目前，函调地区有 15.4%（17 家）的县医院采取了自行焚烧的方式处理，其中，16 家位于西部地区，1 家位于中部地区。8 家没有使用专门的焚烧炉，这 8 家县医院集中在西部地区。但即便使用了专门的焚烧设备，现行焚烧方式仍然存在问题。有 14 家采用不符合医疗废物处置技术要求的露天焚烧或间歇式焚烧炉进行焚烧。西部地区有 9 家县医院采用露天焚烧方式[①]，4 家采用间歇式焚烧炉，中部地区有 1 家采用间歇式焚烧炉（见表 6 - 3）。

表 6 - 3　自行焚烧设施利用情况

单位：家,%

项　　　目		东部地区	中部地区	西部地区	全国
专用焚烧设备	有	0（0）	1（100）	7（46.7）	8（50）
	无	0（0）	0（0）	8（53.3）	8（50）
设备类型	热水锅炉	0（0）	0（0）	0（0）	0（0）
	间歇式焚烧炉	0（0）	1（100）	4（26.7）	5（31.3）
	配备完全焚烧锅炉	0（0）	0（0）	2（13.3）	2（12.5）
	露天焚烧	0（0）	0（0）	9（60）	9（56.2）

---

① 露天焚烧所产生的二噁英，是现代化垃圾焚烧炉所排放二噁英的 2000～3000 倍；间歇式焚烧炉规模小、工艺落后、制造简陋，炉型设计不能适应医疗废物特征，没有烟气净化装置，加之焚烧温度过低、间断运行，处置效果不好，烟气、灰渣、废水等二次污染严重。

以医疗机构为单位，西部地区县医院采用自行焚烧处理医疗废物的平均费用为 33747 元/年，中部地区为 35000 元/年（见图 6 - 5）。焚烧 1 公斤医疗废物产生的费用是 0.67 元，当使用专用的焚烧炉设备，且是完全焚烧锅炉的时候，自行焚烧的费用会增加（每公斤 0.87 元）。

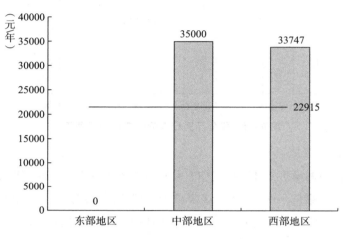

图 6 - 5　自行焚烧总费用情况

（3）自行填埋

当前，采取自行填埋处理医疗废物的县医院集中在西部地区，有 7 家县医院采用自行填埋的方式，其中，有 2 家没有预处理设施，5 家没有建立填埋场。不过，仅有 1 家将自行填埋作为医疗废物的主要处置方式，其他 6 家县医院都将自行填埋作为医疗废物的辅助处置方式。以自行填埋作为处理医疗废物主要方式的县医院的费用平均为 20000 元/年，处理 1 公斤医疗废物的费用是 0.67 元。

3. 医疗废物的管理情况

本部分主要从医疗废物管理制度建设、医疗废物处理教育培训、医疗服务存放和一次性医疗废物回收这四个方面介绍县医院医疗废物的管理情况。医疗废物管理制度已经基本建立，并开展了医疗废物处理教育培训，但在医疗废物的存放和一次性医疗废物的回收方面管理较差。

函调地区县医院已经基本建立了医疗废物管理制度，仅有中部地区的 1

家县医院尚未建立医疗废物管理制度。

医疗废物处理教育培训是落实比较好的一项管理制度，只有西部地区的 1 家县医院没有对人员进行医疗废物处理教育培训。

表 6 - 4 医疗废物管理建设情况

单位：家，%

项 目		东部地区	中部地区	西部地区	总 计
医疗废物管理制度建设	有	24（100）	23（95.8）	55（100.0）	102（99.0）
	无	0（0）	1（4.2）	0（0）	1（1.0）
医疗废物处理教育培训	有	24（100）	24（100）	54（92.0）	102（99.0）
	无	0（0）	0（0）	1（8.0）	1（1.0）

但是管理制度的其他方面还有待提升。目前，仍然有 8% 的县医院没有对医疗废物进行单独存放（见图 6 - 6），其中，2 家位于东部地区，3 家位于西部地区。

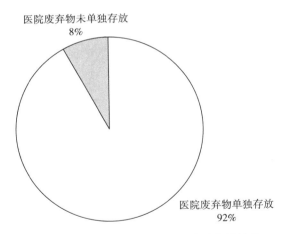

图 6 - 6 县医疗机构医疗废物单独存放情况

函调地区基本建立了临时存放区的专人管理制度（99%）（见表6 - 5），但临时存放仓库合格比例较低，仅有 78.4% 的临时存放仓库符合国家标准（见图 6 - 7），不符合国家标准的临时存放仓库主要集中在西部地区（见表6 - 6）。

表 6-5　临时存放区专人管理情况

单位：家,%

项　　目		东部地区	中部地区	西部地区	总计
临时存放区专人管理	有	24（100）	24（100）	54（92.0）	102（99.0）
	无	0（0）	0（0）	1（8.0）	1（1.0）

表 6-6　医疗废物临时存放设施建设情况

单位：家,%

类　　别	东部地区	中部地区	西部地区	总计
符合规范的暂存仓库	24（100）	20（83.3）	36（66.7）	80（78.4）
普通仓库	0（0）	4（16.7）	14（25.9）	18（17.6）
露天存放池或存放桶	0（0）	0（0）	3（5.6）	3（2.9）
无临时存放设施	0（0）	0（0）	1（1.8）	1（1.1）

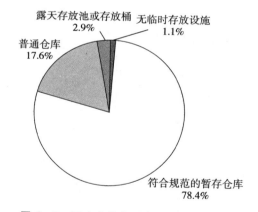

图 6-7　医疗废物临时存放设施建设情况

　　就临时存放区的清理和消毒情况来看，各地区差异比较大。函调地区平均每1.7天对临时存放区进行清理和消毒，56%的县医院能够做到天天清理临时存放区（见图6-8）；74.5%的县医院能够天天对临时存放区进行消毒（见图6-9）。但也有些医院清理和消毒频率比较低，极个别的医院半个月才清理和消毒一次，这些医院主要位于西部地区。

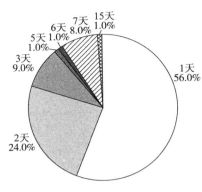

图 6-8　临时存放区清理情况　　　图 6-9　临时存放区消毒情况

　　函调地区，仅有四分之一的县医院实施了一次性医疗废物的回收。西部地区略高，接近三分之一（30.9%），东部地区和中部地区仅有 16.7% 的县医院对一次性医疗废物进行回收（见表 6-7）。

表 6-7　一次性医疗废物回收情况

单位：家，%

	东部地区	中部地区	西部地区	总计
有	4（16.7）	4（16.7）	17（30.9）	25（24.3）
无	20（83.3）	19（79.2）	36（65.5）	75（72.8）
不清楚	0（0）	1（4.1）	2（3.6）	3（2.9）

注：一家县医院没有填写管理建设情况问卷。

（二）乡镇医院医疗废物处置现状

1. 生产状况

　　函调地区，乡镇卫生院的医疗废物产量是 10.44 公斤/天。东部地区乡镇卫生院的医疗废物产量较高（21.12 公斤/天），提升了函调地区医疗废物产量的平均水平。中部地区乡镇卫生院医疗废物的产量为 8.73 公斤/天，西部地区为 6.44 公斤/天，都低于平均水平（见表 6-8 和图 6-10）。

　　乡镇卫生院医疗废物的类型主要是感染性医疗废物和损伤性医疗废物。感染性医疗废物产量占比为 71.93%，损伤性医疗废物占比为 28.07%。分地区与整体情况接近。东部地区感染性医疗废物占比为 73.58%（15.54 公

斤/天）；中部地区感染性医疗废物占比为 71.71%（6.26 公斤/天）；西部
地区感染性医疗废物占比略低，为 68.32%（4.40 公斤/天）。

表 6-8 乡镇医疗机构医疗废物总量和不同类别废物生产情况

单位：公斤/天

类　　别	东部地区	中部地区	西部地区	全国
医疗废物总量	21.12	8.73	6.44	10.44
感染性医疗废物	15.54	6.26	4.40	7.51
损伤性医疗废物	5.58	2.47	2.04	2.93

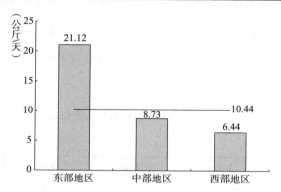

图 6-10 乡镇医疗机构医疗废物产量

2. 处置情况

本部分主要介绍函调地区乡镇卫生院处置医疗废物的方式及费用。

目前，调研地区乡镇卫生院处置医疗废物的方式比较多样，有 128 家卫
生院集中处置①；171 家自行焚烧，98 家自行填埋，2 家采取了县医院代收
方式，7 家随意排放，100 家乡镇卫生院采取了两种或两种以上的处置方式，
其中，同时采取自行焚烧和自行填埋的乡镇卫生院最多，共有 86 家（见表
6-9）。由于同时采取自行焚烧和自行填埋的乡镇卫生院数量较多，所以我
们除了介绍集中处置、自行焚烧、自行填埋这三种处置方式以外，还介绍
了采取自行焚烧和自行填埋处理医疗废物的乡镇卫生院的分布和费用。

---

① 集中处置包括全部选择集中处置 212 家，还包括现有集中处置，也有选择其他方式的另外 7
家（见表 6-9），下文其余数据也如此得来。

表 6 - 9　乡镇医疗机构医疗废物处置方式构成

类　　别	东部地区	中部地区	西部地区	函调地区
集中处置	55	32	34	121
自行焚烧	6	15	51	72
自行填埋	1	0	3	4
县医院代收	0	0	2	2
其他	1	0	0	1
集中处置和自行焚烧	0	2	0	2
集中处置和自行填埋	0	0	1	1
自行焚烧和自行填埋	8	17	61	86
自行焚烧和随意排放	0	3	1	4
集中处置、自行焚烧、自行填埋	0	0	3	3
自行焚烧、自行填埋、随意排放	0	0	3	3
集中处置、自行焚烧、自行填埋和其他	1	0	0	1

（1）集中处置

函调地区仅有 42.67% 的卫生院采取了集中处置的方式处理医疗废物，东部地区采用集中处置的比例最高，为 77.78%，其后是中部地区，为 49.27%，西部地区最低，仅有 23.27%。乡镇卫生院的集中处置费用是 17059.92 元/年，东部地区医疗机构的集中处置费用最高，为 20265.29 元/年，其次是中部地区 17615.74 元/年，东部地区和中部地区的集中处置费用高于函调地区的平均水平，西部地区的集中处置费用最低 11824.26 元/年，低于函调地区的平均水平（见表 6 - 10 和图 6 - 11）。具体到 1 公斤医疗废物的处理费用，上述情况有所调整，函调地区的平均处理费用是 4.48 元/公斤，东部地区的费用最低，为 2.61 元/公斤，其次为西部地区 5.03 元/公

表 6 - 10　乡镇医疗机构医疗废物处置费用

单位：元/年

类　　别	东部地区	中部地区	西部地区	全国
单位卫生院集中处置费用	20265.29	17615.74	11824.26	17059.92
每公斤医疗废物处置费用	2.61	5.53	5.03	4.48

斤，中部地区最高 5.53 元/公斤（见图 6-12）。东部地区总费用较高主要是因为其医疗废物产量较高。

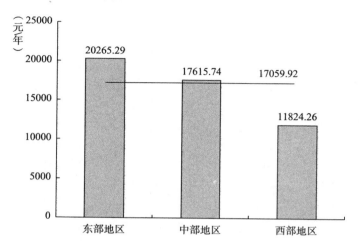

图 6-11　乡镇卫生院集中处置医疗废物的平均费用

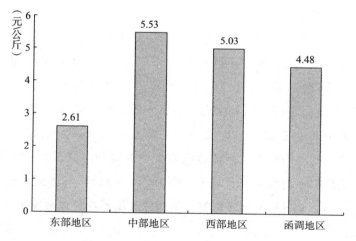

图 6-12　医疗废物的集中处置费用

（2）自行焚烧

目前，函调地区有 72 家乡镇医院只采取了自行焚烧的方式处理，其中，西部地区 51 家，中部地区 15 家，东部地区 6 家。只有 62.5%（45 家）的乡镇卫生院使用了专门的焚烧炉，仅有 6.9%（5 家）的乡镇卫生院配备了完全焚烧锅炉。西部地区焚烧设备最差，仅有 1 家配备了完全焚烧锅炉（见表 6-11）。

表 6-11　乡镇医疗机构自行焚烧设施利用情况

单位：家，%

项　目		东部地区	中部地区	西部地区	函调地区
专用焚烧设备	有	4（66.7）	10（66.7）	31（60.8）	45（62.5）
	无	2（33.3）	5（33.3）	20（39.2）	27（37.5）
设备类型	热水锅炉	1（16.7）	2（13.3）	11（21.6）	14（19.4）
	间歇式焚烧炉	1（16.7）	3（20.0）	15（29.4）	19（26.4）
	配备完全焚烧锅炉	1（16.7）	3（20.0）	1（2.0）	5（6.9）
	露天焚烧	3（49.9）	7（46.7）	24（47.0）	34（47.3）

　　乡镇医院采用自行焚烧处理医疗废物的年平均费用为 3886.9 元，西部地区最高，为 4256.9 元/年，中部地区为 2970.2 元/年，东部地区为 3323.1元/年（见图 6-13）。1 单位医疗废物的处置费用为 1.71 元/公斤，具体到各地区，中部地区最高（2.35 元/公斤），西部地区次之（1.66 元/公斤），东部地区最低（1.12 元/公斤）（见图 6-14）。使用专用的焚烧炉设备，且是完全焚烧锅炉的乡镇卫生院自行焚烧的费用差异较大，符合技术标准的机构每公斤 5.66 元，其他机构则只有 0.48 元。

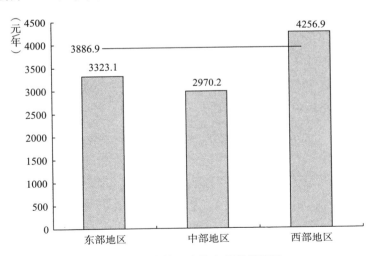

图 6-13　乡镇卫生院自行焚烧费用

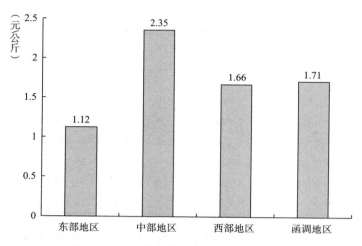

图 6-14 自行焚烧医疗废物的处置费用

（3）自行填埋

只采取自行填埋处理医疗废物的乡镇卫生院仅有 4 家，3 家位于西部地区，平均处理费用为 1666.7 元/年，1 公斤医疗废物的处理费用为 0.32 元；东部地区只有 1 家，费用为 5000 元/年，自行填埋 1 公斤医疗废物的平均费用为 6.85 元。目前，这 4 家乡镇卫生院都没有建立填埋场和预处理设施。

（4）同时选择自行焚烧和自行填埋

目前，有 86 家乡镇卫生院同时采取自行焚烧和自行填埋的方式处理医疗废物，以西部地区居多，有 61 家采取上述方式，中部地区有 17 家，东部地区有 8 家。这 86 家仅有 36 家采用专用的焚烧设备处理医疗废物，仅有 2 家配备完全焚烧锅炉（见表 6-12）。

表 6-12 乡镇医疗机构自行焚烧设施利用情况

单位：家，%

项　　目		东部地区	中部地区	西部地区	全国
专用焚烧设备	有	5（62.5）	7（41.2）	24（39.3）	36（41.9）
	无	3（37.5）	10（58.8）	37（60.7）	50（58.1）
设备类型	热水锅炉	0（0）	0（0）	2（3.3）	2（2.3）
	间歇式焚烧炉	4（50）	2（11.8）	14（23.0）	20（23.3）
	配备完全焚烧锅炉	1（12.5）	0（0）	1（1.6）	2（2.3）
	露天焚烧	3（37.5）	15（88.2）	44（72.1）	62（72.1）

医疗废物的平均花费是 6129.8 元/年，其中东部地区总费用为 7458.9元/年，中部地区为 3250 元/年，西部地区为 6120.9 元/年（见图 6－15）。处置 1 公斤医疗废物的平均费用为 3.92 元，东部地区为 3.47 元，中部地区为 2.11 元，西部地区为 4.51 元，远远高于其他处置方式产生的费用（见图6－16）。

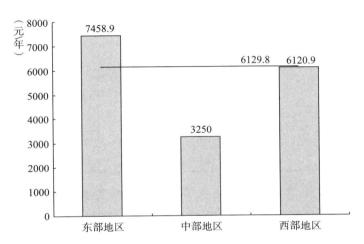

图 6－15　乡镇卫生院自行焚烧和填埋的处置费用

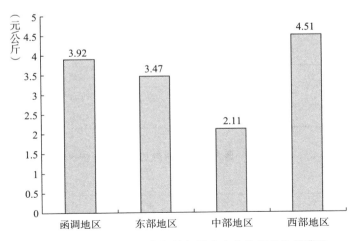

图 6－16　自行焚烧和自行填埋医疗废物的平均处置费用

3. 医疗废物的管理情况

本部分主要从医疗废物管理制度建设、医疗废物处理教育培训、医疗废物存放和一次性医疗废物回收四个方面介绍乡镇卫生院医疗废物的管理情况。函调地区，96.7% 的乡镇卫生院建立了医疗废物管理培训制度；92.8% 的乡镇卫生院有相关教育培训。西部地区管理制度建设和教育培训相对较差（见表6-13）。

表6-13　乡镇卫生院医疗废物管理建设情况

单位：家,%

项　　目		东部地区	中部地区	西部地区	总计
医疗废物管理制度建设	有	70（97.2）	72（100）	155（95.1）	297（96.7）
	无	2（2.8）	0（0）	8（4.9）	10（3.3）
医疗废物处理教育培训	有	72（100）	69（95.8）	144（88.3）	285（92.8）
	无	0（0）	3（4.2）	19（11.7）	22（7.2）

函调地区乡镇卫生院基本建立了临时存放区专人管理制度（92.8%）（见表6-14），但临时存放仓库合格比例较低，仅有34.1% 的临时存放仓库符合国家标准，东部地区临时存放区合规比例相对较高，有64.8%（见表6-15）。

表6-14　乡镇卫生院医疗废物临时存放区专人管理情况

单位：家,%

项　　目		东部地区	中部地区	西部地区	函调地区
临时存放区专人管理	有	72（100）	69（95.8）	144（88.3）	285（92.8）
	无	0（0）	3（4.2）	19（11.7）	22（7.2）

表6-15　医疗废物临时存放设施建设情况

单位：家,%

类　　别	东部地区	中部地区	西部地区	总计
符合规范的暂存仓库	46（64.8）	22（31.9）	34（21.4）	102（34.1）
普通仓库	17（23.9）	19（27.5）	60（37.7）	96（32.1）
露天存放池或存放桶	8（11.3）	24（34.8）	51（32.1）	83（27.8）
无临时存放设施	0（0）	4（5.8）	14（8.8）	18（6.0）

就临时存放区的清理和消毒情况来看，各地区差异比较大。函调地区平均每 4 天对临时存放区进行一次消毒，天天清理和消毒的乡镇卫生院仅占 29.6%。

函调地区，仅有 19.2% 的乡镇卫生院实施了一次性医疗废物的回收。中部地区略高，接近三分之一（30.6%），东部地区和西部地区县医院仅有不足 20% 的乡镇卫生院对一次性医疗废物进行回收，东部地区为 16.7%，西部地区为 15.3%，见表 6 - 16。

表 6 - 16　一次性医疗废物回收情况

单位：家,%

	东部地区	中部地区	西部地区	函调地区
有	12（16.7）	22（30.6）	25（15.3）	59（28.5）
无	59（81.9）	45（62.5）	124（76.1）	128（61.8）
不清楚	1（1.4）	5（6.9）	14（8.6）	20（9.7）

（三）县、市医疗废物集中处置中心建设运营情况

本部分主要从建设和规范运营两个角度了解医疗废物集中处置中心建设运营情况，并通过跨地区比较，分析东部地区、中部地区和西部地区医疗废物集中处置中心建设运营情况。

1. 建设

函调的 104 个地区中，85.6% 的地区建立了医疗废物集中处置中心，东部地区基本实现集中处置中心全覆盖（95.8%），中部地区已经实现了完全覆盖（100%），西部地区医疗废物处置中心建设率最低，仅有 75%（见表 6 - 17）。

表 6 - 17　医疗废物处置中心个数、类型和资质

单位：个,%

项　目		东部地区	中部地区	西部地区	函调地区
废物处置中心		23（95.8）	24（100）	42（75）	89（85.6）
类型	政府主办	12（52.2）	16（66.7）	20（47.6）	48（53.9）
	市场提供	11（47.8）	8（33.3）	14（33.3）	33（37.1）
	不清楚	0（0）	0（0）	8（19.1）	8（9.0）

续表

项　目		东部地区	中部地区	西部地区	函调地区
资质	有经营许可	23（100）	22（91.6）	38（90.6）	83（93.2）
	无经营许可	0（0）	1（4.2）	2（4.7）	3（3.4）
	不清楚	0（0）	1（4.2）	2（4.7）	3（3.4）

医疗废物集中处置中心有两种类型：政府主办和市场提供。目前，函调地区有 53.9% 的集中处置中心由政府提供。中部地区政府主办的集中处置中心占比最高（66.7%），其次是东部地区（52.2%），西部地区最低（47.6%）。经济发达地区，医疗废物处置的市场化程度相对较高。

从资质来看，3 个地区（3.4%）的废物集中处置中心没有经营许可，分别位于中部地区（1 个，4.2%）和西部地区（2 个，4.7%）；东部地区所有地区的处置中心都获得了经营许可，合格率最高。

2. 运营

（1）县级层面集中处置中心的运营方式

县医院的医疗废物主要是由处置中心派车统一收取的，少部分地区仍然是医院自送的（4 个，4.6%），东部地区有 1 个地区的县医院需要自送，西部地区有 3 个。医疗废物运送的间隔时间是每 3.1 天收取一次，东中部地区均为 1.9 天，符合国家规定，而西部地区远高于函调地区平均水平，达到4.3 天（见表 6 - 18）。

表 6 - 18　县医院集中处理医疗废物收取情况

项　目		东部地区	中部地区	西部地区	全国
类型	医院自送（个,%）	1（4.2）	0（0）	3（7.5）	4（4.6）
	处置中心派车（个,%）	23（95.8）	23（100）	37（92.5）	83（95.4）
收取废物间隔时间均值（天）		1.9	1.9	4.3	3.1
收取废物间隔时间标准差		0.7	0.5	9.4	6.5

从医疗废物的收取时间间隔情况来看，政府主办和市场提供的处置中心没有明显差异，都在 2 天左右（前者 2.12 天，后者 1.96 天）；相对没有资质的处置中心，有资质的处置中心医疗废物收取间隔时间较短，为 1.33

天，前者为 3.22 天。

处置中心的主要收费方式是按照实际开放床位数收取的，函调地区 82.4% 的县医院按照实际开放床位数向集中处置中心缴纳费用（见图 6-17）。县医院每开放一个床位，需向集中处置中心缴纳 1.43 元/天。中部地区最高，为 1.86 元/天，其次是东部地区 1.33 元/天，西部地区最低，为 1.28 元/天。政府主办的处置中心和市场提供的处置中心在收费方面没有明显差别，前者一个床位为 1.52 元/天，后者一个床位为 1.46 元/天。

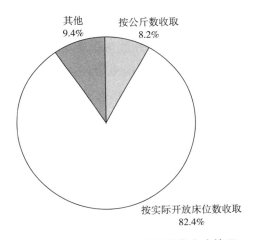

图 6-17　县医院集中处置收费方式情况

中西部地区有的地方是按照公斤数计费的，采用公斤数计费的地区占所有地区的 8.2%。处置中心处置每公斤医疗废物收取 8.5 元；中部地区是 10 元，西部地区是 8.24 元。

（2）乡镇层面集中处置中心的运营方式

乡镇卫生院的医疗废物也主要是由处置中心派车统一收取的，函调地区仅有 2 家卫生院自送。这 2 家卫生院 1 家位于东部地区，1 家位于西部地区（见表 6-19）。

表 6-19　乡镇医疗机构集中处理医疗废物收取情况

	项　　目	东部地区	中部地区	西部地区	函调地区
类型	医院自送（家,%）	1（1.8）	0（0）	1（2.6）	2（1.6）
	处置中心派车（家,%）	55（98.2）	34（100）	37（97.4）	126（98.4）

续表

项　　目	东部地区	中部地区	西部地区	函调地区
收取废物间隔时间均值（天）	5.1	7.9	10.3	7.4
收取废物间隔时间标准差	2.78	8.1	11.3	7.9

　　函调地区废物收取时间间隔为7.4天，东部地区收取废物间隔时间最短，为5.1天，中部地区为7.9天，西部地区最高，达到10.3天，与国家标准以及县级医疗机构的废物收取时间间隔差别较大。政府主办和市场提供的处置中心没有明显差异，前者6.7天，后者7.9天。

　　医疗废物集中处置中心以实际开放床位数为标准向乡镇卫生院收取费用，乡镇卫生院每开放一个床位，需向集中处置中心缴纳2.57元/天，高于处置中心向县医院收取的费用（见表6-20）。东部地区最高，为3.3元/天，其次是西部地区，为2.33元/天，中部地区最低，为2.06元/天。政府主办和市场提供的处置中心在收费方面差别较大，前者为3.16元/天，后者为1.89元/天。

表6-20　医疗机构每床位集中处置费用

单位：元/天

类　　别	函调地区	东部地区	中部地区	西部地区
县医院	1.43	1.33	1.86	1.28
乡镇卫生院	2.57	3.3	2.06	2.33

　　此外，占比次高的收费方式是固定收费，28.8%的乡镇卫生院按年、按季度、按月或者按天向处置中心缴纳固定的费用；按照公斤数计费的乡镇卫生院占比为7.2%。

三　现状总结

　　通过梳理函调地区医疗废物处置现状，可以看到我国医疗废物处置具有以下特征：第一，集中处置基本覆盖县级医疗卫生机构，但乡镇卫生院采用集中处置方式处理医疗废物的占比较低。第二，医疗废物采取集中处置方式处理的费用要高于自行焚烧和自行填埋。以县医院为例，集中处置1

公斤医疗废物的费用为 3.91 元，自行焚烧或者填埋 1 公斤医疗废物的费用为 0.67 元。乡镇卫生院也表现了相同趋势，在此不再列举具体数据。第三，分地区来看，不论是采取哪种处置方式，中部地区处置医疗废物的单位费用均较高。第四，函调地区已基本建立了医疗废物的管理制度。但在一次性废物处理方面，特别是临时存放区的建设和管理方面，相对较弱。第五，政府主办的集中处置中心比例高于市场主办的集中处置中心的比例。市场主办的处置中心废物收取时间间隔与政府主办的废物集中处置中心基本没差别，但收费相对较低。第六，少数位于中部地区和西部地区的废物集中处置中心没有经营许可。第七，对县医院的医疗废物运送时间间隔在 2 天左右，但对乡镇卫生院的医疗废物运送时间间隔较长，平均为 7.4 天。

第二节　农村医疗废物处置风险分析

一　农村医疗废物处置存在的问题

（一）医疗废物集中处置尚未实现全覆盖

函调地区，85.1% 的县医院、42.7% 的乡镇卫生院集中处置医疗废物（见表 6 - 21）。函调地区还没有实现医疗废物集中处置的全覆盖，尤其是乡镇层面，超过半数的乡镇卫生院没有集中处置医疗废物。

表 6 - 21　医疗废物集中处置覆盖率

单位:%

类　　别	东部地区	中部地区	西部地区	函调地区
县医院	100	95.8	73.5	85.1
乡镇卫生院	77.8	49.3	23.3	42.7

分地区而言，西部地区医疗废物集中处置覆盖率最低，仍有 26.5% 的县医院没有使用集中处置的方式处理医疗废物，接近 80% 的乡镇卫生院没有使用集中处置的方式处理医疗废物。中部地区超过一半没有实行医疗废物集中处置，需要加强乡镇层面医疗废物集中处置的覆盖。东部地区情况

相对较好，在县级层面实现了医疗废物的全覆盖，乡镇卫生院集中处置的覆盖比例也较高。

（二）自行处置设备简陋

14.9%的县医院、57.3%的乡镇卫生院自行处置医疗废物。处置方式主要是焚烧和填埋。目前，17家采用焚烧处理医疗废物的县医院中，有8家没有使用专门的焚烧炉，有14家采用不符合医疗废物处置技术要求的露天焚烧或间歇式焚烧炉进行焚烧。采取自行填埋处理医疗废物的7家县医院中有2家没有预处理设施，5家没有建立填埋场。自行焚烧垃圾的171家乡镇卫生院中，88家没有专门焚烧炉，164家没有完全的焚烧炉；自行填埋的98家乡镇卫生院中，55家没有预处理设施，66家没有建立填埋场（见表6－22）。此外，还有8家乡镇卫生院随意排放垃圾。

表6－22　医疗废物自行焚烧和填埋的设备

	自行焚烧			自行填埋		
	采用自行焚烧的个数	建立专门焚烧炉	配备完全焚烧炉	采用自行填埋的个数	使用预处理设施	使用填埋场
县医院	17	9	3	7	5	2
乡镇卫生院	171	83	7	98	43	32

目前，调研地区乡镇卫生院处置医疗废物的方式比较多样，有128家卫生院集中处置；171家自行焚烧，98家医院自行填埋，2家医院采取了县医院代收，7家随意排放，100家乡镇卫生院采取了两种或两种以上的处置方式，其中，同时采取自行焚烧和自行填埋的乡镇卫生院最多，共有86家。

（三）医疗废物收运频次不符合规定

医疗废物集中处置单位对中部地区和东部地区县医院医疗废物的收集和运送基本满足"每2天到医疗卫生机构收集、运送一次医疗废物"的要求，东、中部地区医疗废物运送的间隔时间是1.9天，但医疗废物集中处置单位对西部地区县医院和函调地区乡镇卫生院医疗废物的收集和运送不能满足这一要求。西部地区县医院医疗废物运送的时间间隔为4.3天。集中处置中心对乡镇卫生院废物收取时间间隔达到 7.4 天，即使是东部地区，收取废物间隔时间也超过了两天，为 5.1 天，中部地区为 7.9 天，西部地区最高，达到 10.3 天，与国家标准差别较大（见表 6 - 23）。

表 6 - 23　医疗废物集中处置中心对医疗废物收运频次

单位：天

类　　别	函调地区	东部地区	中部地区	西部地区
县医院	3.1	1.9	1.9	4.3
乡镇卫生院	7.4	5.1	7.9	10.3

（四）医疗废物处置成本过高

每家县医院医疗废物的平均处置成本为 174136.8 元/年①，约占县医院经营收入的 0.21%；集中处置费用较高，为 213061.1 元/年，占县医院经营收入的 0.25%。乡镇卫生院医疗废物的处置成本为 10187.1 元/年，约占其经营收入的 4%，集中处置费用为 17059.92 元/年，占其经营收入的 6.77%（见表 6 - 24）。61.4% 的县医院认为医疗废物的处置成本过高（见图 6 - 18）；29.6% 的乡镇卫生院认为医疗废物的处置成本过高。

表 6 - 24　医疗废物处置成本

单位：元/年

项　　目		函调地区	东部地区	中部地区	西部地区
县医院	集中处置	213061.1	249588.3	31836.24	132607.8
	自行焚烧	33825	—	35000	33736.7
	自行填埋	20000	—	—	20000
乡镇卫生院	集中处置	17059.92	20265.29	17615.74	11824.26
	自行焚烧	3886.9	3323.1	2970.2	4256.9
	自行填埋	2916.7	5000	—	1666.7
	自行焚烧和填埋	6129.8	7458.9	3250	6120.9

---

① 县医院医疗废物平均处置成本计算不仅包括表 6 - 24 中的三种方式，还有其他方式，所以是全部处置方式的平均值，乡镇医院的计算方式同县医院。

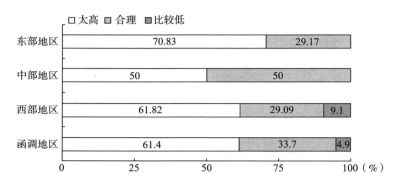

图 6 – 18　县医院医疗废物处置费用认可合理度情况

从费用结构来看，根据《医疗卫生机构医疗废物管理办法》，"医疗卫生机构应当设置负责医疗废物管理的监控部门或者专（兼）职人员"，"医疗卫生机构应当按照要求，及时分类收集和暂时储存医疗废物"，"为机构内从事医疗废物分类收集、运送、暂时贮存和处置等工作的人员和管理人员配备必要的防护用品，定期进行健康检查，必要时，对有关人员进行免疫接种，防止其受到健康损害"等要求，人员安全防护及材料费、医院人员管理费也应该列入医疗废物的处置成本，表 6 – 25 中的数据还没有包括人员的安全防护及材料费以及医务人员管理费，一旦加上这些费用，医疗废物的处置成本将更高，因此形成的医疗机构处置医疗废物的财务压力更大。

（五）一次性医疗废物的回收情况严峻

函调地区，仅有四分之一的县医院实施了一次性医疗废物的回收。西部地区略高，接近三分之一（30.9%），东部地区和中部地区仅有 16.7% 的县医院对一次性医疗废物进行回收（见图 6 – 19）。仅有 19.2% 的乡镇卫生院实施了一次性医疗废物的回收。中部地区略高，接近三分之一（30.6%），东部地区和西部地区县医院仅有不足 20% 的乡镇卫生院对一次性医疗废物进行回收，东部地区为 16.7%，西部地区为 15.3%（见图 6 – 20）。

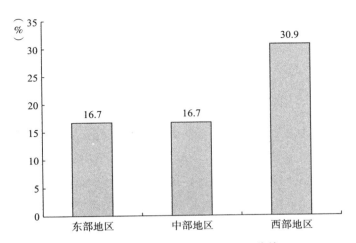

图 6 – 19　县医院一次性医疗废物回收情况

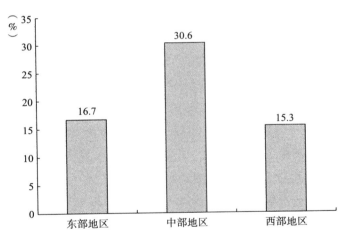

图 6 – 20　乡镇卫生院一次性医疗废物回收情况

二　农村医疗废物处置的风险源

本部分从政策设计、执行两个层面剖析上述问题背后的原因。

（一）政策设计层面

1. 医疗废物监管政出多门

医疗垃圾管理部门涉及卫生防疫、城市环境卫生和环境保护等部门，导致政出多门、责权不清、监管力度不够；法规、标准的制定环节与实施环节严重脱钩，直接影响法规、标准的可操作性，导致处置设施建设滞后，集中处置率低。

2. 医疗废物集中处置定价偏高

医疗废物处置具有自然垄断的特点，这决定了医疗废物集中处置市场价格高于社会福利最大化的价格，特别是在集中处置中心处置医疗废物有限，难以实现规模经济的时候。同时，医疗废物集中处置具有外部性和准公共产品的特点，这决定了政府部门应该给予一定的政府补贴，保证医疗废物集中处置费用在医疗机构能够承受的合理范围内。

而现实情况是医疗废物集中处置费用过高，超过了医疗机构可以承受的范围。县医院集中处置 1 公斤医疗废物的费用为 3.91 元，自行焚烧或者填埋 1 公斤医疗废物的费用仅为 0.67 元，前者约为后者的 6 倍。县医院医疗废物集中处置费用占其经营性收入的 0.25%，高出自行处置费用 30%，61.4% 的县医院认为医疗废物的处置成本过高。

由于一些医疗机构不能接受过高的收费价格，没有将医疗废物按要求进行集中回收，个别单位存在将医疗废物混同生活垃圾处理，甚至将部分医疗废物作为废品出卖的现象，导致一些医疗废弃物再回收或转为他用，使其成为病毒、细菌危险传染源。

3. 具体管理规定与实际情况脱节

一是医疗废物处置技术路线选择与规模关系较大，而对运输频次等具体管理规定没有考虑不同地区医疗废物产生的规模，与实际情况脱节。西部乡镇卫生院，其地理位置分布较为分散，交通运输成本较高，而医疗废物产生量较少，平均仅为 6.44 公斤/天，很多村卫生室一天的医疗废物产量不足 1 公斤。平均两天的医疗废物集中处置运输频次不可能实现。二是目前尚未出台医疗废物高温灭菌处置技术规范，对于医疗废物与危险废物合并处理等若干问题也存在一定的争议，以致很多医疗机构钻政策的空子，将医疗垃圾和生活垃圾混同处理，处理结果不达标，甚至出售医疗废物。

（二）政策执行层面

1. 医疗废物集中处置配套资金和政策不足

部分地区没有实现医疗废物集中处置的直接原因是当地医疗废物集中处置中心尚未建成或者投入使用。调研地区县医院没有实行集中处置都归因于当地没有医疗废物处置中心。西部地区最为突出，调研地区25%的地方还没有建设处置中心。

医疗废物集中处置具有准公共产品和外部性特征，医疗废物集中处置能够保障医疗废物无污染。政府理应主导或者引进市场力量，加强医疗废物集中处置中心的建设力度。如果当地政府不够重视，财政投入不足或者土地保障不到位，那么国家关于"设区市为规划单元建设医疗废物集中处置设施"的政策在部分地区将落实不到位。

2. 医疗废物管理不力

以一次性医疗废物的回收情况为例，说明我国医疗废物处置过程中存在的医疗废物管理不力的问题。访谈表明，很多医务人员不知道一次性医疗废物的内容、危害及处置办法。还有西部一些乡镇卫生院，因为毁形器的经济成本较高，从而将医疗废物便宜处置。由于医疗监管所人力和财力有限，省市县职责分配存有缺陷，如安徽监管权力下放，市级监管部门没有具体职责，处于闲置状态，没有相应的执法权，不能有效监管医疗卫生机构，特别是基层医疗卫生机构，一次性医疗废物处置不合规的问题得不到纠正。

第三节　推进医疗废物集中处置的政策建议

《医疗废物管理条例》明确指出国家应推行医疗废物集中无害化处置。基于医疗废物集中处置的属性，必须由政府主导医疗废物的集中处置。政府的基本职责包括宏观层面的定价、行业监管；中观和微观层面，从供方角度主导医疗废物集中处置中心的设点和建设；当地卫生局作为乡镇卫生院的需方代表，与集中处置中心就医疗废物的转送频率、处置费用等问题进行谈判（见图 6 – 21）。

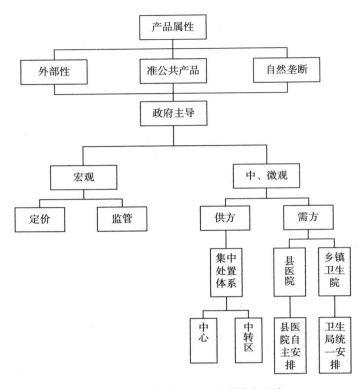

图 6 – 21 医疗废物集中处置模式设计

一 政府主导医疗废物集中处置

医疗废物处置过程中体现出来的外部性、自然垄断和准公共产品的特点要求政府主导医疗废物的处置。具体而言，政府主导医疗废物集中处置主要表现在以下几个方面。

（一）完善医疗废物集中处置定价并加强行业监管

第一，基于边际成本定价法确定医疗废物集中处置价格，同时给予集中处置中心一定的补贴。

在完全竞争市场中，供求关系的变动会使产品价格最终定在边际成本与边际效用相等的水平上。由于这种价格可以引导资源实现最优配置，因此政府无须规定价格。而在垄断存在的条件下，垄断者自主定价虽可以实现其利润的最大化，但却会导致产品的产出量低于社会需求量，因此需要政府规定价格。由于医疗废物集中处置的市场结构为自然垄断市场，并且医疗废物集中处置又带有明显的正外部性，因而政府必须对医疗废物集中处置进行价格上的管制。

对于准公共产品，政府通常采取的管制定价方法有三种：边际成本定价法、平均成本定价法和二部定价法。我们认为，对医疗废物集中处置采用边际成本定价法，同时给予集中处置中心一定的补贴，既可以满足经济效率的要求，又可以兼顾社会公平。当然，集中处置中心要接受相关部门的监督和检查。

第二，根据相关法律规定，环境保护行政主管部门和卫生行政主管部门对医疗废物处置进行监督和检查，并加强对乡镇卫生院和村卫生室的监督管理。

（二）激励相关主体以促进医疗废物集中处置

1. 建立健全医疗废物集中处置设施体系

医疗废物集中处置中心的建设直接关系到人民群众的生命健康和环境安全。而人民群众的反对往往是集中处置中心建设的重要阻力。目前我国医疗废物集中设施布局还不能够完全满足医疗废物集中处置的要求，因此有必要在政府主导下，建立和完善医疗废物集中处置设施体系，改进单一的医疗废物集中处置设施模式，以满足医疗废物安全处置的需求。

医疗废物集中处置体系的建立，应充分考虑当地的经济水平和医疗卫生机构的地理分布状况，坚持因地制宜、实事求是、统筹规划、合理布局、控制投资、注重实效的原则，根据当地的医疗废物产生量和区域分布的情况以及管理中存在的问题，结合医疗废弃物逆向物流网络拓扑结构等方法，优化医疗废物处置体系布局，设置医疗废物集中处置中心，并以集中处置中心为基础，增加区域性收集、中转和预处理设施，组成医疗废物集中处置设施网络体系。

（1）建立医疗废物集中处置中心

根据人口的密集程度和医院分布的集中程度，以及医疗废物产生数量分布情况，划分区域。人口集中、医疗卫生机构集中、医疗废物产生数量大的城区产生的医疗废物，可以运送到危险废物处理处置中心集中进行处置。

政府主导并不等于政府直接生产这种产品，而现实中因为竞争刺激与利润动机的双重缺乏，政府应直接生产和经营公共产品的低效率。因而，政府应根据各地的基本情况，采取多种方式将医疗废物集中处置委托给厂商：一是由政府投资项目，委托专业公司进行建设和运营，采取市场化的方式构建特许经营制度；二是在现有经济发展阶段下，多数地方政府，特别是西部欠发达地区仍需要采用 BOT 模式弥补财政投入的不足，而在 BOT 基础上建立特许经营制度，也成了一种新的尝试。

（2）按区域建立若干个医疗废物收集、中转和预处理设施

人口和医疗卫生机构布局相对分散，医疗废物产生量不太多的郊区或者人口稀疏，医疗卫生机构少且分散孤立，医疗废物产生量少的市辖县，可按区域建立若干个医疗废物收集、中转和预处理设施，这些设施负责收纳本区域内产生的医疗废物，在对收集到的医疗废物进行预处理后，再集中运送到危险废物处理处置中心进行安全处置。偏远地区具有人口密度小、医疗卫生机构少、产生的医疗废物少的特点，因此应考虑投资少、规模小、运行成本低、技术含量高、对环境危害小的处置技术和设备。目前，可以选择的医疗废物处理处置方法有高温焚烧法（以回转窑、热解焚烧炉、多室炉、等离子体法为主）、化学消毒法、高温蒸汽灭菌法、电磁波灭菌法、卫生填埋法等。从处理处置医疗废物的数量、对环境的影响、投入资金、运行成本等综合情况考虑，高温蒸汽灭菌技术和设备最好。偏远地区可根据区域医疗废物的产生数量、运输距离等情况，考虑购置小型医疗废物专用运输车辆，这样可以降低运输成本。

2. 主导或引导医疗卫生服务机构实现医疗废物集中处置

（1）县医院

引导县医院建立、健全医疗废物管理责任制，并引导县医院与集中处

置中心协商确定医疗废物集中处置的相关事项。

鉴于县医院医疗废物生产量比较大，医疗废物集中处置费用在县医院收入中所占比例较小，不会对县医院造成负担，因此我们主张县医院自主与医疗废物集中处置机构签订医疗废物集中处置协议。通过自主谈判，县医院与集中处置中心协商确定医疗废物处置的费用计算方法、运输频次、费用调整方式等。县医院要建立、健全医疗废物管理责任制，其法定代表人为第一责任人。

（2）乡镇卫生院

通过政府主导，当地卫生局作为乡镇卫生院的需方代表与集中处置中心就医疗废物的转送频率、处置费用等问题进行谈判。

相比县医院，乡镇卫生院医疗废物产量少，而分布比较分散，医疗废物平均处置费用较高，乡镇卫生院独自承担医疗废物集中处置的经济压力比较大。为了实现规模经济，降低医疗废物集中处置费用，主张由县卫生局作为乡镇卫生院的需方代表与集中处置中心就医疗废物的转送频率、处置费用等问题进行谈判。福建长汀已经开始了这方面的实践，并且取得了良好的工作效果，说明这种方法具备可行性。

同时，财政应将县市医疗机构和乡镇卫生院医疗废物转运费差额部分纳入预算补助。对于财政紧张地区，可以考虑参照全民医保等相关社会统筹体系，将医疗废物处置费用纳入社会医疗保障体系，使集中处置经费得到保障。这既可以减轻医疗机构和地方财政的负担，又可以使集中处置经费得到保障，便于卫生和环保等部门监管，有利于提高整个社会医疗废物的安全处置水平。

每个乡镇（场）由县卫生局指定一所乡镇医院作为辖区内村卫生室、社区卫生服务站、门诊部和个体诊所医疗废物定点中转站。被指定作为医疗废物定点中转站的医疗卫生机构，要明确专人负责医疗废物接收、登记和管理工作。

3. 因地制宜以实现医疗废物集中处置

由于我国幅员辽阔，东中西部情况差异大。东部和中部基本具备医疗废物集中处置的条件，但西部地区进行医疗废物集中处置的条件还不具备。

应根据各地的基本情况，提出适合医疗废物集中处置的基本模式。

首先，在东部和中部，对医疗废物集中处置中心进行查漏补缺，规范医疗废物集中处置；其次，在西部，短时间内允许医疗废物自主处置，同时在政府激励和支持下，应逐步过渡到医疗废物基本集中处置。

（1）建设医疗废物集中处置体系

完善医疗废物集中处置体系，加紧完成医疗废物集中处置中心的建设；允许社会资本以多种方式参与集中处置中心的建设。同时国家应加大对西部贫困地区医疗废物处置资金的投入，对医疗废物处置项目的运行经费给予补助。

（2）允许不具备条件的地区自行处置医疗废物

按要求，县医院应使用完全封闭的焚烧炉自行处置医疗废物。当地政府可委托当地已经配置完全焚烧炉的县医院集中处置县级医疗机构的医疗废物。

鉴于完全封闭焚烧炉费用过高，建议西部地区乡镇卫生院和村卫生室在过渡期间可使用自行填埋的方式处理医疗废物。

（3）放宽西部地区集中处置运输频次的要求

根据医疗废物处置规范，医疗废物暂存时间不得超过48小时。而西部地区乡镇卫生院、村卫生室医疗废物产量比较少，且比较分散，每两天运输一次的运输费用较高。特别是村卫生，每天医疗废物产量仅为1公斤左右。建议根据当地情况，适当放宽西部地区集中处置运输频次的规定。同时，县卫生局和环保部门应加强对医疗废物处置的监督和管理。

参考文献

邵芳、王强等：《国内医疗废物处置与管理探讨》，《重庆环境科学》2001年第5期。

吴海梁：《我国医疗废物管理法律制度研究》，河海大学硕士学位论文，2005。

郑星：《医疗废物处置现状与管理对策》，《中国公共卫生管理》2011年第3期。

孙宁、程亮、孙钰茹等：《完善我国医疗废物集中处置收费政策的思考和建议》，《中国人口·资源与环境》2011年第S1期。

王强、吴少林、张彦芳等：《关于完善我国医疗废物无害化处置和管理的政策思考》，《中国环境管理》2013年第2期。

李素英、魏华、黄晶等:《医疗废物处理现状和管理对策》,《中华医院管理杂志》2005年第 7 期。

孙宁、吴舜泽、侯贵光:《医疗废物处置设施建设规划实施的现状、问题和对策》,《环境科学研究》2007 年第 3 期。

吴贵妆:《基层医院医疗废物处理存在问题及对策》,《齐鲁护理杂志》2008 年第 5 期。

杨萍、田炜:《农村医院医疗废物处理的问题及对策》,《中国医院协会第十三届全国医院感染管理学术年会论文汇编》,2006 年。

（王　菁）

第七章 乡镇卫生院水和环境卫生指标体系研究

内容提要： 乡镇卫生院供水和环境卫生（WASH）设施水平的不断提高，对农村地区医疗卫生机构就医环境的改善、居民环境卫生行为的逐步形成以及相关传染病传播和蔓延的有效控制起到不可忽视的引导和促进作用。虽然每年中央政府、地方政府和国际组织为农村地区 WASH 水平的提高进行了大规模的、持续性的人力、物力和财力投入，但是现阶段医疗机构环境卫生状况，尤其是农村医疗机构供水设施和卫生厕所等环境卫生设施建设方面还存在诸多问题，例如缺乏清晰的政策支持、没有明确的指南或标准、乡镇卫生院 WASH 的总体现状及发展状态不明确、没有相关的统计信息可以借鉴参考等。我们结合实地调研和专家访谈，构建了农村 WASH 指标体系。指标体系分为 3 层，共 6 个二级指标，24 个三级指标。在专家主观评价权重中，供水水源最为重要，厕所冲水方式最不重要。在实地的数据权重中，人们的节水意识与环保意识最为重要。指标权重调整后，在所有三级指标中，最重要的 5 个指标为节水意识、环保意识、洗手设施分布情况、厕所污物处理周期和洗手方式。

第一节 构建乡镇卫生院 WASH 指标体系的理论框架

通过文献整理以及专家访谈的方式获得指标的框架结构，框架确定后根据主观和客观实践的权重完善最终的农村医疗机构供水与环境卫生

（WASH）指标体系。指标框架由两条主线构成：一是通过专家调查表，构建主观的指标体系；二是通过实地调研，获得实践的客观数据，构建客观的指标权重。两条主线交叉形成最后的综合指标体系。

在构建指标体系的过程中，我们的主要原则如下。第一，科学性原则。指标体系必须具备一定的理论基础，要准确、客观地反映出农村医疗机构供水与环境卫生的实际建设水平。第二，可行性原则。指标体系主要是对农村医疗机构供水与环境卫生发展状况进行评估，因此在设计指标时，必须考虑指标数据获取的难易程度以及后期通过评价方法对数据进行处理的可行性。第三，代表性原则。指标不能过多，要具有代表性，能够准确反映农村医疗机构供水与环境卫生建设水平各个方面的特征。第四，可比性原则。所选指标应该尽可能采用国际上通用的名称、概念和计算方法，要在时间和空间上具有可比性，以方便对不同农村地区的医疗机构供水与环境卫生建设水平进行动态分析和评价。

一　指标体系理论框架

通过查阅与总结国内外有关农村医疗机构供水与环境卫生设施建设和管理的文献、报告及内部文件，得出一系列评价指标。我们采取层次分析法（AHP），通过与专家进行讨论，将这一系列指标分为目标层、准则层和指标层三个层次。

（一）目标层

第一层目标层为农村医疗机构供水与环境卫生总体建设水平。

（二）准则层

评价指标体系是为了评价农村医疗机构供水与环境卫生的总体建设水平及人们用水意识。因此，第二层准则层的分类主要与水的使用和处理有关，以及与医疗机构特有的医疗废弃物处理情况与人们的用水意识有关。通过整理有关文献，以及与专家的讨论，我们将准则层分为6个方面，分别为医疗机构供水设施建设与使用情况、洗手设施建设与使用情况、厕所建设与使用情况、污水处理设施建设与使用情况、医疗废弃物处理情况、用水意识。

1. 供水设施建设与使用情况

水安全一直是人们重点关注的目标，无论是日常饮用水还是灾后用水，国家都制定了一系列的标准与法律，以防止疫病发生。世界卫生组织在2009年也发布了《水安全计划手册——供水企业分步实施的风险管理》，表示用水安全从水源方面进行改善。在水安全计划手册中，世界卫生组织对水源和水的处理、储存进行了风险评估，表示地下水的风险最高，可能引发大规模的疾病，而刚处理的水质最为安全。对于医疗机构这种对环境卫生有高要求的场所而言，更应注重水质安全。因此，供水设施建设与使用情况（以下简称供水设施）是影响环境卫生的重要原因之一。

2. 洗手设施建设与使用情况

世界卫生组织于2013年5月3日发布新闻稿《世卫组织鼓励患者参与到卫生保健的手部卫生过程之中》表示，每一年，全世界数亿万患者都受到卫生保健相关感染的影响。这给患者生理和心理带来了很大痛苦，有时会造成死亡，同时给卫生系统造成财务损失。而卫生保健相关感染通常是病菌通过卫生保健提供者接触了患者的双手而传播发生的。最为常见的感染有尿道和外科切口感染、肺炎和血液感染。每100名住院患者中，在发达国家至少有7人、在发展中国家至少有10人会获得卫生保健相关感染。在重症监护室的危重患者和脆弱患者中，这一数字会增至约30人。由此可见，手部卫生对于医疗机构而言十分关键，因此我们将洗手设施建设与使用情况（以下简称洗手设施）列入指标体系。

3. 厕所建设与使用情况

在联合国的领导下，全球在实现千年发展目标和减少生活在极端贫困线上的人数方面取得了很大的进步。然而2014年5月联合国发布的《打破随地便溺的沉默》显示，2014年全球仍有三分之一的人口（25亿）无法获得包括公共厕所在内的良好卫生设施，每2.5个小时就有一名儿童死于与随地便溺有关的疾病。厕所的建设不仅与预防疾病的传播有关，同时也是维护人们基本尊严的保障。

　　到 2012 年底，全国农村卫生厕所普及率已达到 72%。农村改厕工作也得到了广大群众的肯定，在 2012 年开展的最让农村老百姓满意的基本公共卫生服务项目调查中，农村改厕项目满意率达到 94%，列第二位。但为了减少因农村厕所设施简陋而引起肠道传染病及寄生虫病的发生，政府承诺在 2020 年农村厕所普及率将达到 85%，这仍需要很大的努力。因此在评价 WASH 水平时，我们把厕所建设和使用情况（以下简称厕所建设）考虑进去。

4. 污水处理设施建设与使用情况

　　随着经济的发展，人们对医疗机构污水危害的认识更加深入。为了更有针对性地解决医疗机构污水排放问题，国家质量监督检验防疫总局在 2001 年制定了《医疗机构污水排放要求》，开始将医疗机构污水排放单独列出进行严格管理。因此，污水处理设施与使用情况（以下简称污水处理）是对环境卫生有重要影响的一项因素。

5. 医疗废弃物处理情况

　　根据卫生部和国家环保总局制定的《医疗废物分类目录》，可将医疗废弃物按照具体特点分为感染类、病理类、损伤类、药物性和化学类五大类。各种废弃的标本、锐利器具、感染性敷料及手术切除的组织器官、一次性医疗器具必须进行焚烧，对于固体废物处理应遵循"无害化""减量化""资源化"的原则。焚烧系统产生的烟气污染物、废水、残渣、噪声等均应符合《固体污染源排气中颗粒物测定与气态污染物采样方法》的要求。因为医疗废物处理方法众多，影响范围大，我们特将此也列为评价指标体系中。

6. 用水意识

　　在评价农村医疗机构供水与环境卫生过程中，我们对人们的用水意识也做出一定的评价。人的意识将在一定程度上影响设施的最终使用情况。国际红十字会在托里抗击霍乱时，就将提高人们的卫生意识作为三个改善方面之一。在提高人们的用水意识后，尽管硬件设施还未改善，可人们已经愿意牺牲一部分的利益去换取安全的饮用水。在整个指标体系评价中，只有人们的用水意识真正提升，才能确保最终的供水与环境卫生的建设完善。因此，我们将对人的意识的评价加入整个评价指标体系。

（三）指标层

第三层指标层在之前文献整理归纳以及专家讨论的基础上，分别在上述五个方面设立若干个评价指标，最终构成农村医疗机构供水与环境卫生（WASH）评价指标体系。

1. 供水设施方面的指标

一个完整的供水系统应该包括水源、水处理、配水和储存四个环节，任意一个环节的污染都将提高用户的受病风险。因此在供水设施方面，我们从这四个环节设立指标进行评价，分为供水水源、供水方式和二次供水设施（以下简称二次供水）这三个指标。

2. 洗手设施方面的指标

为了保证手部卫生，洗手用水从供水水源到最终使用的整个过程中都应保证安全。因此，对整个过程中的每一步都进行评价，评价指标包括洗手设施的分布情况（以下简称洗手分布）、洗手设施的供水情况（以下简称洗手供水）、洗手方式和洗手使用频率（以下简称使用频率）四个指标。

3. 厕所建设方面的指标

厕所的普及率是保证厕所建设的前提条件，因此在评价厕所建设方面我们首先考虑厕所的分布情况（以下简称厕所分布）。厕所使用之后需进行冲洗处理，不同的冲水方式将影响清洁程度，这也是一项影响厕所建设方面的指标。而冲洗的前提是供水，因而在考虑厕所冲水方式的同时应考虑厕所供水情况，将厕所供水情况（以下简称厕所供水）也列为该方面的一个评价指标。之后即为厕所的管理，有效的管理可以避免责任的分散，使得厕所清洁效果更佳，于是我们也将其列为评价指标。最后对厕所污物的处理以及厕所的消毒可以有效杀灭病菌，这两项指标也可以反映出厕所建设情况。

4. 污水处理方面的指标

在污水排放方面的指标，首先要考虑基础硬件设施的建设，若没有硬件设施这个准则层，则失去了评价的目的，因此，该准则层是在拥有污水处理设施的基础上评价污水处理设施的实际使用情况的。拥有污水处理设施并不代表污水处理设施能正常使用，基于运行成本等方面的考虑，医疗机构的污水处理设施使用情况也需要了解，因此也将其列入指标体系。而在实际的处理过程中，不同的处理方法将带来不同的处理效果，因此污水处理工艺流程、污水处理方式作为两项指标归入指标体系。最后作为提高污水处理效果的另一个方法，管理制度的建立也是必不可少的，该指标纳入污水处理设施管理情况的指标体系。

5. 医疗废弃物方面的指标

对于医疗废弃物方面的评价，主要以对医疗废物的处理方式，收集、处理的周期以及管理制度的建立为主。良好的处理方式可以将处理产生的污染降到最低，因此对医疗废弃物处理方式进行评价，将在一定程度上反映医疗废弃物处理情况。而医疗废弃物收集周期和处理周期则是从处理方式上进一步评价医疗废弃物处理情况的好坏。最后，医疗废弃物管理现状可以反映整体处理情况是否规范，我们也将其列入评价指标中。

6. 用水意识方面的指标

国外报道显示，全世界已签署 3600 余份与国际水资源相关的条约，条约制定的焦点从航行转移到了水资源的使用、发展、保护和节约上，因此在制定指标时，我们将其分为三个方面，分别为节水意识、安全意识和环保意识。联合国经济和社会事务部预计到 2025 年全球有 18 亿人将会生活在水资源绝对稀缺的地区和国家，而且，世界三分之二的人口可能会生活在水资源紧张的情况下。节水意识将延缓这一情况的发生，一定程度上影响未来的环境卫生状况，因此将其列为一个指标。在拥有了硬件设施后，安全意识是决定人们会经常且正确使用的关键，否则一切外在设施都将成为摆设，我们也将其并入用水意识方面的指标。环保意识是指人们对水的保护意识，有意识的保护可以减少无意间的水污染发生，从而提高环境卫生的建设水平，因此我们也将其列为一大指标。

至此，WASH 指标体系框架构建完成，具体见图 7-1。

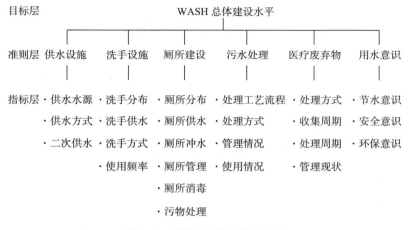

图7-1 WASH评价指标体系

二 指标体系中指标的测量与价值计算方法

在本评价指标体系中，定量指标与定性指标相互错杂。对于定量指标，我们直接对于数据进行多次测量并记录。而定性指标因无法进行实际的测量，因此根据其状态进行偏好判断，给予0~100的效用偏好赋值。

（一）供水设施方面指标的赋值

供水设施方面的指标有供水水源、供水方式和二次供水设施三个，均为定性指标。

供水水源是指乡镇卫生院的用水来源，可分为四个状态，分别为市政供水、自备水井、地面水和其他供水方式。在供水水源中，市政供水经过市政供水中心专业的消毒处理，因此状态等级最高，赋值100。自备水井具备一定程度的人工消毒，赋值75。根据水质安全，赋予地面水50的价值，赋予其他供水方式25的价值。

供水方式指乡镇医疗机构用水的运输方式，主要为管道供水和非管道供水。评价供水方式的价值是以供水过程是否会影响水质安全为基准。管道供水在运输过程中采取环路式供水系统，可以最大限度地减少供水终端以降低水头损失，提高供水服务的可靠性，因此状态等级最好，赋值100。

非管道供水则赋值 50。如果两者相结合，则用两者价值均值 75 作为这项指标的最终价值。

二次供水设施是指将城市公共供水或自建设施供水存储、加压，通过管道再供用户或自用的设施。在二次供水设施这一指标中，有些地区医疗机构没有二次供水设施。但二次供水系统一般由地下蓄水池、加压泵、高位水箱组成，在储存过程中蓄水池和高位水箱中的水会受到不同程度的污染，原自来水中余氯已耗尽，容易滋生细菌，饮用水无法达到国家标准。因此将没有二次供水设施的医疗机构的价值赋予 100。有二次供水设施的医疗机构，如果有二次供水许可证、有专人负责管理、定期冲洗消毒，二次供水设施的可靠性将大幅度提高。因此将有二次供水许可证与有专人负责管理分别赋予 100 的价值，无则赋予 0 价值。关于二次供水设施消毒周期的赋值，我们将调研结果显示的均值 25.5 赋予 70 的价值；均值加减十分之一标准差，分别赋予 60 和 80 的价值；均值加减十分之二标准差，分别赋予 50 和 90 的价值。之后建立回归方程 $Y = -1.22 \times X + 101.1$，其中 Y 为二次供水设施的价值，X 为消毒周期，将 X 代入方程后计算出二次供水设施的价值。若没有消毒周期则 Y 等于 0，小于 0 与大于 100 的 Y 分别按 0 和 100 的价值计算。最后将三个变量的价值均值作为有二次供水设施的医疗机构在这一指标上的价值水平。

（二）洗手设施方面指标的赋值

洗手设施方面的指标由三个定性指标（洗手设施的分布、洗手设施供水情况和洗手方式）及一个定量指标（洗手设施使用频率）构成。

洗手设施的分布情况是指在办公室或诊室、手术室、室内厕所、食堂这四个场所的分布情况。我们将分布洗手设施的场所赋予 100 的价值，无分布则赋予 0 价值，以四项价值水平的均值作为该指标的最终价值。

洗手设施供水情况根据是否中断供水分为三个状态，分别是不间断供水、间歇停水和一直没水。不间断供水赋予 100 的价值，间歇停水为 50，一直没水为 0。

在洗手方式指标中，不同医疗机构依据自身设施条件，分为三种状态，为水龙头洗手、脸盆洗手和不洗手。水龙头洗手能将病菌直接从手上清除，不会再次附着，因此最为安全，价值水平为100。脸盆洗手的清洁程度比不洗手要高，因此脸盆洗手价值水平列为50，不洗手为0。若洗手方式为多种洗手方式相结合，则用均值作为该指标的最终价值。对于不属于上述三种状态的洗手方式，我们将征求专家意见或召开专家研讨会进行赋值讨论，赋予一定的价值。

洗手设施使用频率指单位时间内洗手设施使用的次数，分为高、中、低和不使用四个价值状态，分别赋予100、70、30和0的价值。将配备洗手设施的场所的洗手设施使用频率分别赋予相应的价值后，将所有场所洗手设施使用频率的价值均值作为该指标的最终价值。

（三）厕所建设方面的指标赋值

在厕所建设方面国家制定了许多相关的标准，因此在该准则层下的指标赋值主要以国家标准来评价度量。在这一方面下，具体指标为厕所分布情况、厕所供水情况、厕所冲水方式和厕所管理情况四个定性指标及厕所污物处理周期与厕所消毒周期两个定量指标。

厕所分布情况由厕所分布场所和卫生厕所分布比例两个变量进行评价。厕所分布场所分为室内厕所分布、室外厕所分布和室内外均分布三种状态。《农村医疗机构供水和环境卫生设施建设现状调查报告——以县、乡两级医疗机构为例》显示，室外厕所卫生条件较差，较少能做到不产生蝇蛆，而且很少配备专人打扫，容易造成病菌的繁殖与传播，影响人群健康。因此，具有室外厕所的医疗机构价值应有所降低。我们将室内厕所分布赋予100的价值，室内外均分布赋予70的价值，只有室外厕所分布的价值水平最低，为40。而厕所分布类型分为卫生厕所与非卫生厕所两种。卫生厕所的标准是厕所有墙、有顶，厕坑及贮粪池不渗漏，厕内清洁，无蝇蛆，基本无臭，贮粪池密闭有盖，粪便及时清除并进行无害化处理。卫生厕所的建设很大程度上可以改善环境卫生，我们将卫生厕所占所有厕所的比例分为五个等级，分别为全部是卫生厕所、大部分是卫生厕所、大约一半是卫生厕所、小部分是卫生厕所以及全部不是卫生厕所。五个等级分别赋予100、80、

60、40、20 的价值，以这两个变量价值的均值作为这一项指标的最终价值。

厕所供水情况与洗手设施供水情况相似，分为不间断供水、间断性停水和不供水三种，依次赋予 100、50 和 0 的价值。

关于厕所冲水方式这一指标，有按压式和脚踏式冲水、舀水式冲水以及不冲水三种。根据国家颁发的《综合医院建筑设计规范》，卫生间中的小便斗与大便器，应采取非接触性或非手动开关。因此，按压式和脚踏式冲水最符合国家标准，赋予 100 的价值。舀水式冲水和不冲水则分别赋予 50、0 的价值。对于其他冲水方式，将根据实际冲水方式征求专家意见或召开专家研讨会，赋予一定的价值。若同时存在多种冲水方式，则以均值作为该指标的价值。

厕所管理情况根据是否有专人打扫、是否建立厕所清洁制度以及清洁制度实施情况三个变量进行评价。有专人打扫和建立厕所清洁制度均赋予 100 的价值。清洁制度实施情况分为很好、好、一般、差、很差五个状态等级，分别赋予 100、80、60、40 和 20 的价值。以三个变量的均值作为该指标的最终价值。若没有建立厕所清洁制度，则制度实施情况为 0。

厕所污物处理周期（天/次）是指医疗机构处理厕所污物的时间间隔，厕所消毒周期（天/次）是指医疗机构对厕所进行消毒的时间间隔，这两项定量指标通过乡镇医疗机构的记录收集。对于厕所污物处理周期与消毒周期的价值赋予方法与二次供水设施消毒周期的一致，我们在调研结果的基础上，将均值赋予 70 的价值，均值加减十分之一标准差分别赋予 60 和 80 的价值，均值加减十分之二标准差分别赋予 50 和 90 的价值，最后建立回归方程以计算厕所污物处理周期和厕所消毒周期的价值。厕所污物处理周期的回归方程为 $Y = -1.8 \times X + 109.3$，厕所消毒周期的回归方程为 $V = -3.2 \times X + 107.1$。其中 X 为厕所污物处理周期和厕所消毒周期，Y、V 分别为厕所污物处理周期和厕所消毒周期的价值，将 X 代入回归方程计算出相应价值。若没有厕所污物处理周期和消毒周期，则相应价值为 0，小于 0 与大于 100 的 Y 或 V 分别按 0 和 100 的价值计算。

（四）污水处理方面的指标赋值

并非所有医疗都配备污水处理设施，因此需首先调查医疗机构是否配备污水处理设施，若无，则整个准则层的赋值为 0；若配有污水处理设施，则进行接下来的指标判断，之后的指标评价为污水处理工艺流程、污水处理方式和污水管理情况三个定性指标及污水处理设施使用情况一个定量指标。

污水处理工艺流程是指用于某种污水处理的工艺方法的组合，根据《医院污水处理工程技术规范》的规定，主要采取加强处理效果的一级处理、二级处理和简易生化处理三种工艺。其中简易生化处理是所有医疗机构都要执行的，最为基本，因此赋予 40 的价值水平。加强处理效果的一级处理和二级处理，效果依次递增，分别赋予 70 及 100 的价值。

污水处理方式通过是否分别消毒处理医院病区污水和非病区污水、是否对污水处理设施中残留的污泥进行消毒或干化处理这两个方面作为衡量的标准。是则赋予 100 的价值，用两项均值作为这一指标的最终价值。

污水处理设施管理情况指标通过是否有专人负责污水处理和是否建立污水处理管理制度与管理制度实施情况这三个变量进行评价。有专人负责污水处理和建立污水处理管理制度均赋予 100 的价值水平。管理制度实施情况分为很好、好、一般、差、很差五个状态等级，分别赋予 100、80、60、40 和 20 的价值。以三个变量的均值作为该指标的最终价值。若没有建立污水处理制度，则制度实施情况赋值为 0。

拥有污水处理设施并不代表污水处理设施能正常使用，基于运行成本等方面的考虑，污水的实际处理量也需要了解。污水处理设施的处理能力是衡量污水处理设施技术的指标之一，处理量越多代表污水处理技术越好。对于污水处理设施使用情况的价值赋予方法与二次供水设施消毒周期的一致，我们在调研结果的基础上，将均值赋予 70 的价值，均值加减十分之一标准差分别赋予 60 和 80 的价值，均值加减十分之二标准差分别赋予 50 和 90 的价值，最后建立回归方程以计算污水处理设施使用情况的价值。通过计算，污水处理设施使用情况的回归方程为 $Y = 0.16 \times X + 7.6$。其中 X 为年实际处理量（吨/年）（年实际处理量通过污水处理设施流量计上去年某一时间点的计量与今年同一时间点上的计量差值得到），Y 为污水处理设施使用情况的价值水平，将 X 代入方程求出相应的价值。若没有年实际处理吨数，则相应价值为 0，小于 0 与大于 100 的 Y 分别按 0 和 100 的价值计算。

（五）医疗废弃物方面的指标赋值

医疗废弃物方面的指标由医疗废弃物处理方式、医疗废弃物管理现状两个定性指标和医疗废弃物收集周期、医疗废弃物处理周期两个定量指标构成。

医疗废弃物处理方式是指对医院内部产生的对人或动物及环境具有物理、化学或生物感染性伤害的医用废弃物品和垃圾的处理流程，主要有集中处理、自行焚烧和消毒后自行掩埋（以下简称自行掩埋）三种方式。《医疗卫生机构医疗废物管理办法》中规定，对于医疗废物应进行集中处理，若无法集中处理时应当及时就地自行焚烧，不能焚烧的消毒后集中填埋。集中处理是由县级以上人民政府环境保护行政主管部门许可的医疗废弃物集中处置单位进行的，因此集中处理的方式最为安全。其次是自行焚烧，最后是自行填埋。在三种处理方式中，根据具体处理设备等因素的不同再进行细分。集中处理方式依据处理单位是否有经营许可证和医疗机构是否有登记制度进行细分，处理单位有经营许可证和医疗机构有登记制度则赋予100的价值，最终使用两项均值作为集中处理方式的价值。自行焚烧方式主要分为完全焚烧锅炉焚烧、间歇式焚烧锅炉焚烧、热水锅炉焚烧和露天焚烧四种。将这四种方式依次赋予70、50、30、10的价值。如果采用多种焚烧方式相结合的处理方式，则计算多种焚烧方式的平均数作为该项价值。自行填埋根据是否有预处理设施和是否有填埋场进行进一步的价值细分，有预处理设施和填埋场分别赋予这两项40的价值，最终使用两项均值作为自行填埋的价值。如果在处理医疗废弃物的过程中采取多种处理方式相结合的方式，则将多种处理方式的价值进行求和平均，作为该指标的价值。若处理方式不在这三种方式中，将由专家讨论价值赋予。

医疗废弃物管理现状指标通过是否建立医院废物管理制度、管理制度实施情况、是否建立医疗废弃物临时存放区、是否有专人管理存放区以及临时存放区消毒周期这五个变量进行评价。将建立医院废物管理制度赋予100的价值，同时将管理制度实施情况分为很好、好、一般、差、很差五个状态等级，分别赋予100、80、60、40和20的价值。若没有建立管理制度，则制度实施情况赋值为 0。对于其他三项变量，若没有建设临时存放区，则三项价值均为 0。若建设了临时存放区，根据存放的方式不同，价值进行进一步细分。将符合规范的暂存仓库、普通仓库和露天存放池和无临时存放区分别赋予 100、70、30 和 0 的价值。对于有专人管理存放区变量赋予 100 的价值。对于临时存放区消毒周期的价值赋予方法与二次供水设施的相同，我们在调研结果的基础上，将均值赋予 70 的价值，均值加减十分之一标准差分别赋予 60 和 80 的价值，均值加减十分之二标准差分别赋予 50 和 90 的价值，最后建立回归方程以计算临时存放区消毒周期的价值，临时存放区消毒周期的回归方程为 $Y = -35.7 \times X + 163.6$。其中 X 为临时存放区消毒周期，Y 为临时存放区消毒周期的价值，将 X 代入回归方程计算出相应价值。若没有临时存放区消毒周期，则相应价值为 0，小于 0 与大于 100 的 Y 分别按 0 和 100 的价值计算。以五个变量的均值作为医疗废弃物管理情况的最终价值。

在该准则层下的两个定量指标，医疗废弃物收集周期（天/次）和医疗废弃物处理周期（天/次），分别通过医疗机构对收集与处理周期的记录得到。医疗废弃物收集周期是指乡镇卫生院从开始收集医疗废弃物到下一次收集医疗废物的时间间隔。医疗废弃物处理周期是指乡镇卫生院从开始处理医疗废弃物到下一次处理医疗废弃物的时间间隔。医疗废物收集与处理周期一定程度上反映了医疗机构对废物危害的认识程度，周期越长越容易导致细菌的滋生。对于医疗废弃物收集周期和医疗废弃物处理周期的价值赋予方法与二次供水设施消毒周期的一致，我们在调研结果的基础上，将均值赋予 70 的价值，均值加减十分之一标准差分别赋予 60 和 80 的价值，均值加减十分之二标准差分别赋予 50 和 90 的价值，最后建立回归方程以计算医疗废弃物收集周期和医疗废弃物处理周期的价值。医疗废弃物收集周期的回归方程为 $Y = -16.7 \times X + 121.7$，医疗废弃物处理周期的回归方程为 $V = -16.6 \times X + 144.5$。其中 X 为医疗废弃物收集周期或医疗废弃物处理周期，Y、V 分别为医疗废弃物收集周期和医疗废弃物处理周期的价值，将 X 代入回归方程计算出相应价值。若没有医疗废弃物收集周期和医疗废弃物处理周期，则相应价值为 0，小于 0 与大于 100 的 Y、V 按 0 和 100 的价值计算。

（六）　用水意识方面指标的赋值

用水意识方面的指标有三个，分别为节水意识、安全意识和环保意识，这三个指标的赋值是通过问卷的形式实现的。在问卷中，每一个指标下都有一系列相应问题，对该指标下同一问题的不同选项赋予不同的价值。例如关于节水意识，提问洗漱时或洗衣服时你会一直让水龙头开着吗？A 总是；B 经常；C 偶尔；D 从不。将 A、B、C、D 分别赋予 0～4 的等梯度价值，其余问题类似。最终通过相关工作人员的回答获得每个指标的价值。将所有相关工作人员同一指标下所有问题的回答转化为相应量化值后进行求和，再除以填写问卷的人数，作为该指标的价值。节水意识指标包含第 1～4 题，安全意识包含第 5～8 题，环保意识包含第 9～12 题。

由于各指标数据的选取方法、量纲不同，不能对其直接进行综合评价，因此有必要对其进行标准化处理。运用软件 SPSS 中的描述性报告可以十分方便地得到各个指标的标准化数据，在此不给予详述。记标准化后的无量纲指标价值为 P_i，即第 i 个指标。

三　乡镇卫生院 WASH 主观指标权重

指标体系中每一个指标的重要程度不尽相同。正确地确定指标权重对于评价农村医疗机构供水与环境卫生十分重要。我们通过调查问卷获得各个指标的主观权重。由于本指标体系中指标个数较多，我们采用层次分析法来确定各指标权重，层次分析法计算方法有最小二乘法、特征值法、根值法等，本模型采用根值法，具体程序如下。

第一，根据层次中各个因素对其所属上一层的重要性两两比较的比值，构建判断矩阵。

第二，通过 Matlab 编程求判断矩阵的最大特征值 $\lambda_{\max}$ 及对应的最大特征向量 w，将最大特征向量归一化处理，并对矩阵进行一致性检验。

第三，自上而下分别用每一层的每个指标相应地归一化特征分量作权，乘以下一层其支配的每一个指标的特征分量，便得到下一层指标的组合权重，最下层的组合权重即为所求。每个指标的组合权重记为 Q_i，即第 i 个指标。

第四，将标准化后的无量纲指标和对应组合权重代入模型 $E = \sum_{i=1}^{n} P_i Q_i$ 式中。其中 E 为农村医疗机构供水与环境卫生建设的总体水平，n 为评价指标数目。最终得出某个农村医疗机构的综合评价值。

对于指标体系的权重，课题组向 41 位专家发放权重调查问卷，共收回有效问卷 40 份。通过对所有有效问卷进行数据处理，排除未通过一致性检验的专家经验数据，计算出整个指标体系的所有指标权重，具体权重如表 7 - 1 所示。

表 7 - 1　指标主观评价权重

二级指标	二级指标主观评价权重	三级指标	三级指标主观评价权重
供水设施	0.2279	供水水源	0.1028
		供水方式	0.0579
		二次供水设施建设	0.0672
洗手设施	0.1188	洗手设施分布情况	0.0313
		洗手设施供水情况	0.0440
		洗手方式	0.0189
		洗手设施使用频率	0.0246
厕所建设	0.1618	厕所分布情况	0.0324
		厕所供水情况	0.0231
		厕所冲水方式	0.0151
		厕所管理情况	0.0201
		厕所污物处理周期	0.0374
		厕所消毒周期	0.0337
污水处理	0.1674	污水处理工艺流程	0.0277
		污水处理方式	0.0430
		污水设施管理情况	0.0486
		污水设施使用情况	0.0481
医疗废弃物	0.1575	医疗废弃物处理方式	0.0421
		医疗废弃物管理情况	0.0439
		医疗废弃物收集周期	0.0321
		医疗废弃物处理周期	0.0394

二级指标	二级指标主观评价权重	三级指标	三级指标主观评价权重
		节水意识	0.0425
用水意识	0.1666	安全意识	0.0803
		环保意识	0.0438

四　客观指标权重

我们在卫生统计年鉴中找出 6 个相关指标，通过收集 18 个样本县 2014 年婴儿死亡率、5 岁以下儿童死亡率、孕产妇死亡率、人均就诊次数、高血压患病率、糖尿病患病率等 6 个验证指标以验证指标体系。这 6 个指标作为常用的衡量人们健康水平、孕产妇保健水平的指标，可以在很大程度上体现一个地区医疗卫生条件、医疗水平、医护人员受训程度、医疗服务覆盖面。通过这 6 个指标的验证，可以分析出指标体系的合理性。

将 18 个样本县的 6 个验证指标和指标体系中的 24 个指标数据输入到 SPSS 软件中，利用 SPSS 中的回归分析进行验证，验证指标体系与人们生活健康水平的相关性。因变量分别为 6 个验证指标，自变量为指标体系中的 24 个指标，方法选取向前的方法，F 值使用默认的进入 P 值 0.05，删除 P 值 0.1，即 F 统计量的 P 值小于 0.05 的变量进入该模型，P 值大于 0.1 的变量从模型中删除。对于缺失值使用均值替代。最后将 24 个指标与 6 个验证指标的回归模型的系数分别罗列出来，取绝对值后进行归一化处理。再将指标体系中同一指标在 6 个回归模型中归一化系数的和与之前的权重系数进行均值处理，作为最终指标体系权重。

（一）　调研地区的选择

对于样本县的抽取，我们首先将全国 27 个省份、4 个直辖市从 2005 年至 2014 年各年人均地区生产总值作为自变量进行聚类分析，聚类过程采用组间链接法，距离测量采用欧氏距离，利用 SPSS 的系统聚类法（Q 型聚类），获得三类。在每一类中，随机抽取三分之一的省份作为样本单位，不足一单位的按四舍五入计算，共 8 个省份。将每个省份所有区县划分为高、中、低三等份，进行等距随机抽样选择 3 个县，共 24 个县作为样本县，最后选择的省份为甘肃、黑龙江、山西、河南、江苏、浙江、北京。具体县名见表 7 - 2。

表 7 - 2　调查区县的分布及数量

类　别	省　份	县名（县属的地市）
第一类	甘肃	会宁县（白银市）、皋兰县（兰州市）、康乐县（临夏回族自治州）
	黑龙江	富锦市、林甸县（大庆市）、甘南县（齐齐哈尔市）
	山西	泽州县（晋城市）、武乡县（长治市）、榆社县（晋中市）
	河南	汝州市、宜阳县（洛阳市）、息县（信阳市）
	陕西	高陵区（西安市）、城固县（汉中市）、镇安县（商洛市）
第二类	江苏	丹阳市（镇江市）、姜堰区（泰州市）、东海县（连云港市）
	浙江	乐清市（温州市）、平阳县（温州市）、常山县（衢州市）
第三类	北京	大兴区、平谷区、延庆县
总计	8 个省份	24 个县

针对函调表，课题组在每个县按年就诊人数的少、中、多随机选择 3 所中心乡镇卫生院发放函调表，以了解农村医疗机构在供水、洗手设施、厕所、污水和医疗废物处理设施的建设、使用和管理情况以及人们的用水意识。

（二）调研方式

通过邮件发送函调表的方式，收集函调县供水情况、洗手设施和卫生厕所建设情况、污水和医疗废物处理情况及人们的用水意识情况。收到函调表后，将函调表中有疑问或缺失的地方通过电话和邮件的形式与当地负责填写函调表的人员联系并进行核实，保证函调数据的真实性。根据函调的实际收集情况，共收集 54 个乡镇卫生院的函调表。

（三）客观权重的回归模型

通过各个指标对当地的婴儿死亡率、5 岁以下儿童死亡率、孕产妇死亡率、人均就诊次数以及高血压患病率等进行回归分析，已建立客观的权重体系。

1. 婴儿死亡率的回归模型

把婴儿死亡率进行回归。因变量婴儿死亡率数值越大，死亡率越高。从基本模型的回归结果看，随着洗手方式得分的增大，婴儿死亡率逐渐减小。洗手方式对婴儿死亡率的影响在全部样本中都是显著的（见表7-3和表7-4）。

表7-3 婴儿死亡率与洗手方式

模型	R	R^2	调整 R^2	标准估计的误差
1	0.774[a]	0.599	0.574	1.49605

a. 因变量为婴儿死亡率；预测变量为某常量和洗手方式。

表7-4 回归系数

模型		非标准化系数		标准系数	t	Sig.
		B	标准误差	试用版		
1	（常量）	19.494	3.293		5.920	0.000
	洗手方式	-0.173	0.035	-0.774	-4.885	0.000

2. 5岁以下儿童死亡率回归模型

因变量选取5岁以下儿童死亡率，数值越大，死亡率越高。从基本模型2的回归结果看，随着洗手方式、供水方式得分的增大，5岁以下儿童死亡率逐渐减小。洗手方式、供水方式对5岁以下儿童死亡率的影响在全部样本中都是显著的（见表7-5）。

表7-5 5岁以下儿童死亡率与供水方式、洗手方式

模型	R	R^2	调整 R^2	标准估计的误差
1	0.743[a]	0.553	0.525	3.44461
2	0.811[b]	0.657	0.612	3.11308

a. 因变量：儿童死亡率；b. 因变量：儿童死亡率。

3. 孕产妇死亡率回归模型

把孕产妇死亡率进行回归。因变量孕产妇死亡率数值越大，死亡率越

高。从基本模型 2 的回归结果看，随着厕所污物处理周期的增大，孕产妇死亡率逐渐减小；随着环保意识的增强，孕产妇死亡率逐渐增大（见表 7－6）。厕所污物处理周期、环保意识对孕产妇死亡率的影响在全部样本中都是显著的。

表 7－6 回归系数

模型		非标准化系数		标准系数	t	Sig.
		B	标准误差	试用版		
1	（常量）	40.115	7.633		5.256	0.000
	厕所污物处理周期	－0.379	0.087	－0.737	－4.365	0.000
2	（常量）	－13.199	19.145		－0.689	0.501
	厕所污物处理周期	－0.413	0.072	－0.803	－5.711	0.000
	环保意识	0.736	0.250	0.414	2.947	0.010

4. 人均就诊次数回归模型

人均就诊次数与 24 个指标之间并未建立良好的回归模型，说明指标体系中指标与该指标关系不强，故不予计算。

5. 高血压患病率回归模型

把高血压患病率进行回归。因变量高血压患病率数值越大，患病率越高。从表 7－7 基本模型 2 的回归结果看，随着洗手设施分布情况得分的提高，高血压患病率逐渐增大，随着节水意识的增强，高血压患病率逐渐增大。洗手设施分布情况、节水意识对高血压患病率的影响在全部样本中都是显著的（见表 7－8）。

表 7－7 高血压患病率与洗手设施分布情况、节水意识

模型	R	R^2	调整 R^2	标准估计的误差
1	0.531[a]	0.282	0.237	11.99426
2	0.718[b]	0.515	0.450	10.18203

a. 预测变量：（常量），洗手设施分布情况。

b. 预测变量：（常量），洗手设施分布情况，节水意识。

表 7 - 8 回归系数[a]

模型		非标准化系数		标准系数	t	Sig.
		B	标准误差	试用版		
1	（常量）	- 21. 533	13. 945		- 1. 544	0. 142
	洗手设施分布情况	0. 430	0. 171	0. 531	2. 507	0. 023
2	（常量）	- 107. 523	34. 158		- 3. 148	0. 007
	洗手设施分布情况	0. 524	0. 150	0. 647	3. 497	0. 003
	节水意识	0. 986	0. 367	0. 496	2. 684	0. 017

a. 因变量：高血压患病率。

6. 糖尿病患病率回归模型

从表 7 - 9 中可以看出，模型的 R 值只有 0. 54，模型拟合度低，故不予计算。

表 7 - 9 糖尿病患病率与环保意识

模型	R	R^2	调整 R^2	标准估计的误差
1	0. 540[a]	0. 291	0. 247	8. 60218

a. 预测变量：（常量），环保意识。

总结来看，在实践的数据中，各指标的回归系数是权重的重要参考（见表 7 - 10），我们将客观实际的有显著意义的指标通过系数的归一化处理方式，获得三级指标的客观权重，总结如表 7 - 11 所示。

表 7 - 10 回归系数[a]

模型		非标准化系数		标准系数	t	Sig.
		B	标准误差	试用版		
1	（常量）	- 46. 865	20. 816		- 2. 251	0. 039
	环保意识	0. 696	0. 271	0. 540	2. 564	0. 021

a. 因变量：糖尿病患病率。

表 7 - 11 指标客观权重

二级指标	三级指标	三级指标客观权重
供水设施	供水方式	0. 0412
洗手设施	洗手设施分布情况	0. 1675
	洗手方式	0. 1090

二级指标	三级指标	三级指标客观权重
厕所建设	厕所污物处理周期	0.1320
用水意识	节水意识	0.3151
	环保意识	0.2352

五　综合指标权重的构建及评价体系

（一）综合指标权重的构建

在指标权重方面，课题组先通过对专家进行问卷发放，采取层次分析法获得专家经验上面的权重，再利用回归模型中的系数进行权重调整，采取经验与实际相结合的方法，确定指标体系的理论结构，具体见表 7 - 12。

表 7 - 12　综合指标权重

二级指标	二级指标综合权重	三级指标	三级指标主观权重	三级指标客观权重	三级指标综合权重
供水设施	0.1346	供水水源	0.1028		0.0514
		供水方式	0.0579	0.0412	0.0496
		二次供水设施建设	0.0672		0.0336
洗手设施	0.1977	洗手设施分布情况	0.0313	0.1675	0.0994
		洗手设施供水情况	0.0440		0.0220
		洗手方式	0.0189	0.1090	0.0640
		洗手设施使用周期	0.0246		0.0123
厕所建设	0.1469	厕所分布情况	0.0324		0.0162
		厕所供水情况	0.0231		0.0116
		厕所冲水方式	0.0151		0.0076
		厕所管理情况	0.0201		0.0101
		厕所污物处理周期	0.0374	0.1320	0.0847
		厕所消毒周期	0.0337		0.0169
污水处理	0.0837	污水处理工艺流程	0.0277		0.0139
		污水处理方式	0.0430		0.0215
		污水设施管理情况	0.0486		0.0243
		污水设施使用情况	0.0481		0.0241

续表

二级指标	二级指标综合权重	三级指标	三级指标主观权重	三级指标客观权重	三级指标综合权重
医疗废弃物	0.0788	医疗废弃物处理方式	0.0421		0.0211
		医疗废弃物管理情况	0.0439		0.0220
		医疗废弃物收集周期	0.0321		0.0161
		医疗废弃物处理周期	0.0394		0.0197
用水意识	0.3585	节水意识	0.0425	0.3151	0.1788
		安全意识	0.0803		0.0402
		环保意识	0.0438	0.2352	0.1395

（二）指标体系综合计算

关于指标体系综合得分计算方法，本节以江苏省丹阳市荆林卫生院为例，通过该卫生院综合得分计算过程进行说明。

根据荆林卫生院的问卷回执，课题组参照指标体系赋值标准，给每个指标附上了相应的价值（见表 7 - 13）。乡镇卫生院的综合得分表达式为 $E = \sum_{i=1}^{n} P_i Q_i$。其中 E 为农村医疗架构供水与环境卫生建设的总体水平，n 为评价指标数目，P_i 为指标价值水平，Q_i 为相应指标权重。

表 7 - 13　荆林卫生院指标价值水平

三级指标	指标价值水平	最终权重
供水水源	100	0.0514
供水方式	100	0.0496
二次供水设施建设	100	0.0336
洗手设施分布情况	100	0.0994
洗手设施供水情况	100	0.0220
洗手方式	100	0.0640
洗手设施使用周期	100	0.0123
厕所分布情况	100	0.0162
厕所供水情况	100	0.0116
厕所冲水方式	100	0.0076

续表

三级指标	指标价值水平	最终权重
厕所管理情况	100	0.0101
厕所污物处理周期	100	0.0847
厕所消毒周期	100	0.0169
污水处理工艺流程	70	0.0139
污水处理方式	50	0.0215
污水设施管理情况	100	0.0243
污水设施使用情况	100	0.0241
医疗废弃物处理方式	100	0.0211
医疗废弃物管理情况	100	0.0220
医疗废弃物收集周期	71.6	0.0161
医疗废弃物处理周期	94.7	0.0197
节水意识	89	0.1788
安全意识	88	0.0402
环保意识	89	0.1395

$E = 100 \times 0.0514 + 100 \times 0.0496 + 100 \times 0.0336 + 100 \times 0.0994 + 100 \times 0.0220 + 100 \times 0.0640 + 100 \times 0.0123 + 100 \times 0.0162 + 100 \times 0.0116 + 100 \times 0.0076 + 100 \times 0.0101 + 100 \times 0.0847 + 100 \times 0.0169 + 70 \times 0.0139 + 50 \times 0.0215 + 100 \times 0.0243 + 100 \times 0.0241 + 100 \times 0.0211 + 100 \times 0.0220 + 71.6 \times 0.0161 + 94.7 \times 0.0197 + 89 \times 0.1788 + 88 \times 0.0402 + 89 \times 0.1395 = 94.02$

根据上述表达式可以计算出荆林卫生院的综合得分为 94.02，卫生院整个供水及环境卫生建设情况良好。本报告在计算出所有卫生院的综合得分后，按照取平均值的方法计算出每个县的得分情况，并进行排行。具体见表 7 - 14。

表 7 - 14　样本县综合得分排名

编号	县名	综合得分
1	江苏丹阳市	93.39
2	北京大兴区	90.97
3	浙江乐清市	87.22
4	江苏东海县	87.10
5	北京延庆区	84.68

编号	县名	综合得分
6	河南汝州市	82.06
7	北京平谷区	80.05
8	浙江常山县	79.92
9	陕西高陵区	78.99
10	河南息县	76.00
11	浙江平阳县	72.45
12	河南宜阳县	71.68
13	甘肃会宁县	69.19
14	甘肃皋兰县	68.81
15	甘肃康乐县	66.87
16	黑龙江甘南县	66.85
17	山西泽州县	64.83
18	山西武乡县	61.60

表 7 - 14 显示，江苏丹阳市的乡镇卫生院供水及环境卫生建设情况最好，而山西武乡县乡镇卫生院建设情况最差。参照乡镇卫生院供水及环境卫生评价等级标准，由表 7 - 14 可知乡镇卫生院供水及环境卫生建设水平在90 分以上的有两个县，分别为江苏丹阳市和北京大兴区。

（三）评价等级

通过咨询专家，课题组建立起关于乡镇卫生院供水及环境卫生的评价等级标准。根据综合得分的计算值，对照评价等级标准，判断乡镇卫生院供水及环境卫生的建设水平。评价等级标准如表 7 - 15 所示。

表 7 - 15　乡镇卫生院供水及环境卫生评价等级标准

综合得分	建设水平
$E \geqslant 90$	好
$70 \leqslant E < 90$	中等
$E > 70$	差

第二节 乡镇卫生院 WASH 指标体系的实践验证

课题组通过使用现有的 61 个县 175 个乡镇卫生院的数据对指标体系进行验证，证明指标体系构建的合理性与可靠性。检验方式为先用回归模型计算出现有数据中婴儿死亡率、5 岁以下儿童死亡率、孕产妇死亡率等与各个指标变量的系数并按系数从小到大进行排序、编号，之后将相关变量按综合权重从小到大进行排序、编号。最终计算两个排序之间的吻合度，以吻合度的大小证明指标权重的合理性。

一 回归分析

（一）婴儿死亡率回归模型

把婴儿死亡率进行回归。因变量婴儿死亡率数值越大，死亡率越高。从基本模型的回归结果看，随着洗手方式、污水处理工艺流程得分的增大，婴儿死亡率逐渐减小。洗手方式、污水处理工艺流程对婴儿死亡率的影响在全部样本中都是显著的（见表 7 - 16 和表 7 - 17）。

表 7 - 16 婴儿死亡率与洗手方式、污水处理工艺流程

模型	R	R^2	调整 R^2	标准估计的误差
1	0.300[a]	0.090	0.074	5.93382
2	0.403[b]	0.163	0.133	5.74154

a. 预测变量：（常量），洗手方式。
b. 预测变量：（常量），洗手方式，污水处理工艺流程。

表 7 - 17 回归系数[a]

模型		非标准化系数		标准系数	t	Sig.
		B	标准误差	试用版		
1	（常量）	17.022	4.086		4.166	0.000
	洗手方式	-0.101	0.042	-0.300	-2.395	0.020
2	（常量）	17.498	3.959		4.419	0.000
	洗手方式	-0.092	0.041	-0.273	-2.241	0.029
	污水处理工艺流程	-0.064	0.029	-0.271	-2.225	0.030

a. 因变量：婴儿死亡率。

（二）5 岁以下儿童死亡率回归模型

把 5 岁以下儿童死亡率进行回归。因变量 5 岁以下儿童死亡率数值越大，死亡率越高。从基本模型 2 的回归结果看，随着厕所污物处理周期、二次供水设施得分的增大，5 岁以下儿童死亡率逐渐减小。厕所污物处理周期、二次供水设施对 5 岁以下儿童死亡率的影响在全部样本中都是显著的（见表 7 - 18 和表 7 - 19）。

表 7 - 18　5 岁以下儿童死亡率与厕所污物处理周期、二次供水设施

模型	R	R²	调整 R²	标准估计的误差
1	0.505ᵃ	0.255	0.242	9.53228
2	0.553ᵇ	0.306	0.282	9.27804

a. 预测变量：（常量），厕所污物处理周期。

b. 预测变量：（常量），厕所污物处理周期，二次供水设施。

表 7 - 19　回归系数ᵃ

模型		非标准化系数		标准系数	t	Sig.
		B	标准误差	试用版		
1	（常量）	33.561	5.321		6.307	0.000
	厕所污物处理周期	-0.260	0.058	-0.505	-4.450	0.000
2	（常量）	43.505	7.088		6.138	0.000
	厕所污物处理周期	-0.272	0.057	-0.529	-4.766	0.000
	二次供水设施	-0.107	0.052	-0.228	-2.055	0.044

a. 因变量：5 岁以下儿童死亡率。

（三）孕产妇死亡率回归模型

把孕产妇死亡率进行回归。因变量孕产妇死亡率数值越大，死亡率越高。从基本模型的回归结果看，随着医疗废弃物管理情况的增强，孕产妇死亡率逐渐减小。医疗废弃物管理情况对孕产妇死亡率的影响在全部样本中都是显著的（见表 7 - 20 和表 7 - 21）。

表 7 – 20　孕产妇死亡率与医疗废弃物管理情况

模型	R	R²	调整 R²	标准估计的误差
1	0.285ᵃ	0.081	0.065	22.73985

a. 预测变量：（常量），医疗废弃物管理情况。

表 7 – 21　回归系数ᵃ

模型		非标准化系数		标准系数	t	Sig.
		B	标准误差	试用版		
1	（常量）	39.713	11.247		3.531	0.001
	医疗废弃物管理情况	– 0.313	0.138	– 0.285	– 2.265	0.027

a. 因变量：孕产妇死亡率。

二　验证分析

将得到的所有指标的系数取绝对值后进行归一化处理并排序，排序结果见表 7 – 22。

表 7 – 22　系数排序

编号	指　　标	系　　数
1	污水处理工艺流程	0.08
2	洗手方式	0.11
3	二次供水设施	0.13
4	厕所污物处理周期	0.32
5	医疗废弃物管理情况	0.37

在我们的理论构建中，5 个重要的指标在实践的数据中再次得到验证，只是重要性的排序不同，通过计算吻合度对我们的理论进一步进行验证（见表 7 – 23）。

表 7 – 23　综合权重排序

编号	指　　标	综合权重
1	污水处理工艺流程	0.0139
5	医疗废弃物管理情况	0.022

续表

编号	指　标	综合权重
3	二次供水设施	0.0336
2	洗手方式	0.064
4	厕所污物处理周期	0.0847

　　将污水处理工艺流程编号为 1，将洗手方式编号为 2，将二次供水设施编号为 3，将厕所污物处理周期编号为 4，将医疗废弃物管理情况编号为 5。那么系数排序可以看作是一个五维向量，为（1，2，3，4，5）。同理，将这 5 个指标在综合权重的排序看作是另一个五维向量，为（1，5，3，2，4），计算出综合权重向量在系数向量上的影射占系数向量模长的百分比，作为两个向量之间的吻合度。通过 MATLAB 软件的计算，两者之间的余弦值为 0.8727。因为两者模长相等，均为 $\sqrt{55}$，所以综合权重向量在系数向量上的影射占系数向量模长的比例为 87.27%。这说明二者吻合度高，指标体系具有很高的可靠性，可以在实践中指导工作，完善乡镇卫生院供水及环境卫生建设情况，提高人们的健康水平。

第三节　主要发现及政策建议

一　主要发现

（一）指标体系分为 3 层，共 6 个二级指标，24 个三级指标

　　指标体系的构建按照构建原则分为 3 层，第一层为目标层，是乡镇卫生院供水及环境卫生（WASH）总体建设水平。第二层准则层共有 6 个方面，分别为 6 个二级指标，为供水设施建设与使用情况，洗手设施建设与使用情况，厕所建设与使用情况，污水处理设施建设与使用情况，医疗废弃物处理情况，用水意识。在 6 个二级指标下，又分别对应着共 24 个三级指标。

　　供水设施建设与使用情况下的三级指标为供水水源，供水方式，二次供水设施。

洗手设施建设与使用情况下的三级指标为洗手设施分布情况，洗手设施供水情况，洗手方式，洗手设施使用频率。

厕所建设与使用情况下的三级指标为厕所分布情况，厕所供水情况，冲水方式，厕所管理情况，厕所污物处理周期，厕所消毒周期。

污水处理设施建设与使用情况下的三级指标为污水处理工艺流程，污水处理方式，污水设施管理情况，污水处理设施使用情况。

医疗废弃物处理情况下的三级指标为医疗废弃物处理方式，医疗废弃物管理情况，医疗废弃物收集周期，医疗废弃物处理周期。

用水意识下的三级指标为节水意识、安全意识、环保意识。

（二）在专家主观评价权重中，供水水源最为重要，厕所冲水方式最不重要

通过发放专家权重调查表，对回收后的数据进行处理，排除不满足一致性的专家经验数据后，课题组发现在 24 个三级指标中，供水水源最为重要，权重大小为 0.1028；而厕所冲水方式最不重要，权重大小仅为 0.0151。三级指标之间的专家主观评价权重差异较大。

（三）在客观权重中，节水意识与环保意识最为重要

在客观验证权重中，课题组发现人们的节水意识与环保意识对乡镇卫生院供水及环境卫生的整体建设影响最大，二者的客观验证权重大小分别为 0.3151 和 0.2352。在提高乡镇卫生院硬件条件的同时，也要大力开展有关水资源的科学普及。

（四）指标权重调整后 5 个三级指标最重要

通过权重调整得到三级指标综合权重后，最为重要的 5 个指标为节水意识、环保意识、洗手设施分布情况、厕所污物处理周期和洗手方式。既有人们用水方面的指标，也有硬件方面的指标。说明乡镇卫生院供水及环境卫生的整体建设水平的提高必须通过意识和硬件的同步结合才能实现。

二 政策建议

根据课题组的调查分析以及乡镇卫生院的综合得分情况，提出以下政策建议。

（一）改善乡镇卫生院供水水源与供水方式

调查发现，采用管道供水与非管道供水的乡镇卫生院，它们的供水方式均为自备水井，市政供水的乡镇卫生院均采用管道供水。而供水方式影响着婴儿死亡率。为此，在改善供水水源的同时改善乡镇卫生院的供水方式，可以降低婴儿死亡情况的发生。改善乡镇卫生院的供水条件，不仅要考虑到安装成本，还要考虑到之后的运营成本，尤其是在人均生产力较低的第一类地区，更要选择实际可行的方式进行改善。

（二）改善乡镇卫生院洗手设施供水情况，同时提高室内厕所洗手设施的配备率

洗手设施供水情况的改善主要是为了改变人们的洗手方式。回归分析显示，洗手方式影响着 5 岁以下儿童死亡情况的发生，而无法持续性供水会使人们采用脸盆洗手或不洗手的方式，因此为了改变人们洗手方式，首先要确保洗手设施供水情况良好。在调查中还发现，室内厕所洗手设施使用率高，但配备率却最低，因此保持厕所的环境卫生以及人们良好的洗手习惯，还需要重点提高室内厕所洗手设施的配备率。对于缺水地区，要根据供水情况选择适当的洗手设施类型。

（三）加大投资建设乡镇卫生院室内厕所以及卫生厕所，建立良好的厕所管理制度

乡镇卫生院拥有室内厕所与卫生厕所的比例不高，需要进一步加强建设，要根据不同乡镇卫生院实际情况选择适合的卫生厕所。孕产妇死亡率的回归方程显示，孕产妇死亡率与厕所污物处理周期有关，因此需要加强建设厕所管理制度，分配专人对厕所进行清洁，定期对厕所污物进行处理

和对厕所进行消毒处理，保证厕所的卫生情况，做到有效抑制病菌的繁殖。

（四）投资建设污水处理设施，改善乡镇卫生院污水处理标准不达标或直接排放污水的现象

调查显示，54 所乡镇卫生院仅有 19 所配备污水处理设施，并且在 19 所中还有 4 所只采取简易生化处理的方式对污水进行处理，按照《医院污水处理技术指南》中的标准，并未达到污水排放标准的要求。

为此，乡镇卫生院污水处理设施应该进行重新规划。第一，每个乡镇卫生院根据自身业务量水平建设相应的污水处理设施。在最近一年日最高产生污水吨数的基础上建设处理能力稍强一些的污水处理设施，既可以为今后污水产生量的上升留有余地，又可以避免因为成本问题而导致污水处理设施的使用率低。第二，分别处理病区与非病区的污水，定期对污水处理设施进行消毒等处理。因为在调查中发现仅有 55.65% 的乡镇卫生院会分别处理病区污水与非病区污水，77.78% 的乡镇卫生院会对污水处理设施中的淤泥进行干化或消毒处理。区分病区污水与非病区污水可以根据不同的污水选择不同的处理工艺流程，从而降低污水处理设施的运营成本。对污水处理设施中的淤泥进行干化消毒处理可以避免污水的二次污染。在配备污水处理设施的情况下，进一步提升污水处理设施的处理效果。

（五）建立规范的医疗废弃物临时存放区，实现医疗废弃物的妥善处理，降低医疗废弃物意外风险

调查显示，乡镇卫生院平均每 3 天进行一次医疗废弃物的集中收集，每 4.47 天对医疗废弃物进行处理。这其中就存在 1.47 天的时间间隔，在这段时间内，医疗废弃物将临时存放在乡镇卫生院中。但只有 58% 的乡镇卫生院配有符合规范的暂存仓库，这就导致了医疗废弃物存放期间的卫生问题。对于经济发展水平较低无法采取集中处理的地区而言，建立符合规范的临时存放区将在一定程度上改善乡镇卫生院的环境卫生问题。

（六）增加卫生科普次数，提高人们的用水意识

在指标体系综合权重中我们发现，人们的用水意识对于乡镇卫生院供水及环境卫生的建设最为重要。再好的配备设施在缺乏人们的正确使用基础上也无法提高乡镇卫生院的卫生水平。因此我们提议在提高乡镇卫生院硬件水平的同时，定期进行卫生科普讲座，先让医疗人员了解如何正确保持个人卫生以及环境卫生，再让其在照顾病人的时候潜移默化地将卫生知识普及给病患，提高他们的用水意识。

（七）将节水意识、环保意识添加至卫生统计年鉴或将洗手设施分布情况、厕所污物处理周期、洗手方式添加至卫生统计年鉴

根据最终指标权重高可知，在整个指标体系中，节水意识与环保意识对于乡镇卫生院供水及环境卫生的建设最为重要，因此我们建议将其添加至卫生统计年鉴中，统计方式为发布问卷的形式。但考虑到统计的可行性与便捷性，我们提出第二个方案，将权重较高的洗手设施分布情况、厕所污物处理周期和洗手方式添加至卫生统计年鉴中，这三个指标较为容易统计。通过常年的数据累计，进而提高各级政府对 WASH 的重视度与参与感。

三　指标体系构建的不足之处

在整个指标体系的构建过程中，我们严格遵照指标体系的构建原则，结合定量指标和定性指标进行分析，涉及方面广，但由于定性指标的质化特点，以及数据在多次统计方面存在一定的缺陷，对指标的精确性有一定的影响。另外，随着科技的进步与医疗标准的提高，现有的指标体系可以根据现实情况而进一步完善。

参考文献

刘鹏：《南苏丹：环境卫生意识以及行为习惯的改变对抗争霍乱的重要性》，2014。

陈尚徽：《加强农村妇幼保健　降低孕产妇和 5 岁以下儿童死亡率》，《中国妇幼保健》2013 年第 5 期。

张凌霄：《春城饮用水调查问卷出炉　市民饮用水安全知识匮乏》，2013 年 11 月。

王丽：《基于 AHP 的城市旅游竞争力评价指标体系的构建及应用研究》，《地域研究与开发》2014 年第 4 期。

时立文：《SPSS19.0 统计分析从入门到精通》，清华大学出版社，2013。

Huxuan Zhou, "Health providers'perpectives on delivering public health services under the contract service policy in rural China: evidence from Xinjian County," *MBC Health Services Research* 15 (2015): 75.

Julie Polisena, "How can we improve the recognition, reporting and resolution of medical device-related incidents in hospital? A qualitative study of physicians and registered nurses," *MBC Health Services Research* 6 (2015).

Lee Revere Arlin Robinson Lynn Schroth Osama Mikhail, "Preparing academic medical department physicians to success lead," *Leadership in Health Services* (2015).

Yao Qian, "A Comparative Analysis on Assessment of Land Carrying Capacity with Ecological Footprint Analysis and Index System Method," *PLOS One* (2015).

（陈文晶）

第八章　我国 2010 年"全球洗手日"活动评估

内容提要： 为帮助公众建立正确洗手的健康生活方式，全国爱卫会、教育部、团中央、联合国儿童基金会作为主办方联合国际计划、救助儿童会、中国红十字会以及舒肤佳家庭卫生研究院，于 2010 年 10 月 15 日举办了主题为"正确洗手，手'筑'健康"的全球洗手日活动。全国各地共有200 多个国家卫生城市、325 个主办协办单位支持县（主要在中西部地区）的 1171 所学校的 127.29 万名学生参与了全球洗手日主题活动及各种形式的洗手日活动周的活动。为了客观公正地评价全球洗手日及相关活动的开展效果，联合国儿童基金会和国家发改委社会司委托卫生部卫生发展研究中心全面客观地评价 2010 年全球洗手日活动效果。

本章节的评估采取问卷调查与观察相结合的调查方法，在我国北京、上海、甘肃、陕西、广西、贵州、青海、四川、云南九个省市的 90 所中小学校开展，其中 90% 是小学，而且以中西部地区为主。评估方法以定性描述和定量分析为主。定性描述评估调查学校提供的环境卫生设施和如何开展一系列的洗手日宣传活动；定量评估在校儿童对厕所及洗手卫生设施的评价以及儿童在洗手日宣传活动后获得的洗手知识、意愿和行为（KAP）的改变。

第一节　总体情况评估

一　活动组织——部门联合，政府重视

这次的全球洗手日活动，是由全国爱卫会、教育部、团中央、联合国儿童基金会联合主办，中国健康教育中心（卫生部新闻宣传中心）、各地爱卫办联合承办，救助儿童会、国际计划、中国红十字会、舒肤佳家庭卫生研究院联合协办，这种多方参与的形式有利于将洗手日宣传活动与创建卫生城市、促进学校卫生等各个组织的项目目标统一起来，并邀请了杨澜、陈坤出席活动，大大提高了本次活动的影响力。各级政府非常重视，各地相关部门结合本地区的工作实际，及时制订了"全球洗手日"宣传活动方案，选择有条件的中小学校和幼儿园，精心设计活动内容，保障了宣传活动的顺利实施，而且在活动当天，大部分地区都是由分管市长出席活动并讲话，号召大家一起参与到洗手日的活动中来。

全国1171所学校的127.29万名在校中小学生及幼儿园儿童参与到全球洗手日活动中来，大大增加本次活动的覆盖面和宣传力度。大力开展全球洗手日宣传活动，普及正确洗手的知识和方法，促进广大群众特别是少年儿童养成洗手的卫生习惯，对于预防和控制疾病的发生传播、提高群众健康文明素质具有非常重要的意义。

二　活动准备——内容丰富，寓教于乐

本次洗手日宣传材料的准备不仅包括海报、宣传折页、光盘，各地还积极准备了其他宣传材料，河南等地准备了洗手情景表演、主题升旗仪式、主题班会等来实施此次洗手活动；甘肃、陕西、青海、江西等地也通过主题升旗仪式、主题班会、快板书、洗手日征文竞赛、绘画竞赛、主题辩论赛、现场学习"六步洗手法"、学唱洗手歌、做洗手操等形式，来宣传和实施此次洗手活动。

本次活动共分发海报10000张、宣传折页250000张、光盘10000张至

592 所学校 274724 名学生手中。形式各异、寓教于乐的宣传形式和活动显著提升了此次活动的宣传力度。

三 活动实施——广泛参与,多样宣传

本次全球洗手日活动的媒体覆盖范围较广,自 2010 年 9 月 17 日至 2010 年 10 月 22 日共有 283 篇全球洗手日活动新闻发布于 28 个省份(包括香港特别行政区)的各类媒体。在电视媒体方面,央视少儿频道制作了本次洗手日活动宣传视频,并于 2010 年 10 月 11 日至 10 月 15 日整周滚动播出。为本年度洗手日量身定做的有,电影明星陈坤参与的 45 秒的洗手歌(包含了关键洗手知识)在各地电视媒体及参与洗手日活动的学校播放。在线媒体包括优酷网、百度、腾讯 QQ 及屈臣氏,其中优酷网播出洗手歌视频,腾讯为洗手日设计了登录框并推出了"用肥皂洗手"的电子贺卡,屈臣氏向会员发送了宣传 2010 全球洗手日的电子邮件;联合国儿童基金会还专门设计制作了 2010 全球洗手日网页,发布洗手日知识、相关活动信息和宣传材料、卡通游戏及卡通图标,便于网民阅读下载。

本次洗手日宣传活动呈现多方参与、形式多样、多媒体覆盖的特征,提高了社会各界对儿童的关注度,浓厚的宣传氛围是改变儿童洗手行为、养成健康的个人卫生习惯的有效途径。

第二节 参与洗手日活动学校厕所、洗手设施和个人卫生的一般性描述

我们在开展全球洗手日主题活动的全国 31 个省份中随机抽取了 9 个省份中 90 所参与洗手日活动的学校,向在校儿童发放了《学校洗手与厕所调查问卷》,共回收问卷 1732 份。问卷主要评估参与洗手日活动的学校厕所与洗手卫生设施的现状,以便了解支持环境硬件设施方面的情况,一方面通过儿童的反馈印证,一方面探索是否有进一步改善的空间。分析结果如下。

一　学校厕所基本类型评估

在 90 所参与洗手日活动的学校中，89 所学校中 74.2% 为水冲式厕所，25.8% 为非水冲式厕所（见图 8-1）。与水冲式厕所相比，这些学校更应该提供卫生厕所和洗手设施。此外，96.6% 的参与洗手日活动的学校厕所实行男女分厕。

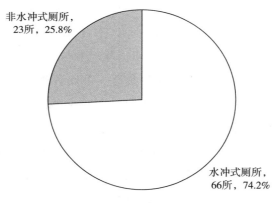

图 8-1　校内厕所基本类型

二　观察：学校的洗手设施及类型评估

90 所参与洗手日活动的学校中有 70 所学校的学生可以洗手，其中 68 所学校内设有洗手设施，占到了参与学校的 75.6%，其他 2 所学校学生在学校附近的河流或河沟里洗手。另外 20 所学校的学生回答厕所没有地方可以洗手。

在 70 所可以洗手的学校中，有 61 所学校（占 87.1%）的洗手设施为有流动水的自来水龙头，3 所学校（占 4.3%）的学生使用脸盆、非流动水洗手，4 所学校（占 5.7%）的学生使用水瓶或瓢舀水洗手（见图 8-2）。其余 2 所可在学校附近洗手的学校，1 所学校（占 1.4%）的学生在附近河流里洗手，1 所学校（占 1.4%）的学生在河沟或水塘中洗手，这两所学校均来自甘肃省，这也与甘肃省参与本次调查的学校数较多有关。

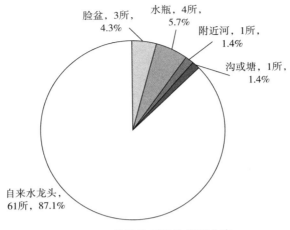

脸盆，3所，4.3%　水瓶，4所，5.7%　附近河，1所，1.4%

沟或塘，1所，1.4%

自来水龙头，61所，87.1%

图 8 - 2　学校洗手设施类型分布

三　询问：儿童对洗手设施和厕所的评估

我们在"学校洗手与厕所调查"问卷中设置了五道问题询问在校学生对洗手设施和厕所的评价："你怎样评价学校的洗手设施？""你如何评价学校的厕所？""你学校的厕所干净吗？""你如何描述厕所的气味？""你觉得厕所的质量怎么样？"我们采用 Likert 量表的形式，通过评分展现接受调查的在校学生对洗手设施及厕所使用的满意程度。为了方便比较，我们通过将评价指标转化为百分数值的方式对各省份项目在校学生对厕所、洗手卫生设施的使用评价得分及均值进行计算。

（一）对洗手设施的评价

在校儿童对校内洗手设施的评价得分分别用 1、2、3、4 表示洗手设施"没有洗手设施""不怎么好""需要改进""很好"，将其转化为百分制得分，来自 89 所学校的 1694 名学生回答了该问题，在评价得分满分为 4 分的情况下平均得分为 3.26 分，认为学校的洗手设施很好的人数为 745 人，占 43.98%。

（二）对厕所的评价

我们从厕所环境、厕所气味和厕所使用意愿三个方面进行评价。具体设置的题目是："你如何评价学校的厕所？""学校厕所干净吗？""你如何描述学校厕所的气味？""你觉得学校厕所的质量怎么样？"为方便比较，我们将评价的总得分转换为百分制。

1. 厕所洁净程度

良好的厕所环境能帮助在校儿童形成良好的生活行为习惯，因此，良好的厕所环境是一个值得关注的问题。本次洗手日活动不仅仅局限于让在校学生有一个正确的洗手行为，更重要的是让他们能在一个良好的厕所环境中用正确的方式洗手。90所学校共有1728名学生回答了此问题，在校学生对本学校厕所环境评价的平均得分是76.71分（见图8-3）。

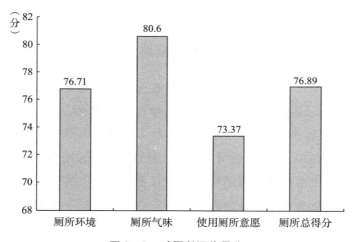

图8-3　对厕所评价得分

2. 厕所气味

同样，厕所气味也是影响学生使用厕所频率的一个重要因素。从图8-3中看出，在校学生对自己学校厕所气味的评价处于中上水平，平均得分为80.6分，而且各地的差异不大，几乎都在70~80分。

3. 使用厕所意愿

关于对厕所使用意愿的评价，我们给出的答案是"我害怕进去""有时我忍不住去厕所""厕所很好，很干净"和"厕所有我需要的肥皂和擦手纸"。学生使用厕所意愿对其洗手行为有重要的影响。因此，我们可以从学生对厕所使用意愿的评价间接看出学生在学校的洗手频率。图8-3显示，学生使用厕所意愿的平均得分是 73.37 分，可见，被调查地区学校的厕所质量基本不错，达到了中等水平。

综合以上几方面的得分情况，我们计算出了总的得分，代表对厕所设施的综合评价（见图 8 - 3）。对厕所设施综合评价的平均得分是 76.89 分，说明各地对厕所的总体评价处于中上等水平，能满足在校学生的需要。

（三）询问：在校学生的个人卫生行为评估

1. 在校学生的洗手行为

本部分按照是否洗手和怎么洗手的逻辑思路进行分析评估。关于在校学生是否洗手，我们调查了"上完厕所后是否洗手"和"吃饭之前是否洗手"两个问题。

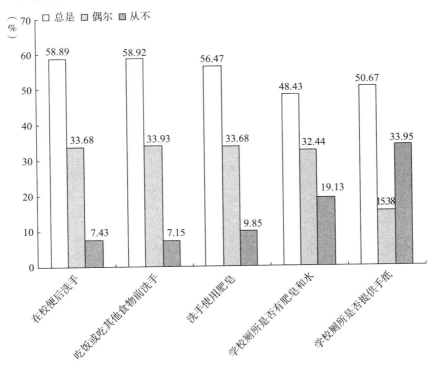

图 8 - 4　在校学生的洗手行为

由图 8 - 4 可知，关于上完厕所后洗手的频率，在调查的 1722 名学生中，有 58.89% 的学生能做到便后洗手，而 33.68% 的学生知道应该在便后洗手，但未养成相应的卫生习惯，提示在增强维护手部健康意愿方面仍需加强。根据认知理论，行为的养成是一个持续的过程，在全球洗手日系列活动中，在普及洗手相关知识的同时提高学生自觉洗手、保持健康的意识能够帮助其改变原有行为模式，逐渐转变成选择"总是洗"的学生中的一员。而7.43%的学生从来不在便后洗手，可能与其知识的缺乏及学校厕所和卫生设施的缺乏有关。

关于吃饭或吃食物之前的洗手频率，我们得到了与上述相似的结论，在调查的1722名在校学生中，58.92%的学生能做到吃饭或其他食物前洗手，而7.15%的学生从未在饭前洗手。

关于在校学生"怎么洗手"的调查中，调查的1716名学生中，56.47%的学生洗手时总是使用肥皂，还有33.68%的学生只是有时候才会使用肥皂，见图8-5。造成这种情况的可能原因一是学校没有提供肥皂或洗手液，二是学生不习惯使用肥皂或洗手液，只是用清水洗手，但是学生有洗手时用肥皂的良好意识，只是需要对他们进行更多的健康教育。

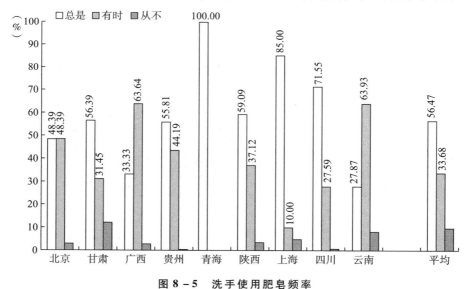

图 8 - 5 洗手使用肥皂频率

2. 学校供水和环境卫生设施是否能满足学生洗手和上厕所需要的评估

关于对学校的评估，我们询问了学生"学校厕所是否总能有肥皂和水洗手？"和"总有擦屁股手纸吗？"关于"学校厕所是否总能有肥皂和水洗手"方面，总体看，48.43％的学生回答学校厕所总是有肥皂和水洗手，32.44％学生回答有时有肥皂和水洗手。说明大部分学校能为学生经常提供肥皂和水洗手，但是仍然有 19.13％的学生回答学校厕所并没有肥皂和水洗手，这与前面的客观评价结论一致。

关于学校厕所是否总有手纸提供的情况，在应答的 1717 名学生中，50.67％的学生回答学校厕所总是有手纸提供，33.95％学生回答学校厕所从来不会提供手纸。

综上所述，学校供水和环境卫生设施满足学生使用的比例还比较低，不能持续提供肥皂、水和手纸让学生使用。

（四）学校洗手设施、厕所与个人卫生行为的相关性分析与评估

关于学校洗手设施和个人卫生行为之间的相关性分析，我们分析了学校是否总是有肥皂和水，和便后洗手、饭前或吃其他食物前洗手、洗手使用肥皂之间的相关性（见图 8-6）。由图 8-6 可见，学校环境卫生设施和个人卫生行为之间高度相关。在总是提供肥皂和水的学校的学生，他们的个人卫生行为良好，即他们总是在饭前便后洗手，而且洗手时使用肥皂的频率很高。可见，有良好卫生设施的学校，学生的卫生行为也相对良好。

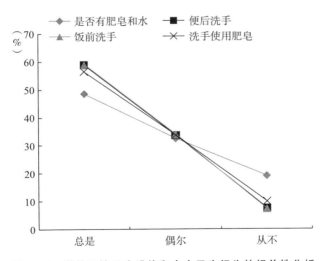

图 8-6 学校环境卫生设施和个人卫生行为的相关性分析

第三节　参与洗手日活动学校学生 KAP 调查分析

我们在全球洗手日主题活动开展前后分别对参与洗手日活动的学校儿童发放了《洗手日活动 KAP 调查》问卷，共收回问卷4510份（洗手日前收回2271份，洗手日后收回2239份）。问卷主要用于了解学生获知全球洗手日及洗手相关知识的途径及内容并测量某条洗手知识的知晓率以及某项干预措施对学生洗手行为的影响。

一　在校学生从媒体获得洗手日信息的途径

宣传氛围是洗手日活动开展的重要支持环境要素，了解在校学生从哪些途径获得哪些信息是评估洗手日活动宣传效果的重要部分。由表 8 - 1 我们发现，洗手日活动前后，在校学生接触到最多的宣传材料类型均为电视，但是构成比例不一样。由图 8 - 7 可以看出，洗手日活动后，除接触电视媒体的儿童人数略微减少外，接触广播、网络的儿童人数都显著增加，另外，从媒体上获得洗手日信息的儿童总数也在增加。以上两点说明，洗手日活动的效果一是体现在获得洗手日信息的儿童总数显著增加；二是体现在在校儿童接触了更加多样化的媒体宣传形式，广播和网络比例有所增加，实现了多种媒体覆盖。

对于其他媒体的名称，儿童填写的答案分为四种类型，电视媒体（央视儿童频道、朝闻天下、四川新闻、广西电视台、成华卫视等）、网络媒体（百度搜索、土豆网、教育网、腾讯网等）、平面纸媒（《成都商报》《绵阳晚报》）和老师宣讲。

表 8 - 1　洗手日活动前后接触不同类型媒体的人数①

媒体类型	电视	广播	报纸	网络	其他	没看到任何报道	合计
活动前	1170	173	152	144	169	396	2204
活动后	1053	319	168	175	309	381	2405

---

①　在校学生回答的这道题目是多选题，所以总数会多于应答问卷的学生数。

二　在校学生从学校和社区获得洗手日信息的途径

洗手日信息更多的是从学校或社区获得的，为此，我们对在学校和社区获取洗手日信息的途径进行了分析。分析结果见图 8 - 7 和图 8 - 8。

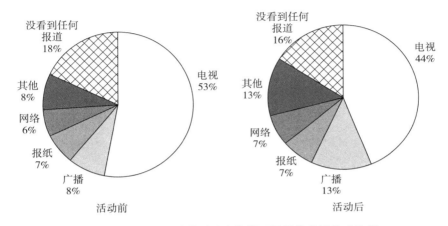

图 8 - 7　洗手日活动前后儿童接触不同媒体类型构成比例

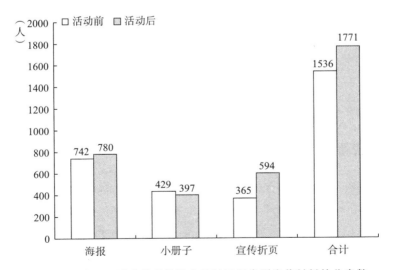

图 8 - 8　洗手日活动前后学校内接触不同类型宣传材料的儿童数

由图 8 - 8 我们可知，在洗手日活动前后从学校中除接触小册子的儿童人数稍有下降外，接触海报、宣传折页的儿童人数分别上升了 5.12% 和

62.74%。接触过宣传材料的儿童总人数由 1536 人上升到 1771 人，上升了 15.30%。进一步分析洗手日活动前后社区内的情况。图 8-9 显示，接触到海报、小册子、宣传折页的儿童人数分别上升了 17.61%、34.32% 和 30.66%。接触过宣传材料的儿童总人数由 1202 人上升到 1516 人，上升了 26.12%。可见，洗手日活动的开展使更多儿童在其学习和生活的环境中接触到更多关于个人卫生方面的知识和信息，而且有更多类型的宣传材料使儿童从多方面接触和了解洗手日的信息。

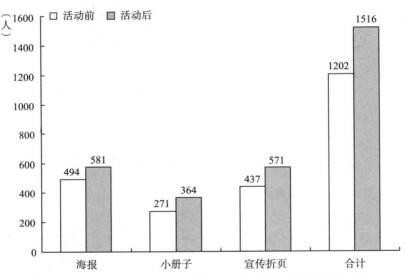

图 8-9　洗手日活动前后社区内接触不同类型宣传材料的儿童数

三　获得洗手信息的内容分析

如前所述，儿童获得的全球洗手日的相关信息的途径包括媒体和宣传材料，我们进一步分析了儿童在媒体和宣传材料中获得的洗手信息，共有 3265 个学生回答了该问题（活动前 1548 人，活动后 1717 人）。我们根据儿童的表述将其回答归纳成以下八类主要信息条目，并对记住不同洗手日信息的儿童人数进行了统计（见表 8-2）。

表 8 - 2　记住不同洗手日信息的儿童人数

单位：人

洗手日信息条目	活动前	活动后
正确洗手，预防疾病	1	16
正确洗手，手筑健康	10	9
常洗手保健康	76	105
饭前便后要洗手	186	168
勤洗手，预防疾病	249	311
六步洗手法的要点或步骤	217	250
用肥皂洗手	51	143

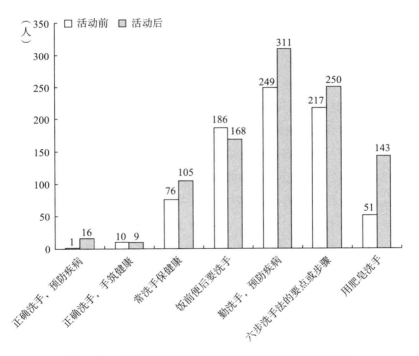

图 8 - 10　洗手日活动前后记住洗手日信息的内容分析

由图 8 - 10 可以看出，在不同的洗手日信息条目中，儿童对"勤洗手，预防疾病""六步洗手法的要点或步骤""饭前便后要洗手"这三条信息条目的识记度最高，说明清晰、明确的信息以及儿童亲自参与学习过程中传达的信息给儿童留下了深刻的印象。此外，记住"用肥皂洗手"这条与改变儿童洗手行为密切相关的信息条目的儿童人数在洗手日前后由 51 人增长到 143 人，增加了 1.8 倍。以上情况说明本次洗手日的宣传活动通过各种媒体和宣传材料以及组织中小学校开展学习正确洗手方法的活动有效地向儿童传达了洗手的防病作用并教会了儿童如何正确洗手，增强了洗手日活动的社会效果。

四 儿童对相关洗手知识的知晓情况

关于儿童对相关洗手知识的知晓率，我们设置了 3 道题来说明儿童在洗手日活动前后的知识知晓情况，分别是"什么时候用肥皂洗手？""用肥皂洗手能有效预防哪些疾病？""'不用肥皂也能把手洗干净，并且预防疾病'的说法正确吗？"

（一）儿童对"什么时候用肥皂洗手"知识的知晓率

从表 8 - 3 中可以看出，对于"什么时候用肥皂洗手"，在活动后各种回答的儿童人数都有所增加，回答"饭前、便后要洗手"的儿童人数增加了 1.22%，回答"接触传染病患者后"的儿童人数增加 6.45%，回答"接触眼、口、鼻后"的儿童人数增加了 6.25 倍，回答"摸脏东西后、手脏时"的儿童人数由 2 人增加到 69 人。令人高兴的是，洗手日活动后，儿童对洗手知识的知晓率增加明显，更重要的是回答的答案类型也明显增多（见图 8 - 11）。图 8 - 11 显示，"什么时候用肥皂洗手"的答案类型在活动后的分布明显比活动前更加多样。

表 8 - 3 洗手日活动前后回答"什么时候用肥皂洗手"儿童人数

单位：人

回答	饭前、便后要洗手	接触病人、药品后	接触传染病患者后	接触眼、口、鼻后	摸脏东西后、手脏时	合计
活动前	1722	14	62	8	2	1808
活动后	1743	14	66	58	69	1950

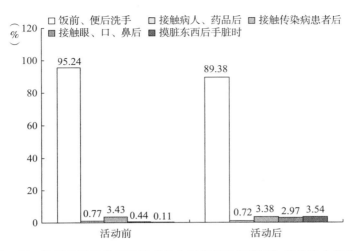

图 8 - 11　洗手日活动前后回答"什么时候用肥皂洗手"的儿童人数分布

（二）儿童对"用肥皂洗手能有效预防哪些疾病"知识的知晓率

关于儿童对用肥皂洗手的防病知识，我们的分析结果显示，活动后有效回答人数明显增加，活动前的有效回答人数为 2575 名，而活动后为 3190 名，另外，洗手日活动开展对于增加在校儿童的知识点和改变儿童的知识结构也起到了很大的作用。表 8 - 4 显示，对于"用肥皂洗手能有效预防哪些疾病"，除了众所周知的"腹泻""拉肚子""感冒""流行性感冒"等以外，回答"肺炎、上呼吸道感染疾病""传染病、细菌感染、霉菌感染""红眼病""肠道传染病、痢疾"的儿童数目增加，尤其是回答"肺炎、上呼吸道感染"的人数增加了 4.64 倍。由此可知为期一周的洗手日主题教育活动，不但增加了宣传的广度，而且还增加了宣传的深度，使得更多儿童掌握了更多的健康知识（见图 8 - 12）。

**表 8 - 4　洗手日活动前后回答"用肥皂洗手能有效预防哪些疾病"的
人数变化情况**

单位：人，%

回　　答	活动前	活动后	变化率
腹泻、拉肚子	649	719	10.79
肺炎、上呼吸道感染疾病	50	282	464.00

续表

回　　答	活动前	活动后	变化率
感冒、流行性感冒、禽流感、甲型流感	500	706	41.20
传染病、细菌感染、霉菌感染	276	333	20.65
手足口病	176	167	−5.11
红眼病	289	306	5.88
肠道传染病、痢疾	401	472	17.71
寄生虫病、蛔虫病	234	205	−12.39
合计	2575	3190	23.88

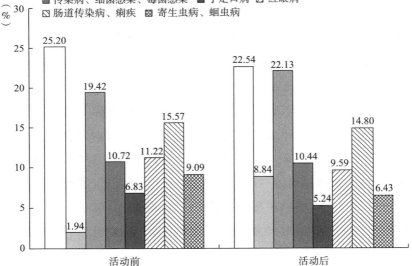

图 8 − 12　洗手日活动前后回答"用肥皂洗手可以预防何种疾病"的人数分布

（三）对"用肥皂洗手才能预防疾病"的知晓情况

我们选取"'不用肥皂也能把手洗干净，并且预防疾病'的说法正确吗？"测量洗手日宣传活动前后知晓率是否发生变化。

图 8 − 13 显示，学生在洗手日活动前后对"肥皂洗手防病"知识点的知晓率都有所改变，其中广西和甘肃两省份对该问题的知晓率略有下降，

通过分析问卷，可能原因是部分在校儿童对于该问题的理解有偏差，没有将用洗手液洗手的情况理解为能预防疾病，从而使答案与题意相悖。其他四省项目校儿童对该问题的知晓率均提高，经卡方检验，陕西、四川、云南三省知晓率的升高有统计学意义，P 值分别为 0.000，0.004，0.021。贵州知晓率的升高没有统计学意义。上述分析结果显示，通过洗手日活动的开展，儿童洗手知识的知晓率有显著的提高。

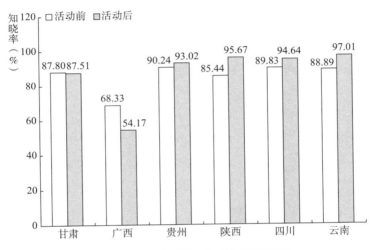

图 8 - 13　儿童对肥皂洗手知识知晓率

（四）学校和家庭肥皂的分布

肥皂分布情况是影响儿童洗手方式的重要因素之一，如果学校或家里在洗手池旁边提供肥皂，则会大大提高儿童使用肥皂的频率，从而起到防病的作用。我们的分析结果显示，卫生间是学校肥皂的主要提供场所，也是儿童洗手的主要地点，但是洗手日活动后还有 425 人回答学校没有提供肥皂，是我们今后需要努力的重点。在儿童家庭里，卫生间、厨房和餐厅是家里肥皂提供的主要场所，在家里没有肥皂提供的比例较小（见图 8 - 14）。

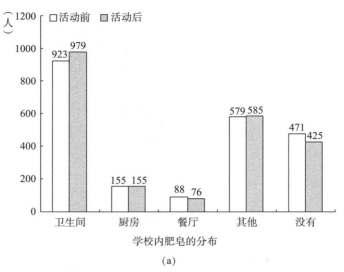

学校内肥皂的分布

(a)

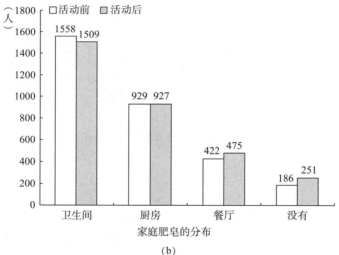

家庭肥皂的分布

(b)

图 8 - 14　学校和家里肥皂的分布情况

（五）儿童中有腹泻症状人数改变

在 KAP 调查中我们询问儿童"在过去两周内是否拉肚子"，图 8 - 15 显示，在洗手日活动前后，患腹泻（或拉肚子）的儿童人数明显减少，表明即使在较短的时间内，全球洗手日主题宣传活动产生的健康促进作用已经有所发挥，一定程度改善了儿童的健康状况，提高了儿童的健康水平。

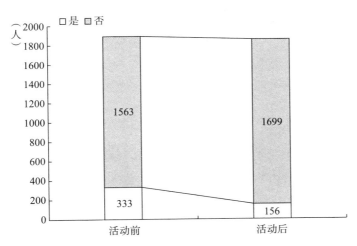

图 8-15　两周内患腹泻的儿童人数

（六）儿童洗手行为

全球洗手日的活动内容之一是向参与活动学校的儿童发放卫生包，对于拿到卫生包的儿童，我们也设计了一些问题来了解卫生包对儿童的行为改变是否有积极的影响。洗手日活动前后拥有自己的卫生包的儿童人数由642 人（占调查人数的 84.09%）增加至 788 人（占调查人数的 95.48%），增加了 22.74%（见表 8-5）。

表 8-5　洗手日活动前后卫生包的来源

单位：人

卫生包的来源类型	家人	儿基会	爱卫会	学校	自己买	合计
活动前	123	270	35	144	70	642
活动后	266	283	26	147	66	788

1. 卫生包的来源

我们进一步分析了活动前后卫生包的来源类型，分析结果显示，活动前，儿基会、学校、家人是提供卫生包的第一、第二和第三主体，分别占总数的 42.06%、22.43% 和 19.16%；活动后，儿基会、家人、学校是提供卫生包的第一、第二和第三主体，分别占总数的 35.91%、33.76% 和

18.65%（见图 8 – 16）。可见，洗手日活动的开展，大大提高了儿童家长对儿童健康的保护意识。进一步分析各种来源的改变，表 8 – 5 显示，卫生包来自家人的儿童人数由 123 人增加至 266 人，是原来的 2.16 倍；卫生包来自儿基会的儿童人数由 270 人增加到 283 人，增加了 4.8%。

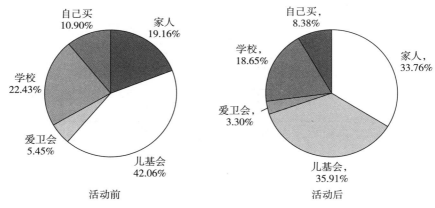

图 8 – 16　卫生包的来源

2. 卫生包的内容

对于卫生包的内容，我们选取了肥皂（香皂、洗手液）、毛巾、牙膏、牙刷、卫生纸作为卫生包里面的关键物件进行统计。分析结果显示，拥有卫生包的儿童数明显增加，尤其以拥有卫生纸的儿童人数增加幅度最大，活动后比活动前增加了 104.69%，其次是肥皂（香皂、洗手液），增加了 31.28%，但是卫生包中拥有牙刷的儿童人数减少了 12.98%，总体看，活动后拥有卫生包的人数比活动前增加了 20.68%（见表 8 – 6）。

表 8 – 6　洗手日活动前后卫生包内容

单位：人，%

卫生包内容	活动前	活动后	变化率
肥皂（香皂、洗手液）	454	596	31.28
毛巾	365	469	28.49
牙刷	262	228	- 12.98
牙膏	214	216	0.93
卫生纸	64	131	104.69
合计	1359	1640	20.68

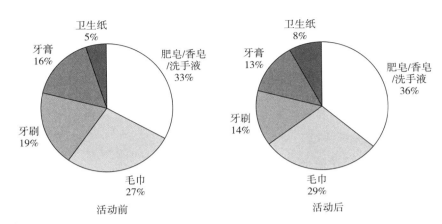

图 8 – 17　洗手日活动前后卫生包中物品的结构分布

由图 8 – 17 可见，洗手日活动的开展效果非常好，使得拥有卫生包的儿童人数大大增加。另外，洗手日活动后，拥有肥皂（香皂、洗手液）的卫生包的比例从洗手日活动前的 33% 提高到 36%，毛巾从原来的 27% 提高到 29%，卫生纸由原来的 5% 提高到 8%。可见，洗手日活动的开展，不仅增加了拥有卫生包儿童的数量，而且也大大改变了卫生包内包括的关键物品，使得卫生包中包括的物品更加适合良好洗手行为的形成。

3. 对卫生包内容的评价

关于对卫生包的评价，我们询问了学生"觉得卫生包的内容如何"，有效回答人数为 1901 人，其中活动前 825 人，活动后 1076 人。从表 8 – 7 可以看出，活动前回答"很好"的人数为 201 人，占总人数的 24.36%，活动后回答"很好"的人数为 221 人，占总人数的 20.54%；活动前回答"方便、实用"的人数为 3 人，占总人数的 0.36%，而活动后的人数为 39 人，占总人数的 3.62%。可见，洗手日活动显著提高了儿童对卫生包的利用率（见表 8 – 7）。

表 8 – 7　儿童对卫生包内容的评价

单位：人

	很好	方便、实用	一般	未评价	合计
活动前	201	3	1	620	825
活动后	221	39	18	798	1076

4. 对卫生包还有改进的必要性分析

对于卫生包是否有必要改进，在活动后了解手部健康知识、自觉采取健康行为的儿童对改进手中的卫生包有着更迫切的需求，认为有必要改进卫生包的儿童人数由 528 人上升至 697 人。对于需要改进的理由，儿童的回答主要为"卫生包内容不够丰富""洗手液的量有点少""希望增加预防疾病的药物""增加驱虫药"等。

5. 儿童每天洗手频率分析

对于个人卫生行为，我们用儿童每天洗手频率进行衡量。在洗手日活动前后，拥有卫生包的儿童洗手次数在 0 ~ 3 次的儿童人数由 290 人减少至 256 人，减少了 11.72%；每日洗手 4 ~ 9 次的人数明显增加，由 357 人增加至 492 人，增加了 37.82%；每日洗手 10 次及以上的儿童人数由 60 人增加到 139 人，增加了 1.32 倍。可见，洗手日活动开展，大大提高了儿童每天洗手的频率，起到了防病的作用。

第四节　主要发现及相关建议

通过以上评估，儿童对于宣传氛围、获得洗手日信息途径、内容与知识的掌握、对洗手行为的态度及行为表现这五方面的反馈，并结合儿童对学校厕所及卫生设施的评价，我们可以得到以下结论和建议。

一　主要发现

① 从学校提供洗手设施方面看，在 90 所参与调查的学校中，75.56% 学校提供了洗手设施，67.78% 学校的洗手设施为流动水，其他学校洗手或者用脸盆，或者用水瓶，或者用瓢舀水。但是能提供肥皂的学校比例只有 52.78%，可见，能做到同时提供肥皂和流动水的学校比例还不是很高。

② 在校学生对洗手设施的评价方面，学生对自己学校洗手设施的评价以"很好"和"需要改进"为主。分地区看，上海市儿童对自己学校洗手设施的评价很好，评分为 93.75 分，居中的是省份是甘肃、广西、青海、陕西、上海、四川、云南七个省份，它们的评价得分均超过 75 分。

③ 在校学生对学校厕所的干净情况和厕所气味比较满意。学生对学校厕所环境评价的平均得分是 76.71 分；对自己学校厕所气味的评价处于中上水平，平均得分为 80.6 分。

④ 在使用学校厕所意愿方面，被调查地区学生对自己学校厕所质量的评价比较满意。

⑤ 关于上完厕所后洗手的频率，58.89% 的学生能做到总是洗手，而 33.68% 的学生虽然知道应该便后洗手，但未养成相应的卫生习惯；关于吃饭或其他食物之前的洗手频率，我们得到了与上述相似的结论，58.92% 的学生能做到吃饭或其他食物前洗手，而 7.15% 的学生从未在饭前洗手。说明在增强维护手部健康意愿方面还有很长的路要走。

⑥ 关于学生如何洗手，56.47% 的学生洗手时总是使用肥皂，33.68% 的学生只是有时候才会使用肥皂。造成这种情况的可能原因一是学校没有提供肥皂或洗手液，二是学生不习惯使用肥皂或洗手液，只是用清水洗手，但是学生有洗手时用肥皂的良好意识，只是需要对他们进行更多的健康教育。

⑦ 学校环境卫生设施和个人卫生行为之间高度相关。在总是提供肥皂和水的学校的学生，他们的个人卫生行为良好，即他们总是在饭前便后洗手，而且洗手时使用肥皂的频率很高。可见，有良好卫生设施的学校，学生的卫生行为也相对良好。

⑧ 关于洗手信息的获取方面，本次洗手日活动效果显著，一是体现在获得洗手日信息的儿童总数显著增加，由 2204 人增加到 2405 人，二是体现在在校儿童接触了更加多样化的媒体宣传形式，广播和网络比例分别增加了 5 个和 1 个百分点，实现了多种媒体的广覆盖。

⑨ 本次洗手日的宣传活动通过各种媒体和宣传材料以及组织中小学校开展学习正确洗手方法的活动有效地向儿童传达了洗手的防病作用并教会了儿童如何正确洗手，增强了洗手日活动的社会效果。在学校，洗手日活动后，接触海报、宣传折页的儿童人数分别上升了 5.12% 和 62.74%；在社区，洗手日活动后，接触到海报、小册子、宣传折页的儿童人数分别上升了 17.61%、34.32% 和 30.66%。

⑩记住"用肥皂洗手"这条与改变儿童洗手行为密切相关的信息条目的儿童人数在洗手日前后由51人增长到143人，增加了1.8倍，明显提高了儿童对于洗手重要性的认识程度。

⑪洗手日活动开展后，儿童洗手知识的知晓率增加明显，能正确回答"什么时候用肥皂洗手"的儿童人数由活动前的1808人增加到1950人，增加了7.85%。另外，答案类型在活动后的分布明显比活动前更加多样化；能正确回答"用肥皂洗手可以预防何种疾病"的儿童人数由活动前的2575人增加到3190人，增加了23.88%，尤其是回答"肺炎"和"上呼吸道感染"的人数增加了4.64倍。因此，为期一周的洗手日主题教育活动，不但增加了宣传的广度，而且还增加了宣传的深度，使得更多儿童掌握了更多的健康知识。

⑫洗手日活动前后，学校或家庭肥皂分布并没有显著改变，当然能正确回答问题的人数也没有明显增加。

⑬在洗手日活动开展后，患腹泻（或拉肚子）的儿童人数明显减少，由活动前的333人减少到活动后的156人，表明即使在较短的时间内，全球洗手日主题宣传活动产生的健康促进作用已经发挥出来，一定程度改善了儿童的健康状况，提高了儿童的健康水平。

⑭洗手日活动开展后，拥有自己的卫生包的儿童人数由642人增加至788人，增加了22.74%。

⑮洗手日活动的开展，大大提高了儿童家长对儿童健康的保护意识。洗手日活动开展前，家人是提供卫生包的第三大主体，占总数的19.16%，洗手日活动后，家人是提供卫生包的第二主体，占到了总数的33.76%。进一步分析各种来源的改变，发现卫生包来自家人的儿童人数由123人增加至266人，是原来的2.16倍。

⑯洗手日活动的开展，不仅增加了拥有卫生包儿童的数量，活动后拥有卫生包的人数比活动前增加了20.68%，而且也大大改变了卫生包内包括的关键物品，使得卫生包中包括的物品更加适合良好洗手行为的形成。活动后，拥有肥皂（香皂、洗手液）的卫生包的比例从洗手日活动前的33%提高到36%，毛巾从原来的27%提高到29%，卫生纸由原来的5%提高到8%。

⑰洗手日活动开展,大大提高了儿童每天洗手的频率。洗手日活动开展后,拥有卫生包的儿童洗手次数在 0~3 次的儿童人数由 290 人减少至 256 人,减少了 11.72%;每日洗手 4~9 次的人数明显增加,由 357 人增加至 492 人,增加了 37.82%;每日洗手 10 次及以上的儿童人数由 60 人增加到 139 人,增加了 1.32 倍。

二 政策建议

①全球洗手日活动应加强与家庭、社区的互动。儿童在学校接触到的洗手日宣传信息比较丰富,而在社区中只有不到一半的学生能够获得相应信息,表明对全球洗手日的宣传倡导应注意覆盖范围的完整,加强与家庭、社区的互动。

②对于洗手设施,少数未设置校内洗手设施的学校可设置简单洗手设施,尽量避免学生到附近沟渠、池塘等处洗手。结合反馈情况我们知道,儿童更易于采取用肥皂洗手的行为,考虑到各地学校经济条件的差异,应从为学校儿童提供肥皂做起。

③对于厕所卫生条件,建议推行改厕,尽量将 25.8% 的旱厕改为水冲式厕所,这将有利于减少胃肠道及呼吸道传染性疾病的发生,促进儿童健康水平的提高。

④对于洗手行为还未养成的儿童,可以通过全球洗手日的宣传倡导活动增强自觉洗手和养成健康行为习惯的意识,并逐渐采取正确洗手行为。通过调查发现这一群体儿童大概占调查总体的三分之一,其行为变化趋势是否在洗手日宣传倡导活动后有显著变化则需要更长时间后的再次评估。

⑤建议在一段较长时间(半年)后对项目学校进行回访,通过观察及定性访谈对儿童洗手行为形成情况进行评估。建立有益于形成正确洗手行为的长效机制:在有条件的城市和学校,将"全球洗手日"活动从一天、一周式的宣传动员型活动转化为持续性的学校日常实践;政府提供资金用于建设既方便又节水的洗手设备和卫生厕所;教育部门将培养学生洗手和其他良好的个人卫生习惯纳入学校的生活技能课程以及对学校的卫生考核指标体系中。

⑥营造有利于正确洗手的支持环境：动员社会和家长对学生的卫生包提供持续支持。在干旱、寒冷、缺水的西部地区，推广太阳光照射杀菌等简易水处理方法以及粪尿分集的卫生厕所，设计出既适合当地条件又满足卫生要求的洗手和卫生设施，尽可能为在校学生创造干净卫生的学习条件。

参考文献

马会来、Anna Bowen、欧剑鸣、曾光：《福建省部分县区小学生洗手干预效果评价》，《中国公共卫生》2007 年第 8 期。

董晓春、徐文体、李琳、陈静、张颖、张之伦：《天津市幼儿洗手干预效果评价》，《中国学校卫生》2009 年第 8 期。

杨玲、陶芳标、陈钦、郝加虎、刘业勋、苏普玉、黄朝辉：《安徽省农村寄宿制学校教室宿舍厕所卫生学评价》，《中国学校卫生》2008 年第 9 期。

韦国锋、张君雨、王文龙：《甘肃农村学校厕所卫生现状调查》，《卫生职业教育》2010 年第 13 期。

黄国贤、戚佩玲、陈振明、张正敏、郑慧贞：《某市小学生洗手相关知识与行为调查》，《中国学校卫生》2009 年第 7 期。

邓秀莲、王伟利、刘士云：《健康促进学校学生卫生知识及行为调查》，《中国校医》2004 年第 1 期。

李游、余小鸣、王嘉：《西部农村地区 3497 名小学生卫生知识与行为现状》，《中国学校卫生》2006 年第 4 期。

胡菡琼、杨其法、项橘香、郑双来、金顺亮、李飞：《杭州市余杭区民工子弟学校学生洗手健康教育效果评价》，《海峡预防医学杂志》2010 年第 5 期。

（苗艳青）

第九章 国家间环境卫生管理体制
比较研究

内容提要： 为实现联合国提出的千年发展目标，近年来通过不懈努力，我国农村卫生厕所普及率已有了极大的提高，但我国环境卫生管理体制建设和健全进程中仍存在机构设置不合理、工作职责分裂和环境卫生设施改善的监管能力较弱等问题，这无疑将会影响我国水和环境卫生目标的实现。因此，深入了解那些在环境卫生管理体制建设方面有实践经验国家的环境卫生管理体制建设现状，比较、分析不同国家间环境卫生管理体制的特点并加以借鉴，无疑将对我国环境卫生管理体制的日趋完善和千年发展目标的顺利完成大有裨益。

第一节 引言

一 研究背景

自联合国千年发展目标启动以来，各国都在积极行动，力争早日将目标变为现实。2011 年的《联合国千年发展目标年度报告》中指出，拉丁美洲和加勒比已经提前达到了千年发展目标中对于获得清洁饮用水的具体要求，新加坡、泰国、日本等国家的供水和环境卫生设施普及率均达到了100％，埃及、菲律宾、南非、印度等国家环境卫生条件也得到了显著的改善。

　　在 2006 年至 2010 年，我国农村卫生厕所普及率从 54.98% 上升到 67.4%，年均增加 2.48 个百分点，照此速度，我国能提前实现"千年发展目标"中规定的农村卫生厕所普及率达到 75% 的目标。虽然我国农村环境卫生设施改善进展情况良好，但是地区发展不平衡情况明显，而且这种不平衡状况继续加大。2010 年，我国东部 9 个省份平均卫生厕所普及率为 83.31%，中部 10 个省份为 64.76%，西部 11 个省份（不包括西藏和新疆建设兵团）仅为 54.07%，东部与中西部卫生厕所普及率的差距继续拉大。同时，环境卫生设施的改善总是从易到难，因此随着农村卫生厕所普及率的不断提高，进一步提高其普及率的困难也越来越大。因此，今后几年农村环境卫生设施改善的困难将逐渐加大。从实际情况看，影响农村环境卫生设施改善的主要因素有气候因素、观念因素、政府执行力、财政资金投入、农村居民的改厕意愿和支付能力等。就我国情况而言，目前农村环境卫生设施改善更多是政府主导下的环境卫生设施改善，因此加强政府执行能力是加快农村环境卫生设施改善的重要内容。加强政府执行能力，主要是加强我国环境卫生管理体制的建设和健全。我国在环境卫生管理体制建设方面，长期以来存在着机构设置不合理、工作职责分裂和环境卫生设施改善的监管能力较弱等问题。环境卫生管理体制不健全，导致需要多个部门分工、合作、协调和共同管理的环境卫生工作无法顺利开展，这种现状如果持续下去，将会在一定程度上推迟千年发展目标中水和环境卫生目标的实现。为此，加快我国环境卫生管理体制的建设，整合环境卫生管理部门资源就成为当下的一项重要任务。

　　加快环境卫生管理体制的建设，不仅要从我国实际出发建立健全相关政策和制度，整合环境管理资源与优化配置，并对各个部门的工作职能和职责进行合理界定，而且还需要向那些在环境卫生管理体制建设方面有实践经验的国家学习，了解它们在环境卫生管理体制方面的建设现状、职能划分和工作范围，总结、分析和比较不同国家间环境卫生管理体制建设方面的经验和特点，明确我国与这些国家在环境卫生管理体制方面存在的差距，以指导我国环境卫生管理体制的建设和完善。为此，联合国儿童基金会联合国家发改委社会司委托卫生部卫生发展研究中心拟开展不同国家间环境卫生管理体制的比较研究，以期为我国环境卫生管理体制的不断完善提供理论支持和经验借鉴。

开展此项研究的意义在于：此项研究有利于比较不同国家间环境卫生管理体制的建设现状和特点，总结不同国家间环境卫生管理体制的建设经验，结合当前我国环境卫生管理体制中存在的突出问题、已有的经验和将会面临的机遇和挑战，推动我国环境卫生管理体制的健全和完善，为提高我国环境卫生条件、有效改善城乡居民生活环境并最终实现千年发展目标奠定坚实的基础。

二　研究目标

我国环境卫生工作的开展涉及多个部门的协调和分工，由于我国环境卫生管理体制尚不健全，仍存在着环境卫生工作范围不清、职责不明、监管不力等问题，严重影响了我国环境卫生工作的质量和效率。在当前我国全面推进医疗卫生体制改革的大背景下，卫生事业"十二五"规划对我国城乡环境卫生管理和相应的环境卫生工作提出了更高、更具体的要求。如何在有限卫生资源投入的情况下，有效改善我国城乡环境卫生条件？这对我国环境卫生管理体制的建设提出了更高的要求。

纵观国际，一些国家已在改善环境卫生条件方面取得了明显的成效，在环境卫生管理体制的建设方面也积累了丰富和宝贵的实践经验。鉴于此，十分有必要总结、分析和比较不同国家环境卫生管理体制的具体特点，全面了解不同国家环境卫生管理工作的现状、已取得的成绩和具体做法，充分认识到我国环境卫生管理体制仍存在的突出问题，提出完善和健全我国农村环境卫生管理体制的策略建议，为我国政府相关部门提供参考和支持，以达到进一步完善和健全我国环境卫生管理体制的目的。

根据研究宗旨和目的，本研究需要回答如下几个问题：

第一，环境卫生管理体制的含义、内容包括哪些？

第二，典型国家环境卫生管理体制的具体特点及主要异同是什么？

第三，我国环境卫生管理体制的特点是什么？与其他国家有何差别？存在哪些问题？

第四，通过以上分析和比较，有何启示和借鉴，提出进一步完善和健全我国环境卫生管理体制的政策建议。

三　研究方法和步骤

本研究主要是在广泛收集中外文献、书籍及网站信息等资料的基础上，总结不同国家环境卫生工作的发展历程，通过归纳和比较不同国家环境卫生管理体制的差异，形成对不同国家环境卫生管理体制建设中权责体系、机构设置和运行机制等不同层面的众多构成要素的整体认识；在此基础上，选择 1~2 个有代表性的国家或地区，对当地环境卫生状况进行实地考察评析，加深对当地环境卫生管理体制的认识，并最终形成研究报告。研究步骤具体如下。

（一）资料收集

以"环境"、"环境卫生"、"环境卫生管理"、"市容环境"及"管理体制"等为关键词在中文、英文期刊网上检索国内外环境卫生设施改善状况与环境卫生管理体制建设相关的中外文献资料，同时参阅环境卫生管理相关书籍，并且在不同国家的政府或相关组织的网站上搜索改水、改厕、污水污物处理等环境卫生工作相关的政策、法规、文件和执行情况的信息资料。

（二）现场考察评析

选择有代表性的国家或地区进行现场考察，与相关管理人员进行深入细致的访谈，从横向和纵向深入了解当地环境卫生管理体制的发展历程和具体现状，加深对当地环境卫生管理体制的认识，寻找对我国环境卫生管理体制建设有借鉴价值的实践经验，为我国环境卫生管理体制的进一步健全和完善提供实践依据。

（三）资料总结和分析

对所收集到的相关信息资料进行总结和分析，回顾不同国家环境卫生工作的发展历程和现状，从权责体系、机构设置、运行机制等多个层面比较不同国家环境卫生管理体制的具体特点及在环境卫生管理方面所积累的成功经验，充分认识我国环境卫生管理体制存在的问题和差距。

第二节　我国环境卫生管理体制的发展历程

一　相关概念的界定

（一）环境卫生的概念及环境卫生管理的范畴

环境卫生是指人类身体活动周围的所有环境内一切妨碍或影响健康的因素。环境卫生的范围非常复杂而广泛，其内容大致包括饮水卫生、废物处理（包括污水处理、垃圾处理）、食品卫生、病媒管制、工业卫生、公害防治（包括空气污染防治、水污染防治、噪声管制等）、房屋卫生等。环境卫生现多指城市空间环境的卫生，主要包括城市街巷、道路、公共场所、水域等区域的环境整洁，城市垃圾、粪便等生活废弃物收集、清除、运输、中转、处理、处置、综合利用，城市环境卫生设施规划、建设等。环境卫生事业是人民群众生活的组成部分，环境卫生作为社会公共服务产品，必须主要由取得税收的政府来提供。城乡环境卫生状况能够直接反映当地的管理水平，并对经济社会的发展起到一定的影响作用。

1997年2月建设部发布的《城市环境卫生质量标准》中对环境卫生管理的内容进行了详细的界定，其主要是指道路清扫保洁、生活垃圾和粪便收集运输处理及公共场所环境卫生。我国各城市环境卫生管理条例均根据各自实际情况，对环境卫生管理的内容予以明确，虽各有侧重，但总体上来说，环境卫生管理的对象是统一的，即单位和个人影响环境卫生的行为、废弃物收运处理和环境卫生设施建设、维护和使用等。

（二）市容环境卫生的概念及市容管理和环境卫生管理的关系

市容环境卫生是指城市自然环境和社会环境，其基本内容包括对公民、法人和其他组织维护环境整洁的基本行为要求，以及废弃物管理、环境卫生作业服务管理、环境卫生设施管理等方面的规范要求。而从行政管理的角度，"管理"包括管辖和治理，管辖是指权限，治理是指权限范围内的职能作用，是对管理对象的一系列的筹划、组织和控制活动。所谓市容管理，是以城市环境卫生管理为基础，同时协调城市规划、建设和管理，对直接影响城市外观的各种因素实施综合筹划、组织和控制，达到城市清洁和优美的目的。严格意义上说，市容管理是个总概念，环境卫生管理是子概念，市容管理包含了环境卫生管理，《城市容貌标准》中市容的六项内容之一就是环境卫生。但由于环境卫生行业历史悠久，已形成一个颇具规模、体系健全的行业，而且市容管理和环境卫生管理又密不可分，所以国内一般将市容管理和环境卫生管理并列，统称为市容环境卫生管理。总体来说，两者的关系如下。

1. 市容管理源于环境卫生管理

我国在 20 世纪 70 年代以前很少涉及市容管理概念，更没有市容管理部门，当时的环境卫生管理则是城市政府始终关注的一项工作。1978 年党的十一届三中全会以后，作为直接影响城市环境和市民生活的环境卫生脏乱差问题，被列入了各级政府的议事日程，并开始组织实施"三整顿"——整顿市容卫生、交通秩序、违章占道及搭建，其重头任务是对面广量大的环境卫生脏乱差违章行为实施行政处罚，1984 年前后，各城市政府纷纷建立起城市市容监察队伍，大多数设在环境卫生管理部门内。因此从机构沿革和工作起点来讲，市容管理源于环境卫生管理。

2. 市容管理以环境卫生管理为基础

市容的优美首先以清洁为基础。清洁干净是市容的基本评价标准，即环境没有积存垃圾、污水，建筑物、道路没有污迹、疤痕等，没有脏乱差现象，这是环境卫生管理最基本的目标。不清洁干净，就谈不上优美，所以环境卫生管理是市容管理的基础和前提。

3. 市容管理是对环境卫生管理的提升

一个城市光有干净的环境是无法体现个性的，优美的市容是更高的追求，通过风格鲜明的建筑群、坦荡舒畅的道路网、清新怡人的绿化带、美丽的城市灯光雕塑等，城市的风格、韵味和精神内涵得以充分体现。

（三）管理体制

《辞海》中将"体制"定义为国家机关、企业事业单位在机构设置、领导隶属关系、管理权限划分等方面的体系、制度、方法、形式等的总称。管理体制则是指管理的组织和制度。以一个组织或具体的管理对象为例，管理体制是指该组织或具体的管理对象管理系统的结构和组成方式，也就是说，一个组织或具体的管理对象采用怎样的组织形式以及如何将这些组织形式结合成为一个合理的有机系统。相对具体地说，管理体制是根据管理系统的结构和组成方式来规定管理范围、权限职责、利益及其相互关系的准则，它的核心是管理机构的设置，各管理机构职权的分配以及各机构间的相互协调，它的强弱直接影响到管理的效率和效能，在整个管理过程及管理效果的发挥中起着决定性作用。

（四）环境卫生管理体制

环境卫生管理体制是指针对环境卫生所涉及的各方面内容，中央、地方、部门等在环境卫生方面的管理范围、权限职责、利益及其相互关系的准则，即指关于环境卫生管理的组织机构设置、地位、职责和内部权责关系及其相关的规章制度的总和。环境卫生管理体制是确保管理过程得以顺利进行的物质载体和保证，也是支撑环境卫生管理系统的骨架和支柱。环境卫生管理体制是一个综合性的概念，从不同的角度就有不同的划分标准，主要包括环境卫生管理的机构及其职能体制、领导体制、市场监管体制等，其核心是各管理机构间的职权责的配置问题和政府与企业的关系问题。主要包括以下两方面内容。

1. 政府管理部门内的关系定位

一是环境卫生规划、建设、管理等机构的行政领导体制，它包括环境卫生管理系统中诸机构间的行政隶属关系，以及各自的管理幅度与管理层次。环境卫生管理系统内的各组织机关及其职能机关的关系网络，构成了环境卫生管理体制的主要内容。

二是环境卫生管理系统内各机构的职能及权责关系。环境卫生管理系统各组织机关的职能由相应的法律法规规定，其权责结构由职能体系所决定。

三是环境卫生管理体制中的市、区、街道"三级管理"体制。首先是三级管理中的职能分工，如市级的宏观决策指导与综合协调职能，区级的分解、协调及决策职能，街道级的执行职能。其次是事权分配及管理原则，如市级的规章政策制定权，区级的决策指导权，街道级的执行处理权。最后是同一层级上的各管理机构的关系，如区级的规划、建设、管理的体制形式不同于市级的体制形式。

2. 环境卫生管理体制中的政府、事业单位及企业单位之间的关系定位

政府为环境卫生市场的培育和健全提供行政和法律上的保障，环境卫生企业作为市场主体独立于政府，政府与企业是经济契约关系，各事业单位作为社会中介组织发挥桥梁作用，三者各有其责，媒介是市场监管体系、公共服务体系等。目前，环境卫生管理体制中的政事企关系错综复杂，彼此制约。以上海环境卫生体制格局来看，政事不分、政企不分、事企不分的现象仍存在，制约了政府管理职能的发挥，也影响了市容环境卫生市场的发展。所以对政府、事业单位及企业单位之间的关系正确定位，显得尤为重要。

二　我国环境卫生管理体制的发展历程和特点分析

(一) 发展历程

环境卫生管理是一项事关全社会而且为整个社会服务的庞大系统工程。城乡环境卫生管理水平是一个国家或地区政府形象和市民素质的重要标志。自新中国成立以来相当长的一段时间内，我国的城市建设基本处于单一计划指令下的发展状态。改革开放以来，随着经济体制改革的深入和人口户籍制度的改变，城市的经济总量和人口数量急剧增加。同时我国加快了城市建设的步伐，原有城市的规模不断扩大，新兴城市不断崛起，均给城市环境卫生管理带来了较大的压力。20 世纪 90 年代以来，在全国城市中广泛开展的全国卫生城市评比活动，极大地推动了城市的规划、建设和管理工作，使之逐步走上了规范化与科学化的轨道。随着城乡政治、经济和各项社会事业的迅速发展，与之相适应的管理体制及功能也在不断调整、充实和完善之中。城乡环境卫生管理突破了计划经济主导体制下相对单一的、依靠行政命令的封闭模式，逐渐形成了"统一领导、分级负责、条块协同、综合管理"的一套行之有效的管理模式，为组织城市政治经济活动、保障社会事业发展和人民的正常生活发挥了重要作用。

但从总体而言，目前我国大部分城乡环境卫生的管理体制依然沿袭了传统计划经济时期的运行模式，虽然做了一些改革，但还远远跟不上城乡经济、社会和各项社会事业发展的步伐，仍无法适应社会主义市场经济发展的要求。在旧的城乡行政管理体制下，不仅存在城乡环境卫生基础设施建设滞后于经济发展的情况，同时也存在环境卫生管理水平滞后于建设发展的情况，在环境卫生管理体制中出现政府职能错位的情况。长期以来，环境卫生公共服务的供给责任由政府用一条龙的模式承担下来，表现形式是通过政府部门的组织，以事业单位的模式包揽了一切。这样一来，城乡环境卫生管理的主体是唯一的，那就是政府。政府是城乡环境卫生的决策者、管理者又是执法者，是环境卫生设施的投资者、建设者又是运营者，是作业服务的组织者、运行者又是监督检查者。政府集城乡环境卫生管理的所有职责于一身。显然，在当前市场经济条件下，在城市化迅猛发展的今天，这种传统管理模式无疑正面临前所未有的挑战。

（二）我国环境卫生管理体制的特点分析

1. 我国环境卫生管理模式

根据《城市市容和环境卫生管理条例》（1992 年国务院 101 号令）第四条的规定，国务院城市建设行政主管部门主管全国城市市容和环境卫生工作。省以下由各级地方人民政府的指定部门主管城市市容和环境卫生。在这一原则的指导下，目前我国各地城市市容环境卫生管理机构形成了多种模式和类型，主要有三大类别。

（1）建管合一型

这种类型的管理模式带有传统性，目前仍然是我国大部分城市（主要是中小城市）所采用的管理模式，部分开发区出于建设统一指挥、集中调度的需要也采用了这种类型。这种管理模式的优点是城市政府可以统一宏观调控，由城市建设部门直接主导、参与城市的市容环境卫生管理，从而可以把市容环境卫生管理贯穿于城市发展规划和建设的全过程，从规划建设的源头上避免建设与管理的脱节，做到建管彼此依赖、相辅相成、互为促进。但它的弊端是容易造成以建代管、重建轻管，建设主体与管理主体混淆交叉、职责不明，建设和管理"两张皮"的现象。

（2）建管分离型

这种类型的管理模式带有方向性，比较科学合理，目前被我国一些重点城市、新兴城市和较大城市所采用，部分开发建设已成规模的开发区（如上海浦东开发区）也采用这种类型的管理模式。这种管理模式更加明确了城市政府要对城市市容环境卫生管理进行宏观协调，即将城市环境管理的职能从建设部门剥离，由属地政府直接组建和领导的市容环境卫生主管部门行使组织、协调、检查、监督、考核的职能，涉及城市环境管理的相关部门各负其责、各司其职，从而做到统一牵头、扎口管理。它的优点是建设主体和管理主体明晰，职能配置更加合理科学，建管两家可以有效制约、互相监督。它的弊端是有时建管主体的分离，规划、建设中可能出现的失误和先天不足，往往造成管理上的被动或难以实施有效的管理和监督等。

（3）综合管理型

其是指由属地政府直接组建和领导一个职能管理机构。这个机构拥有隶属管理的环卫、河道、园林绿化、道路养护、出租车辆管理、城市市容环境卫生监督等实体单位，享有政府授予的综合管理及组织、协调、监督、检查、仲裁、处罚等权力，并将城市有关部门涉及城管内容的责权汇集起来，实施政府授权或委托授权的综合执法。它的优点是有利于政府统一协调，齐抓共管，确保城市市容环境卫生管理的经常化、全程化，进一步强化城市管理的职能和力度。它的弊端是容易产生政事、政企不分，统管统包，行业垄断等不良现象。同时，由于管理主体与执行主体合一，因而难以实施对自身职能履行情况的有效监督。

表 9 - 1　我国环境卫生管理几种模式比较

管理模式	优　点	缺　点
建管合一型	把环境卫生管理贯穿于发展规划和建设的全过程，从规划建设的源头上避免建设与管理的脱节，有利于建管彼此依赖、相辅相成、互为促进	建设主体与管理主体混淆交叉、职责不明，建设和管理"两张皮"的现象
建管分离型	建设主体和管理主体明晰，职能配置更加合理科学，建管两家可以有效制约、互相监督	建管主体的分离，规划、建设中可能出现的失误和先天不足，往往造成管理上的被动或难以实施有效的管理和监督
综合管理型	政府统一协调，可强化管理职能和力度	容易导致政事、政企不分，统管统包，行业垄断等现象的出现，且难以进行有效的监督

2. 我国环境卫生管理体制中存在的问题和原因分析

我国城乡环境卫生状况自新中国成立以来有了较大的改善，尤其是近些年我国各城市都加大了城乡环境卫生的管理力度，但由于我国长期以来城乡环境卫生管理体制未发生根本性变化，环境卫生管理过程中暴露出来的问题仍不容乐观，环境卫生管理能力提高速度远跟不上城市化进程的步伐和不断增长的城乡居民对环境卫生的需求，阻碍了城乡居民生活质量的进一步提高。总的来说，目前我国环境卫生管理体制中机构设置、职能配置及政企定位等方面存在以下几个问题亟待解决。

（1）"条"与"条"的职能定位交叉

"条"是指政府的市一级职能部门，是某项业务工作的市级主管部门。由于我国当前政府机构的设置在很多情况下不是严格按照科学的行政管理要素来进行的，行政机构设置的科学化和部门行政职权的法定化未得到根本实现，因而政府在机构职能配置上存在相当多的交叉情况，这种情况在我国环境卫生管理中较多见。例如江苏省常州市，市级多个职能部门参与环境卫生管理，职能交叉，经常出现多头管理或因建设和后期移交的衔接问题造成的管理真空问题，最终导致无法落实明确的责任部门，责任衔接不清晰，工作中互相推诿的情况时有发生，同时多个职能部门的管理标准常不统一，使得基层工作无所适从，不仅影响执行部门的环境卫生管理效率和管理效果，而且会导致有限的环境卫生管理资源的浪费。

　　这主要是我国机构改革进程和政府部门利益共同作用的结果。为了适应社会发展的需要，我国政府已进行了多次大规模的政府机构改革。由于社会管理和社会服务需求的不断膨胀和日益复杂，原来由一个部门或几个部门担任的管理职能不得不进行分割，这种分割直接导致部门间管理职能的交叉。以常州市建设局为例，在2001年机构改革前，市建设局承担了城市的规划、建设、环境卫生、园林绿化等多项职能，由于市级政府部门人员编制的限制，在城市化进程不断加快、建成区域不断扩大、市民对城市建设及管理的要求不断增长的多个因素影响下，一些职能不得不从建设局分离出来，常州市规划局、城管局和园林局都是这次机构改革后的产物。在这种情况下，像城市道路保洁、绿化保洁这样的附属职能就只能服从道路建设、园林绿化建设这样的主要职能，被人为过细地分割。同时由于改革开放以来，市场化的不断深入，政府部门依然承担着许多单位制下的社会职能，为了满足各政府部门人员的利益要求，只能尽可能争取更多的部门职能权限、工程项目或具体的工作事务。而政府决策者往往为了避免建设与管理之间移交上的复杂手续，在大部分情况下让某项工作的原经办部门负责其后续的管理工作，这样就造成了多头管理局面的出现。

　　（2）"条"与"块"的职能定位不明晰

　　"块"指的是区级政府和其派出机构即各街道办事处。目前我国部分城市市区环境卫生工作在行政上分三级管理，即市、区城市管理局及街道办事处（镇），在业务上也分三级管理，即市、区环卫处及街道环卫站（镇设环卫所）。市、区城市管理局分别是全市及各区环境卫生管理的行政主管部门，各区环境卫生管理处具体负责开展日常环境卫生作业及管理工作，市、区人财物相互独立。在这样的管理体制下，市、区城市管理行政主管部门依靠协调、考核对环境卫生管理部门进行管理，环境卫生管理部门（即环卫处）因人财物相互独立，实际造成市、区两级主管部门"虚位"。因此，仅管理职能就形成三层，相互交叉，职责不清，导致政出多门，而环卫处因管理权与作业权合一，又难以实施对自身履行职能情况的有效监督，尤其是我国城乡结合部，这种情况更为严重。市、区、街道在城市管理中的定位有不合理之处，职、权、利三者的分配并不一致。出现这种情况的根本原因还是部门利益的驱动。市级职能部门在权限分配时处于上层位置，为了维护本部门利益，一般都会将有权、有费的行政许可权紧紧抓在手中，重视行政许可的审批，轻视审批的监督。

（3）政府与企业的定位不合理

我国环境卫生管理体制中的政企关系错综复杂，彼此制约。从我国环境卫生系统来看，政事不分、政企不分、事企不分的现象还存在，制约了政府管理职能的发挥，也影响了环境卫生市场的发展。例如常州市，其城市管理局是常州市的环境卫生行政主管部门，内设环境卫生管理处，由于该处室只有牌子没有人员编制，具体工作由城管局下属事业单位——常州市环境卫生管理处承担。该单位一方面承担环卫政策的制定、对全市环卫管理工作的监督职能；另一方面还承担具体的业务工作，可以说既是"运动员"，又是"裁判员"。这种以政府为主体单一的管理者与服务者的模式没有大的改变，城市环境卫生服务和基础设施建设很大程度上还是由政府规划、建设、管理、经营的。

这种政企不分的现状带来的后果，一是政府直接干预环卫企业的生产经营，既阻碍了环卫企业成为独立法人实体，也使政府陷入了对环卫企业要承担无限责任的境地，环卫企业竞相攀比政策优惠，却不在提高市场竞争力上下功夫。二是会造成环卫企业的低效率。政企不分，使环卫企业变成了一个小社会，要负责职工的生老病死、妻儿老小。环卫企业内劳动力基本不流动，工人干多干少一个样，干好干坏一个样，甚至干与不干一个样，形成职工稳吃企业大锅饭的局面。最终是低效率，低效益，使环卫企业在市场竞争中处于劣势地位。三是产权管理责任不清，既提供了政企不分的物质基础，也使企业难以进入市场，造成国有资产流失。环卫企业国有资产笼统为国家所有，但管理、运营、监督的责任不清，当发现企业国有资产流失时，找不到具体的责任人。四是会阻碍政府行使社会经济管理职能，难于创造公平竞争的市场环境。在政企不分体制下，政府一方面是全社会经济的调控者，另一方面又行使企业国有资产所有者的职能。这双重职能使政府部门难于给自己一个准确的定位。政府在行使社会经济调控职能时，又承担国有企业所有者职能，所以必然要特别照顾国有企业，特别是那些落后的国有企业，对它们显得特别宽容。亏损了政府要补贴，发不出工资政府也要设法帮助解决，还不起贷款也要银行宽限、减息，从而使非国有企业感到国有企业受到政府更多的照顾，自己受到不公平待遇，难以创造公平竞争的市场环境。

形成目前这种政企不分的现状，首要原因是长期以来环境卫生这项公共产品一直由政府来提供，政府通过设立事业单位性质的环卫机构开展环卫作业，这些事业单位一方面要进行具体的作业，另一方面也承担了一定的环卫管理职能，可以说它们从"出生"就是与政府连在一起，密不可分的。环卫企业也是近几年国内在市政公用行业进行体制改革后的产物，这些企业都是从原来的环卫事业单位中分离出来的，企业的领导者、经费来源都与事业单位有着千丝万缕的关系，因此环卫企业由政府来控制更是"顺理成章"的。另一个原因是政府对部门利益的追求。对政府主管部门来说，调整政府在环卫管理中的职能，意味着自己的部分权力领地的缺失和部分资源的流失，尤其对掌握这些权力和资源的政府官员来说，意味着权力寻租的空间变小。因此，政府不愿放权给事业单位，事业单位不愿放权给企业；企业一般都由政府组建，所以在行业内没有竞争，也缺少动力，企业没有自主性，完全依赖政府的拨款生存，干多干少、干好干坏一个样。因此，形成了当前在环卫管理中的这种政府和企业的定位模式。

第三节　不同国家环境卫生管理体制解析

一　不同国家环境卫生管理主要模式

国外对城市环境卫生管理在现代城市管理中的地位和作用的认识较早，特别是一些发达国家，对城市环境卫生管理尤其重视，将其作为政府城市管理的主要职能之一。为了加强环境卫生管理，美国、德国、英国、日本、新加坡等国都建立了环境卫生管理的专门机构。尽管各国城市环境卫生管理体制、机构设置不一，归属不同，但都从本国国情出发，由政府设置了专门的管理机构承担行政管理职能。就环境卫生管理机构设置的层次而言，主要有以下几种模式。

一是分级管理模式。国家（城市政府）对环境卫生实行统一领导，分级管理。欧洲的一些城市，一般实行环境卫生分级管理模式。德国的城市实行三级管理体制，国家环境部负责制定全国固体废物从产生、收运、回收和利用到处置的法规和标准；各州环境局结合实际情况，制定实施方法；各市（区）负责具体管理工作。新加坡实行的也是分级管理模式，因国家小，仅设部、处两级管理机构，国家设立环境发展部，负责公共卫生和环境保护工作；国内 7 个行政区分别设立环境卫生办事处，负责指挥、协调本行政区范围的环境卫生管理。

二是一级管理模式。比较典型的有日本的大阪市、横滨市等，都采取一级管理模式。这些城市的市政府设立环境卫生事业局，直接受市长领导，环境卫生事业局内设立若干管理部门，如总务部、设施部等，并设立若干个环境卫生事业所，分布在市内各区域，有的负责城市垃圾的收集、运输，有的则负责固定废物处置。各区政府，不再设立专门的环境卫生管理机构。

三是树状管理模式。美国洛杉矶市政府采用了树状的管理模式。市街道维护局负责市内道路的清扫保洁，市卫生局负责固体废物的收集和处置。两局同属市公共部，并分别下设若干管理部门，形成树状形管理模式。

尽管管理模式各异，但国外环境卫生管理体制具有一些共同的特点：一是管理机构精简，政府职能明确，权威性强；二是政府、企业定位明确，管理和作业分离；三是管理法规完善，执法监察力度大。

二 具体国家环境卫生管理体制概况

（一）新加坡

1. 新加坡环境卫生管理体制概述

新加坡的环境卫生管理工作主要由环境与水资源部下属的国家环境局负责。国家环境局的使命是确保新加坡持续的环境清洁和卫生，内设环境公共卫生署、环境保护署、气象服务署、政策与策划署、3P 网络署〔Public（政府）、People（民众）、Private（私人企业）〕、新加坡环境学院、人力资源署、机构事务署。其中环境公共卫生署下设环境卫生处、环境卫生研究所和小贩处，负责公共道路清扫保洁、垃圾收集运输和小贩、食品卫生、疾病媒介的管理工作，现有 1000 余名全职雇员、外聘 500 余名执法人员和 1000 余名清洁员工；环境保护署负责垃圾处理设施的建设和运营、废物减量化、污染控制等；政策规划署负责城市公共卫生和环境资源保护等政策制定、检讨；公用事业局负责协调市民、企业及政府之间的公共关系，对公众进行教育并引导公众参与社会管理。

1988 年新加坡颁布市镇理事会法后，社区的管理和维修服务逐步由市镇理事会接管，具体包括社区内公共环境的日常清洁、园林保养、日常与周期性的维修工程、社区改进计划、中期翻新计划、建筑物日常管理与定期维修服务以及与居民交流等工作。目前新加坡有 14 个市镇理事会，与物业管理公司不同的是，市镇理事会属于法定机构，市镇理事会的权力执行机构是执行委员会，由顾问、主席、委员长和秘书组成，一般由该区域的国会议员担任主要领导，执行委员会下设商务、物业、财经、项目发展和公共关系等分委员会。

2. 新加坡环境卫生管理体制主要特点

（1）完善的环境卫生管理组织体系

新加坡城市管理工作主要是由国家发展部下的公园及康乐局、市镇理事会以及环境与水资源部下的环境局负责，这 3 个部门除了经常性的交流之外是相互独立的。其中，环境局和公园及康乐局都属于政府公共部门，环境局负责城市中的公共卫生，公园及康乐局负责城市中的园林绿化管理。市镇理事会是新加坡城市管理的主体，由政府任命官员、选区国会议员和专业人士所组成，具有半官方半民营性质。类似于社区管理服务中心，市镇理事会主要负责社区公共环境日常的清洁工作。它成立的目的是让居民能够更多地参与城市管理，让国会议员更多地施展其领导才能。市镇理事会的工作人员不是国家公务员，薪金根据每年的工作绩效核定一次。市镇理事会的主要收入是向居民收取杂费，各项开支每年采取相应形式向社区居民公布。市镇理事会每年的工作绩效由社区居民打分评议，政府有关部门统一收集排列名次，据此进行奖惩。新加坡的城市管理有了这么一个比较合理的体系，加上一支精干的工作人员队伍，整体工作效率相当高，环境管理作为城市管理重要的组成部分，借助这一体系也就有了扎实的组织基础。

（2）环境卫生管理体制顺畅，规范高效，行政效率高

城市管理机构设置科学，编制配备合理，层级管理明确，分工具体细致，制度规范严谨，协调配合有力。比如园林绿化由公园管理局负责，环境卫生由国家环境局负责，道路设施由陆路交通管理局负责，同类管理事项只有一个主管部门，没有机构重叠、交叉管理和部门之间推诿扯皮现象。环境卫生管理的外延较广，不仅承担道路的清扫保洁，垃圾清运和处置，还承担爱国卫生、污水处理、环境监测、小贩管理等职能，是一个典型的"大部制"机构设置。环境卫生管理机构层级少，职能法定化，职责分工明确，克服了机构层阶设置管理效能递减、条块协同困难的弊端。

（3）成熟的市场化运作

新加坡政府注重发挥市场机制、价格杠杆的作用，认为凡是市场机制能够解决的问题，尽量不采用强制性措施，而是通过利益驱动，引导人们自觉维护城市的整体可持续发展。政府侧重于制定政策规章，把好市场准入关，重点加强市场监管。私营化、招投标、合同化、产业化、公开化等一系列市场化运作方式在新加坡的废弃物处理方面已习以为常，工商业垃圾的收集于建国初期就市场化了，居民生活垃圾的收集也于1999年完成市场化（私营化），城市保洁的市场化几乎同时完成。对招投标的对象有要求且是公开的（透明度相当高，竞争很激烈），标准、规范、要求等都具体地写入合同，一切按合同办事。总之市场化运作既提高了工作效率，又降低了经济成本。

（二）德国

德国环境卫生行政管理体制的构成主要包括环境卫生管理的权责体系、机构设置和环境卫生管理的运行机制。根据法律规定的不同权责体系在联邦、州和地方3个不同层次设定了相应的组织机构，同时有相应的运行机制予以保障。

1. 权责体系

德国的宪法、法律及其他规章对环境保护及环境卫生管理权责有明确规定，其环境行政管理权责体系分为联邦、州、地方（市、县、镇）三级。

联邦政府环境卫生管理的主要职能是一般环境政策的制定、核安全政策的制定与实施及跨界纠纷的处理。联邦政府环境立法范围包括废物管理，大气质量控制，噪声、核能及其他自然保护景观管理和水资源管理等框架立法。具体环境政策包括水与废物管理，土壤保护与受到污染的场地管理，环境与健康，污染控制，工厂安全，环境与交通，化学品安全，自然与生态保护，核设施安全、辐射防护、核材料的供给与处置，环保领域的国际合作。

州政府环境卫生管理的职能主要是环境政策的实施，同时也包括部分环境政策的制定。州政府环境管理的职能主要包括州环境法规、政策、规划的制定，欧盟国家污染控制、自然保护法规政策的具体实施，对各区环境行为的监督等。从立法方面讲，州的职能是在联邦的一些框架立法的基础上，如水资源管理、自然保护、景观管理及区域发展，进行详细和完善。联邦在环境卫生政策制定及立法方面有领导或统率作用。州在环境卫生执法方面负主要责任。在与联邦或州的规章没有冲突的情况下，地方对解决当地环境问题有自治权。除自治以外，地方也接受州政府直接委派的一些任务。

联邦、州与地方的环境卫生管理职责还具体体现在以下几个方面。

（1）立法权责

联邦法是环境法的主体，特别是在大气污染控制、噪声消除、废物管理、化学品、遗传工程、核安全等方面。宪法规定了联邦专有立法权、联邦与州共有立法权、联邦框架立法权。州可以在水管理、自然保护和景观保护方面进行立法，但即使在这些领域，联邦框架法也只是给州决策留下很小的空间。同时，法律规定，在如下领域，联邦法律优先于州法：和平利用核能的生产和利用，核辐射防护等；废物处置、大气污染控制及噪声控制等。

（2）法律和政策实施权责

根据德国宪法（第30条和第83条），州对环境法实施负主要责任。联邦只是在重要的环境卫生监测和评估、全面环境卫生意识提高、遗传工程、化学品、废物越境转移、濒危物种贸易等管理方面负一定责任。地方主要参与辖区内主要项目的环境卫生影响评价、水管理监督、废物管理、噪声管理等事务。

（3）环境卫生规划权责

德国没有总体的环境卫生规划，只有技术性的、具体环境介质的规划。例如，联邦负责核设施的选址；州负责大气污染控制的排放申报工作、调查领域的确定、烟雾区的确定、清洁大气计划、保护区的建立等；地方负责噪声消除计划、大气污染控制项目等。

（4）环保投资权责

德国宪法规定，任务、责任和资金相关联。原则上，联邦和州支出实行资金分离。例如，在核能方面，联邦只负责核设施的运营成本。

2. 运行机制

德国联邦和州都有立法权和制定相关环境卫生政策的权力。一般而言，基本法明晰了联邦和州的立法权责。在基本法没有对联邦权责予以明确的领域，州政府拥有相应的权责。但在一些具体领域，联邦能发布超越州法规的所谓"竞争"性法规（基本法第74条），如在废物管理、大气质量控制、防治噪声污染、核能等方面，如果州政府立法与联邦立法相冲突，则以联邦立法为准。而在自然保护、景观管理和水资源管理领域，联邦只有发布框架法的权力，而具体政策由州政府制定（基本法第75条）。

在决策方面，基本法的条款保障了合作与政策协调及决策过程中公众的广泛参与。例如，《联邦污染控制法》第51条规定，"授权批准颁布法律条款和一般管理条例，都要规定听取参与各方意见，包括科学界代表、经济界代表、交通界代表以及州里主管侵扰防护最高部门代表的意见。"

在执行机制方面，德国的特征是，联邦掌握宏观控制，州和地方灵活机动实施。按照德国基本法的规定，州政府可以按照自己的权责实施联邦的法律、法令和行政规章。州在有些领域，例如核安全和辐射保护法方面，受联邦的监督，可以代表联邦执行联邦法律。在其他一些领域，如化学品、废物越境转移、基因工程或排放贸易等方面，则部分或完全由联邦管理。

在州层次上，环境卫生管理形式有两种：一种是直管，这也是最主要的管理方式；另一种是委托管理。直管就是州环保机构自己直接进行环境管理，在各区（介于州、县之间）设立派出机构，派出机构直接到污染企业核查或进行其他环境卫生管理监督工作。委托管理就是委托县、市进行部分环境卫生管理。

联邦与州及州与州之间的协调主要通过环境部长联席会制度。环境部长联席会由联邦、州的环境部长及联邦、州参议员组成。联席会议由不同州轮流举行，每年定期举行两次。共同部级程序规则中也规定联邦部委在起草相关文件之前必须咨询相关州，这样，州的利益和要求应该尽可能地在法规草案中得到反映。而且，法规草案也要交由相关州阅览。

联邦对州环境政策法规实施情况主要依靠法律和司法监督，州环境政策法规的实施要经过上议院批准。州环境部或环保局除了是环境政策法规的主要实施机构，同时还是主要监督机构。州主要通过审查地方环境执法的决定对地方环境政策的实施进行监督，此外，州还可以直接对企业进行监督。

另外，德国环境卫生行政管理的监督机制还表现在通过促进环境信息的公开透明，实行公众、媒体和非政府组织的监督机制。

（三）美国

美国环境卫生管理工作主要由以下管理机构负责。

1. 环境质量委员会

1969年，美国总统办公厅根据《国家环境政策法》的规定，设立了环境质量委员会。该委员会直属于总统，主要职责包括协助总统编制环境质量报告；收集有关环境条件和趋势的情报，分析解释这些环境条件和趋势及其对国家环境政策的影响；根据联邦政府的规定，审查、评价联邦政府的项目和活动；向总统提出改善环境质量、提高环境卫生状况的政策建议；至少每年一次向总统报告国家环境质量及环境卫生状况。

2. 联邦环境保护局

尼克松总统于1970年12月发布《政府改组计划第三号令》，成立了联邦环保局。主要职责为制定和实施环境保护和环境卫生方面的政策、法令和标准；对州和地方政府、个人和有关组织控制环境污染的活动提供帮助；协助环境质量委员会向总统提供和推荐新的环境卫生保护和环境卫生方面的政策。

3. 十大区环境保护局

为保障环境法律、政策的实施，联邦环保局设立十大区环保分局，各区局长向联邦环保局长负责，协调州与联邦政府的关系，以确保区域性环境卫生问题得以解决。其主要职责为根据联邦法律对本区域进行环境卫生管理；发放许可证，起诉违法行为，执行审判结果；管理有害废物清除；检查联邦项目对所在区域的环境影响，为州、地方及私人组织补助资金。

4. 各部委

内务部负责国有土地、国家公园、名胜古迹、煤和石油、野生动物的保护；农业部负责湿地保护；海岸警备队负责海洋环境的污染防治。在一些跨州的河流则建立河流管理委员会，并配备州际委员会来协调州之间的水事纠纷。

环境质量委员会既是环保事务的管理机构，又是总统的咨询与协调机构。尽管环境质量委员会在国家环保事务中占有重要地位，但其局限性很大，即它具有极大的依赖性，完全受制于总统，其作用的发挥完全取决于在任总统对环保的态度。为进一步加强环保工作，美国建立联邦环保局和十大区环保分局来配合和协助环境质量委员会来管理环境卫生，还授予各部委相关的环保职能处理相关的行政纠纷。

以美国纽约固体废物管理为例，它是统一由市公共卫生局负责的，各私营废物处理公司起辅助与配合作用。纽约废物管理机构主要包括以下一些部门。

①监督审批机构：主要负责纽约固体废物转运站的监督管理和运行审批。此外，还负责查明和关闭非法倾倒地点。

②环境执行机构：负责管理石棉、医疗废物和危险废物的储存、运输和不正确的处置。

③人力资源部：负责环卫系统的人事管理。

④清扫收集局：负责街道的保洁和垃圾收集。

⑤安全训练部门：负责所有管理和操作人员的培训以确保他们能安全有效地执行任务。

⑥废物处置机构：负责填埋场的施工、修复、封场建设和环境卫生管理。

（四）日本

日本的环境卫生管理工作，1963 年以前由内阁各省、部分管。此后，曾在首相府设立公害对策推进联络协议会，后改为公害对策本部，用以协调各省、部的工作，但因工作不力而被撤销。日本环境卫生管理体制在 1971 年以前是分散式的，中央一级有大藏省、厚生省、农林省、通产省、运输省和建设省行使环保监督管理权。由于实行分头管理，形成政出多门、管理混乱和无力的局面。因此，首相决定设立环境厅，以实现高权威、高规格的专门性机构负责环保工作的目的。1971 年 2 月，内阁批准《环境厅设置法》，同年 6 月，颁布了《环境厅组织令》，该厅于 7 月 1 日正式成立。这标志着日本环境管理体制由分散式阶段步入相对集中式的阶段。各机构及其职责如下。

1. 环境厅

该厅长官由国务大臣担任，直接参与内阁决策。主要职责为资源保护和污染防治；负责环保政策、规划、法规的制定与实施；全面协调与环保相关的各部门的关系，指导和推动各省及地方政府的环保工作。

2. 环境审议会

该会为咨询机构，主要职责是处理环境基本计划和为内阁总理大臣提供咨询意见；调查审议环保基本事项。地方则设立都道府县和市町村环境审议会。环境厅与地方机构之间是相互独立的，无上下级的领导关系。但为保证环境保护相关法律的实施，环境厅可将部分权力交由都道府县、市町村及其长官行使。

由此可看出日本环境行政机构的职能设置并非绝对和死板，其基本目的是为环境卫生管理服务。这样设置不仅可以保证咨询机构的独立（为保证其提出建议的中立和合理），也不会违背改善环境卫生和保护环境的目标。

3. 公害对策会议

该会主要职责为处理公害防治计划；审议内阁总理大臣做出的有关决定；审议公害防治对策的有关计划；推进对策的实施；协调有关事项。其他部门亦有一定的环保职责，这些部门有厚生省的环境卫生局、通产省的土地公害局、海上保安厅的海上公害课、运输省的安全公害课、实施都市绿地保护的建设省、实施森林保护的农林水产省、实施国土整治的国土厅。

日本大多数的省厅下都设有各种审议会，这些审议会是由专家学者、已退休的中央和地方政府官员和来自企业、市民及非政府组织的代表组成的，相当于专业决策咨询机构。审议会有着十分重要的作用，一方面用科学的手段和数据，通过研究污染对健康的影响和传播研究成果，加强了公众的环境意识；另一方面，为企业和政府提供技术和决策服务，对政府的环境卫生政策实施发挥着巨大的技术支持作用，其基本作用同中央环境审议会，是中立的决策咨询机构。

第四节　国家间环境卫生管理体制比较及
对我国的启示

一　不同国家环境卫生管理体制的比较

近几年来，随着经济快速发展，我国环境卫生事业取得了长足进步。但在新形势、新任务和新要求的大背景下，我国环境卫生管理还存在一定的薄弱环节，因此有必要对典型国家的环境卫生管理体制进行对比研究，通过比较，全面总结典型国家环境卫生管理的先进经验，深度剖析我国环境卫生方面存在的问题，找出差距，启迪思维，开阔视野，找准结合点和着力点，从破解影响和制约我国环境卫生工作科学发展的突出问题入手，转化为提升环境卫生工作的具体方案、具体决策和具体措施，把我国环境卫生管理工作推向一个新的高度。我国和国外典型国家环境卫生管理体制主要在环境卫生管理机构层级设置、职能定位情况、基层环境卫生机构建设情况及环境卫生管理体系市场化程度等方面存在较明显的差异（见表9-2）。

表 9 - 2　不同国家环境卫生管理体制比较

国家	管理机构设置层级	职能定位情况	基层环境卫生机构建设情况	环境卫生管理体系市场化程度
中国	管理层级多，部门之间协调较困难	多头管理、权责不清、常出现管理部门的"虚位"	管理及作业人员均不足、管理能力较薄弱	政企不分，市场化运作不够成熟
新加坡、德国	分级管理，扁平式、机构精简	管理机构权责明确	重视基层环境卫生机构的能力建设，权力下放	充分发挥市场作用，形成了政府、社会、市场共同构建的环境卫生管理体制
美国（以洛杉矶为例）	树状管理			
日本	一级管理，地方自治			

（一）环境卫生管理机构层级设置和职能定位情况

与国外典型国家环境卫生管理机构设置层次精简、机构层次较少且机构职能定位明确相比，我国环境卫生管理机构的级别较低，且管理层次多，部门之间协调工作复杂，使市级环境卫生部门难以有效履行对各区、各部门的协调、检查、监督职能，这是我国城市和农村普遍存在的问题，这也是我国环境卫生管理体制中存在的最根本问题。以深圳市为例，其环境卫生管理层级分为市、区、街、社区四个级别，部分街道和社区的环境卫生管理力度不够。从职能分工条块来分，市政道路的环境卫生由环境卫生专业部门负责，而绿化带的环境卫生由绿化管理部门负责，河道、水域的环境卫生由水务部门负责，公路、高速公路的环境卫生由交通部门负责，海滩、海域的环境卫生由海事部门负责，铁路沿线的环境卫生又由铁道部门负责。整个职能分工条块纵横交错，环境卫生专业部门要对全市环境卫生负总责，所承担责任大但赋予的管理权限却相对不足，职能定位不明确，部门之间协调难度大。

（二）基层环境卫生机构建设情况

我国基层环境卫生机构建设仍不完善。与新加坡日常环境卫生管理和执法人员有 1500 多名相比，我国部分城市仅设有市、区两级专业管理部门，即市城管局设环境卫生处，区城管局设环境卫生科，人员编制亦相对较少，街道办事处一级未设置专门管理部门，主要由城管科或建管科区级环境卫生科负责辖区的环境卫生管理工作，某些街道办事处设置了市政服务中心，主要从事道路、绿化、路灯养护和环境卫生管理工作。城市环境卫生管理机构特别是区、街级环境卫生机构不健全、不规范，社区居委会更是人手不足，没有环境卫生管理专职人员。基层环境卫生管理人员尤显薄弱，环境卫生部门难以有效履行系统内指挥、监督管理职能。市环境卫生部门有责无权，没有任何的人财物等手段，也无问责机制，对区、街、社区无法有效履行协调、指挥、监督等宏观管理职能，而一些城市评比活动几乎成为市环境卫生部门实施宏观管理的唯一手段，因而经常出现指挥不灵、执行不力、行动不快的现象，管理效率不高，效能层层递减。

（三）环境卫生管理体系市场化程度

我国环境卫生市场化程度参差不齐，且普遍存在监管机制不健全的情况。国外典型国家环境卫生行业的市场化水平远高于我国。我国环境卫生市场准入门槛低，进入环境卫生市场的企业数量多，规模小，大多数企业管理和服务水平不高，整个行业素质较差；行业自律不够，市场监管不到位。许多企业以降低服务标准，克扣工人工资福利，增加工人劳动量，偷漏税等违法违规行为来低价恶性竞争，扰乱了市场秩序。现代市容环卫逐步向着社会化、市场化方向发展，政府由原来的运营主体转变为监管主体，由原来的投资主体转变为引导社会投资的服务主体。国外典型国家先进城市的发展经验表明市容环卫的市场化能运作成功，建立健全的公开准入制度和监管机制是关键的基本前提。政府通过行政职权部门化、专业化，将日常运作的行政职能下放给政府代理机构（专业委员会、政府职能部门、专业协会等），授权其处理市场参与主体资格认证、政府购买预算的划拨和其他日常管理工作。而政府自身则负责营造公平、公开、公正的市场竞争环境，建立健全法律机制和积极引导正确的社会公众意识。各种社会主体都可以通过政府代理机构申请从业资格，获取参与市容环卫服务的权利，并接受来自政府和社会的监督。

二 对我国的启示和建议

（一）完善环境卫生管理体制格局

建立环境卫生管理部门、执法队伍、中介机构、环境卫生作业服务单位四个要素系统构成的城市环境卫生管理新体制。改变政府集环境卫生管理、投资、作业、监督于一身的一元管理体制格局，向政府、企业、社会机构、公众多元主体的管理格局转变。政府从直接管理主体逐步转变为间接管理主体。

（二）理顺环境卫生管理网络，充实基层环境卫生管理力量

"任务下放、重心下移"，重点要加强基层基础建设，建议可将目前由事业单位承担的道路清扫、垃圾清运处理业务推向市场，直接从事道路清扫、垃圾清运处理的事业单位人员转移到从事基层环境卫生管理工作中来，并赋予其委托执法权，进一步充实基层环境卫生管理力量。

（三）减少管理层级，明确权责，加强政府宏观管理职能

减少环境卫生管理层级，加强部门沟通协调。同时加强政府政策法规、行业规划、标准规范、信息科技、市场管理（垃圾处理技术、装备和材料、产品、企业的市场准入制度，市场运行规则、政府发包、招投标等）、监督调控、资质审批、收费管理、设施设计审查及竣工验收等管理职能，加强宏观管理力度。

（四）建立优质、高效、规范、有序的环境卫生市场

借鉴典型国家环境卫生管理体制的建设经验，全面推行环境卫生作业公开招投标制度。规范招投标行为，编制环境卫生作业招投标指引和标准合同，采取综合评标方式，抵制低价恶性竞争。同时，采取规范企业资质等级管理和行政许可管制等措施以建立优质、高效、规范、有序的环境卫生市场。

（五）形成政府负责、社会协同、公众参与的全社会管理模式

环境卫生作为社会公益型事业，其管理水平的提高有赖于政府、社会和公众的共同参与和努力，只有灵活借鉴国外典型国家政府负责、社会协同、公众参与的全社会管理格局，才能提高我国环境卫生管理水平，提高环境卫生管理效果，最终实现环境可持续发展的整体目标。

（六）努力缩小城乡差距，逐步实现城乡环境卫生一体化管理

在理顺城市环境卫生管理体制的同时，也应在考虑我国广大农村地区环境卫生现状的基础上，构建一套适合我国农村地区实际的环境卫生管理体制，借鉴国外典型国家城乡环境卫生一体化建设和管理的经验，从根本上提高我国城乡环境卫生管理水平，改善城乡环境卫生状况，为有效改善城乡居民生活环境并最终实现千年发展目标奠定坚实的基础。

三　研究不足及下一步研究计划

本章所收集、整理和参考的资料中，涉及国外典型国家或地区环境卫生管理体制方面的文献偏少，对于国外典型国家环境卫生管理体制的总结和分析多是基于现有少量文献和书籍所提供的有限信息完成的，同时鉴于环境卫生及其管理所涉及内容和范畴的复杂性，我们目前只是对国家间环境卫生管理体制各自概况和特点有了一个大致的梳理和了解，还未能有更加直观和深入的认识和理解。

因此，下一步我们计划选择 1～2 个典型国家或地区，针对环境卫生管理中某一个具体内容（如污水与污物处理）开展更有目的性的实地考察工作。通过问题聚焦、现场走访和关键人物访谈等方式，获得典型国家或地区环境卫生管理体制方面更详尽的第一手调研资料，为更科学、全面地总结和分析国家间环境卫生管理体制的异同以提出更有针对性和实用性的政策建议提供科学依据。

参考文献

朱永新：《关于中国城市市容环境卫生管理机制的思考》，《城市问题》2000 年第 2 期。

周正梅：《城乡结合部的环境卫生管理》，《中国农村卫生事业管理》1998 年第 6 期。

王曦：《美国环境法概论》，武汉大学出版社，1992。

解振华：《国外环境保护机构建设实践分析》，《中国环境报》1992 年 10 月 15 日。

杨兴、谢校初：《美、日、英、法等国的环境管理体制概况及其对我国的启示》，《城市环境与城市生态》2002 年第 2 期。

古计明：《城市环境卫生管理模式探讨》，《科学研究与实践》2008 年第 10 期。

梁广生：《构建环卫市场新格局——北京市环卫行业体制改革新路》，《中国城市环境卫生》2007 年第 4 期。

冯肃伟：《我国城市环境卫生事业全方位改革思考》，《中国建设报》2007 年第 3 期。

黄舒慧：《环卫作业服务市场化改革研究》，《环境卫生工程》2008 年第 1 期。

（甘秀敏）

后　记

　　我对农村水和环境卫生改善的关注和研究始于 2009 年 10 月份，当时还是一名刚参加工作不久的新人，也许是天然对于广袤农村的热爱和向往，在没有任何研究基础的情况下，贸然接纳了由联合国儿童基金会和国家发改委联合资助的"水、环境卫生和个人卫生改善项目"（简称 WASH），开始了农村水、环境卫生和个人卫生改善项目的研究。在 5 年里，共承担大小项目 21 项，研究经费达 300 多万元。在研究过程中，脚踏过农村的沟沟坎坎，目睹了农村居民生活的艰辛和酸楚，也感受了具有欧式风情的现代化发达水平的农村生活。广袤的农村、淳朴的农民带给我的那种难以言表的平和与始终奋发向上的积极心态，让我不由地加快了研究的步伐。在本书即将出版的时刻，让我回想起水和环境卫生课题研究的日日夜夜，更加坚定了今后继续从事农村水和环境卫生改善研究的信念。

　　《农村水和环境卫生：成效与挑战》一书的内容不仅包括农村居民水和环境卫生需求、支付意愿和公平性的基础性研究，也包括农村医疗机构水和环境卫生建设现状、效益评估的应用性研究，还包括农村水和环境卫生改善的宣传、成果推广和传播等活动的评价性工作总结，覆盖了农村水和环境卫生改善的方方面面。

　　《农村水和环境卫生：成效与挑战》一书作者有苗艳青研究员（国家卫生计生委卫生发展研究中心）、陈文晶副教授（北京邮电大学）、李晓龙博士（北京大学和国家卫生计生委卫生发展研究中心联合培养博士后）、甘秀敏助理研究员（国家疾病预防控制中心）、王箐讲师（大连理工大学锦州分校）。具体写作分工为苗艳青：第一章、第四章、第五章、第八章；陈文晶：第二章、第七章；李晓龙：第三章；王箐：第六章；甘秀敏：第九章。

本书的完成和出版有太多人需要感谢。感谢国家卫生计生委疾控局张勇副局长撰序支持；感谢联合国儿童基金会在 5 年的研究历程中给予的资金和智力支持；感谢国家发展改革委社会司的领导们；感谢我的博士后李晓龙帮助整理相关资料。特别要感谢社会科学文献出版社副总编辑周丽女士和本书的责任编辑王玉山先生，感谢他们为此书出版付出的努力。

苗艳青

2016 年 4 月 27 日于北大医学部

图书在版编目(CIP)数据

农村水和环境卫生：成效与挑战 / 苗艳青，陈文晶
著. -- 北京：社会科学文献出版社，2016.7
ISBN 978 - 7 - 5097 - 8997 - 1

Ⅰ.①农… Ⅱ.①苗… ②陈… Ⅲ.①农村 - 水环境
- 环境卫生 - 研究 - 中国 Ⅳ.①X143

中国版本图书馆 CIP 数据核字(2016)第 070249 号

农村水和环境卫生：成效与挑战

著　　者 / 苗艳青　陈文晶

出 版 人 / 谢寿光
项目统筹 / 周　丽
责任编辑 / 王玉山　崔红霞

出　　版 / 社会科学文献出版社·经济与管理出版分社(010)59367226
　　　　　　地址：北京市北三环中路甲 29 号院华龙大厦　邮编：100029
　　　　　　网址：www.ssap.com.cn
发　　行 / 市场营销中心（010）59367081　59367018
印　　装 / 三河市尚艺印装有限公司

规　　格 / 开 本：787mm × 1092mm　1/16
　　　　　　印 张：20.75　插 页：0.5　字 数：311 千字
版　　次 / 2016 年 7 月第 1 版　2016 年 7 月第 1 次印刷
书　　号 / ISBN 978 - 7 - 5097 - 8997 - 1
定　　价 / 79.00 元